中学化学教师培训用书

U0226846

学科核心素养背景下的
中学化学教学设计研究与实践

金东升　王　顺　邵建军　编著

兰州大学出版社
LANZHOU UNIVERSITY PRESS

图书在版编目（ＣＩＰ）数据

学科核心素养背景下的中学化学教学设计研究与实践/
金东升，王顺，邵建军编著. -- 兰州：兰州大学出版社，
2021.4
ISBN 978-7-311-05987-3

Ⅰ．①学… Ⅱ．①金… ②王… ③邵… Ⅲ. ①中学化
学课－教学设计 Ⅳ．①G633.82

中国版本图书馆CIP数据核字(2021)第084617号

责任编辑　张　萍
封面设计　翟　航

书　　名　学科核心素养背景下的中学化学教学设计研究与实践
作　　者　金东升　王　顺　邵建军　编著
出版发行　兰州大学出版社　（地址:兰州市天水南路222号　730000）
电　　话　0931-8912613(总编办公室)　0931-8617156(营销中心)
　　　　　0931-8914298(读者服务部)
网　　址　http://press.lzu.edu.cn
电子信箱　press@lzu.edu.cn
印　　刷　西安日报社印务中心
开　　本　880 mm×1230 mm　1/16
印　　张　18.25
字　　数　549千
版　　次　2021年4月第1版
印　　次　2021年4月第1次印刷
书　　号　ISBN 978-7-311-05987-3
定　　价　48.00元

前　言

　　教学设计方案简称"教案"，教学设计的过程是教学研究的过程，从这个意义上讲，研究不是高等院校及教科研单位的专利，一线教师每天都在做研究，这种研究属于实践研究和基础研究。

　　当前，化学教学设计需要解决三个问题。一是充分利用教科书课程资源问题，教科书是专门研究课程的专家学者根据课程标准编写的教学资源，因此，首先要把这种资源用好，用极致，而不要浪费。二是开发课程资源问题，教科书是重要的教学资源，但不是唯一的教学资源，因此，要有效地开发课程资源，以弥补教科书课程资源的不足。所谓教学是用教科书去教，而不是教教科书，就是这个道理。三是落实学生发展核心素养问题，课堂不仅仅是传授知识的课堂，也要渗透科学方法、价值取向，发展学生的思维能力，培养学生的科学精神和社会责任。因此，要从学科基本观念、科学方法（包括科学思维方法与科学实践方法）、情感态度等方面全方位地设计教学。

　　自2014年"甘肃省普通高中学科教学改革研究化学实验基地"及"陇原名师金东升高中化学工作室"成立以来，化学学科实验基地及名师工作室开展了一系列教研活动，并取得了一定的研究成果。付梓出版研究成果既能有力地推动中学化学课堂教学改革，同时也是对团队的一种鞭策。为此编写了《学科核心素养背景下的中学化学教学设计研究与实践》一书。

　　本书试图突出教学设计规范性、合理性和创新性。所谓规范性，是指教学方案设计要按规范要求设计，教学任务明确，教学设计条理清楚，关键句、关键词突出，这是教学设计的基本要求；所谓合理性，是指教学设计符合学生的认知规律，教学目标制定适切，课程资源整合得当，教学活动安排有序，这是教学设计的发展性要求；所谓创新性，是指教学设计有创新，能体现现代课堂教学理念，教学方式多样，落实学生发展核心素养有力，这是教学设计的时代性要求。不论是年轻教师还是教学经验丰富的教师，都应该从这三个要求找差距，从而提升教师的专业素养。

一个教师，首先要把规定动作做规范，追求立足，其次要把自选动作做精彩，追求创新。无规矩不成方圆，只追求"自选动作"而忽视"规定动作"，往往是欲速而不达。只追求"规定动作"而忽视"自选动作"，往往容易丢失隐形的教学资源，使教学失去活力。只有把"规定动作"做规范，把"自选动作"做精彩，才能追求卓越。

本书分为两部分，第一部分是中学化学教学设计研究，第二部分是教学设计实践案例。其中，中学化学设计研究以论文形式分主题呈现，涉及化学学科核心素养研究和化学教学设计研究，目的是解决一线教师对教学设计的模糊认识和存在的问题。这些研究都来自编者发表或未发表的论文以及学术会议报告，是编者对中学化学课堂教学设计的思考，严格地讲，这些研究属于草根研究；收集的教学设计案例都来自名师工作室"同课异构"及"教学技能展示"活动，经过编者补充完善、加工修改进行二次创作而成。在创作过程中，尽可能保持原设计的思路不变，但难免渗透有编者的教学设计思想。这些教学设计案例不一定在各方面都有亮点，但却凝聚了设计者的教学思想和心血，希望对一线教师有所启迪。

本书可作为中学一线化学教师的教学参考书，也适合中学化学教研人员及在校化学教学与课程论专业的研究生使用。由于编着的视野和水平有限，疏漏之处在所难免，欢迎广大读者赐教。

金东升

2020 年 9 月

目 录

研 究 篇

第一章　化学学科核心素养研究 …………………………………………………… 003
　　认识学生发展核心素养 ……………………………………………… 金东升/003
　　论基于学科核心素养的高中化学教学设计 ……………………… 金东升/008

第二章　化学教学设计研究 ………………………………………………………… 012
　第一节　教学设计与叙写 ……………………………………………………… 012
　　教学设计的原理与程序 ……………………………………………… 金东升/012
　　谈课堂教学设计方案的设计与叙写 ………………………………… 金东升/020
　　一种叙写教学过程的新形式 …………………………………… 金东升　王　英/034

　第二节　教学设计思考 ………………………………………………………… 036
　　谈教学策略体系 ………………………………………………… 金东升　王　英/036
　　对中学课堂教学模式的思考 …………………………………… 金东升　王　英/040
　　谈高三化学总复习教学模式 ………………………………………… 王　顺/043
　　谈有效教学与高效教学 ……………………………………………… 金东升/044

　第三节　教学设计技术 ………………………………………………………… 049
　　中学化学教师如何开发课程资源 …………………………………… 金东升/049
　　谈化学教学中教学情境的创设 ……………………………………… 金东升/056
　　课堂教学有效设问的设计 …………………………………………… 金东升/060
　　谈课堂小结的设计 …………………………………………………… 金东升/066
　　谈高中化学教学深度备课
　　　　——以水的电离与溶液的酸碱性为例 ………………………… 金东升/069

　第四节　教学设计文字规范 …………………………………………………… 075
　　化学教学中要规范用词(字) ……………………………………… 邵建军/075
　　谈中学化学教学中物理量及其单位符号的规范应用 ……………… 金东升/078

　第五节　教学设计反思评价 …………………………………………………… 081
　　从一节高三化学复习课的观课看教学设计 ………………………… 金东升/081
　　再谈高中化学课堂教学的有效设计 ………………………………… 王　顺/086
　　"中和反应反应热的测定"观课随想 ……………………………… 邵建军/089

实 践 篇

第一章　初中化学教学设计案例 ···095

原子的结构

　　——以人教版义务教育教科书九年级化学为例 ·····················曹　先/ 095

分子和原子(第一课时)

　　——以人教版义务教育教科书九年级化学为例 ·····················郭　媛/ 099

水的净化

　　——以人教版义务教育教科书九年级化学为例 ·····················刘希晨/ 103

如何正确书写化学方程式

　　——以人教版义务教育教科书九年级化学为例 ·····················王忠骞/ 107

二氧化碳和一氧化碳(第一课时)

　　——以人教版义务教育教科书九年级化学为例 ·····················陆　星/ 109

燃烧和灭火(第一课时)

　　——以人教版义务教育教科书九年级化学为例 ·····················陈　洁/ 112

燃烧和灭火

　　——以人教版义务教育教科书九年级化学为例 ·····················滕立玲/ 114

燃料的合理利用与开发

　　——以人教版义务教育教科书九年级化学为例 ·····················马小小/ 117

洁净的燃料——氢气

　　——以科教版义务教育教科书九年级化学为例 ·····················王晓鹏/ 122

酸和碱的中和反应(第一课时)

　　——以人教版义务教育教科书九年级化学为例 ·····················陈晓玲/ 125

有关氢氧化钠变质的探究 ···马晓红/ 128

第二章　高中化学教学设计案例 ···132

化学计量在实验中的应用

　　——以人教版普通高中课程标准实验教科书化学必修1为例 ·············金东升/ 132

物质的量浓度(第一课时)

　　——以人教版普通高中课程标准实验教科书化学必修1为例 ·············刘开云/ 134

物质的量浓度(第一课时)

　　——以人教版普通高中课程标准实验教科书化学必修1为例 ·············刘　伟/ 137

物质的量浓度(第一课时)

　　——以人教版普通高中课程标准实验教科书化学必修1为例 ·············谢丽冰/ 140

物质的分类(第一课时)

　　——以人教版普通高中课程标准实验教科书化学必修1为例 ·············金东升/ 142

离子反应

　　——以人教版普通高中课程标准实验教科书化学必修1为例 ·············邵建军/ 145

氧化还原反应(第一课时)

　　——以人教版普通高中课程标准实验教科书化学必修1为例 ·············· 李实迪/ 148

氧化还原反应(第一课时)

　　——以人教版普通高中课程标准实验教科书化学必修1为例 ·············· 潘　蓉/ 152

氧化还原反应(第一课时)

　　——以人教版普通高中课程标准实验教科书化学必修1为例 ·············· 谢丽冰/ 156

用途广泛的金属材料

　　——以人教版普通高中课程标准实验教科书化学必修1为例 ·············· 彭　亮/ 159

元素周期律(第二课时)

　　——以人教版普通高中课程标准实验教科书化学必修2为例 ·············· 王　英/ 162

离子键

　　——以人教版普通高中课程标准实验教科书化学必修2为例 ·············· 彭雅清/ 164

化学能与热能

　　——以人教版普通高中课程标准实验教科书化学必修2为例 ·············· 朵建荣/ 167

化学能与热能(第一课时)

　　——以人教版普通高中课程标准实验教科书化学必修2为例 ·············· 刘跟信/ 169

化学能与电能(第一课时)

　　——以人教版普通高中课程标准实验教科书化学必修2为例 ·············· 李　晶/ 172

化学反应的速率和限度(第二课时)

　　——以人教版普通高中课程标准实验教科书化学必修2为例 ·············· 蔡环贞/ 176

化学反应的速率和限度(第二课时)

　　——以人教版普通高中课程标准实验教科书化学必修2为例 ·············· 张锐华/ 180

化学反应的速率和限度

　　——以人教版普通高中课程标准实验教科书必修2为例 ·············· 王　顺/ 183

来自石油和煤的基本化工原料——苯

　　——以人教版普通高中课程标准实验教科书化学必修2为例 ·············· 蒲生财/ 187

来自石油和煤的两种基本化工原料(第二课时)

　　——以人教版普通高中课程标准实验教科书化学必修2为例 ·············· 苏　洁/ 191

乙醇

　　——以人教版普通高中课程标准实验教科书化学必修2为例 ·············· 余新红/ 194

开发利用金属矿物和海水资源(第一课时)

　　——以人教版普通高中课程标准实验教科书化学必修2为例 ·············· 王彦玺/ 198

中和反应反应热的测定

　　——以人教版普通高中课程标准实验教科书化学选修4为例 ·············· 金东升/ 202

影响化学平衡的条件

　　——以人教版普通高中课程标准实验教科书化学选修4为例 ·············· 金东升/ 204

化学平衡(第三课时)——化学平衡常数

　　——以人教版普通高中课程标准实验教科书化学选修4为例 ·············· 刘跟信/ 207

弱电解质的电离(第一课时)

　　——以人教版普通高中课程标准实验教科书化学选修4为例 ·············· 李　晶/ 212

弱电解质的电离及影响因素

　　——以人教版普通高中课程标准实验教科书化学选修4为例 ·············· 刘跟信/ 216

水的电离和溶液的酸碱性(第一课时)

　　——以人教版普通高中课程标准实验教科书化学选修4为例 ·············· 李　晶/ 220

水的电离与溶液的pH(第一课时)

　　——以人教版普通高中课程标准实验教科书化学选修4为例 ·············· 刘海林/ 223

水的电离和溶液的酸碱性(第一课时)

　　——以人教版普通高中课程标准实验教科书化学选修4为例 ·············· 马鹏远/ 226

溶液的酸碱性与pH(第二课时)

　　——以人教版普通高中课程标准实验教科书化学选修4为例 ·············· 谢丽冰/ 231

难溶电解质的溶解平衡(第一课时)

　　——以人教版普通高中课程标准实验教科书化学选修4为例 ·············· 张世云/ 235

氢氧燃料电池

　　——以人教版普通高中课程标准实验教科书化学选修4为例 ·············· 赵为民/ 239

乙炔、炔烃

　　——以人教版普通高中课程标准实验教科书化学选修5为例 ·············· 魏淑娟/ 241

醇　酚(第二课时)

　　——以人教版普通高中课程标准实验教科书化学选修5为例 ·············· 刘嘉敏/ 245

乙醇(第一课时)

　　——以人教版普通高中课程标准实验教科书化学选修5为例 ·············· 张锐华/ 248

蛋白质和核酸(第二课时)

　　——以人教版普通高中课程标准实验教科书化学选修5为例 ·············· 蔡环贞/ 251

蛋白质和核酸(第二课时)

　　——以人教版普通高中课程标准实验教科书化学选修5为例 ·············· 李　晶/ 254

合成有机高分子化合物的基本方法(第一课时)

　　——以人教版普通高中课程标准实验教科书化学选修5为例 ·············· 金东升/ 257

价层电子对互斥理论

　　——以人教版普通高中课程标准实验教科书化学选修3为例 ·············· 赵　霞/ 259

第三章　高三复习专题 ··· 264

控制变量法在解题中的应用

　　——以化学反应速率影响因素为例 ·································· 储　欣/ 264

解决化学平衡问题常用的思维方法 ·································· 刘跟信/ 268

有机物同分异构体的书写与判断 ·································· 金东升/ 275

晶胞结构的分析与计算 ·································· 周小龙/ 279

研究篇

第一章　化学学科核心素养研究

第二章　化学教学设计研究

第一章　化学学科核心素养研究

认识学生发展核心素养

（甘肃省兰州第一中学，金东升）

党的十八大对教育工作提出"立德树人"的根本任务以来，"核心素养"就成为教育的一个热词，引起教育专家和一线教师的关注。专家学者对核心素养的内涵、划分、价值已经做过比较深入的研究，在此基础上，教育部于2017年颁布了《普通高中课程方案》和各学科《课程标准》。但落实核心素养的培养远不是提出一个概念和课程设计那么简单，因为培养学生的核心素养既涉及教育理念问题，也涉及对概念的理解问题，同时还涉及课程设计、学科教学设计及教学评价等操作技术问题，需要认识和理解核心素养的概念，研究解决以"素养为本"的教育核心问题。

一、认识学生发展核心素养

（一）核心素养提出的背景

1. 科技发展指标滞后于经济发展指标

从2010年开始，我国GDP稳居世界第二（联合国经济与社会部统计），从世界知识产权组织2017年8月15日发布的全球创新指数排位来看，2016年我国全球创新指数位列世界第25名（首次跻身）。由此看出，我国的科技发展指标滞后于经济发展指标。虽然我国GDP居世界第二，在航天、航空、航海、铁路、公路、机械制造、信息化产业等领域取得了令世界瞩目的成绩，但科技发展不均衡，整体水平不高。科学技术是第一生产力，越来越成为生产力解放和发展的重要基础和标志，特别是高新技术，已成为社会生产力发展的制高点。当今世界各国综合国力的竞争，其核心和关键在于知识创新和技术创新，以及高新技术产业化。

2. 人才培养模式不能适应经济社会发展

改革开放以来，我国教育贯彻党的教育方针，在人才培养方面取得了很大的成绩，但对"培养什么人，怎样培养人，为谁培养人"的认识不够明确，人才培养体系不够完善，人才培养质量尚有缺陷，表现在各种行业所需人才培养不均衡，有的十分短缺；学生的价值观、创新力、合作意识、实践能力等方面存在缺陷。习近平总书记在2018年全国教育大会上强调，坚持中国特色社会主义教育发展道路，培养德智体美劳全面发展的社会主义建设者和接班人……坚决克服"唯分数、唯升学、唯文凭、唯论文、唯帽子"的顽瘴痼疾，这是时代的召唤，民族振兴的召唤。

3. 信息科学迅猛发展带来的挑战

信息科学是人类继农业革命、工业革命之后又一次最为重大的技术革命，正不断地创新或者改变着社会生产关系，如网络、大数据、智能化的应用等对传统产业和社会服务带来了前所未有的挑战。信息科学的发展与普及已成为发展国民经济和提升综合国力的重要战略之一。

（二）培养学生发展核心素养的意义

站在人生存的角度来看，能力比知识更重要；站在社会的角度看，知识、能力、品格构成了人发展自我、融入社会及胜任工作所必需的条件，缺一不可。在新的教育背景下，教育不仅要反映"个体需求"，更要反映"社会需要"。

当下需要加强和完善的素养有：价值观素养、道德素养、创新素养、信息素养、探究素养、合作素养、交流素养、社会责任素养等，而且这些素养亟待提升，以应对新世纪发展的挑战，在自我实现的同时促进社会的发展。

人才的结构和质量决定着国家的发展水平，归根结底是提高人的素养。根据国家发展的需要，完善人才培养策略，明确学生发展核心素养指标体系，调整课程方案、修订课程标准，改革考试招生制度，对于培养德智体美劳全面发展的社会主义建设者和接班人，具有重要的现实意义和深远的历史意义。

（三）关于核心素养研究

核心素养的英文是"Key Competencies"，其原意应为"关键的"和"必不可少的"的"能力""胜任力或竞争力"。从教育部2016年9月13日发布的《中国学生发展核心素养》所包含的内容看，核心素养又像是"综合素养"的意思。联合国教科文组织（简称UNESCO）、欧盟（简称EU）及美国、新加坡、日本等都相继采用《21世纪的核心素养》设计所有教育阶段的课程，感觉"21世纪的核心素养"更有时代气息。核心素养概念提出与发展[1, 2]的主要脉络可梳理如下：

一是五大支柱说。2003年联合国教科文组织提出终身学习的五大支柱，即"学会求知、学会做事、学会共处、学会发展、学会改变"五大素养，涉及生命全程与各种生活领域。

二是关键能力说。2005年经济合作与发展组织（简称OECD）提出，知识社会要求三种关键能力：第一种关键能力是交互作用地运用社会、文化、技术资源的能力，如国际学生评估项目（PISA）中阅读、数学与科学素养作为国际学生评估的关键能力；第二种关键能力是在异质社群中进行人际互动的能力；第三种关键能力是自立自主地行动的能力。

三是八大素养说。2005年欧盟发表的《终身学习核心素养：欧洲参考架构》正式提出终身学习的八大核心素养：母语沟通，外语沟通，数学能力及基本科技能力，数位能力，学会如何学习，人际、跨文化与社会能力及公民能力，创业家精神和文化表达。

四是"21世纪素养"说。2007年，美国21世纪素养合作组织制订的《21世纪素养框架》确立了三项技能领域，即学习与创新技能，信息、媒体与技术技能，生活与职业技能。受美国教育的影响，2010年，新加坡教育部颁布了"21世纪素养"，2013年，日本国立教育政策研究所提出了日本的"21世纪能力"。

五是日本的学力模型。核心素养与学科素养之间的关系是全局与局部、共性与特性、抽象与具体的关系。一是体现学科自身的本质特征。如语文学科中的文字表达、文学思维与文化传统，数学学科中的数学思维与数学模型的建构，历史学科中的历史意识、历史思考与历史判断等。二是学科教学目标按其权重形成如下层级化序列：兴趣、动机、态度；思考力、判断力、表达力；观察技能、实验技能等；知识及其背后的价值观。三是学科群承担相同或相似的学力诉求，即语文、外语学科或文史哲学科，数学与理化生等学科，音体美或艺术、戏剧类学科，在直觉思维与逻辑思维，自然体验与科学体验，动作的、图像的、语言的表达能力等方面的共性要求。

专家学者对于核心素养的解释众说纷纭，究竟是核心素养、关键素养、21世纪素养还是综合素养，都存在认识上的差异，对于课程设计、课程标准的制定及课堂教学设计都会产生影响。虽然对于"核心素养"的概念还有争论，各个国家对于核心素养的内容和要求也不完全相同，但对于21世纪素养还是普遍认同的，这些素养概括如下：

思维方式：创造与创新；批判性思维；问题解决能力；决策能力；学会学习（元认知）。

工作方式：交流、合作。

工具掌握：信息素养；ICT（信息技术和通信技术）素养。

生存素养：公民素养；生活与职业生涯；个人责任与社会责任。

（四）中国学生发展核心素养

2016年教育部发布的《中国学生发展核心素养》[3]的架构涵盖6大素养18个基本要点（见图1）。

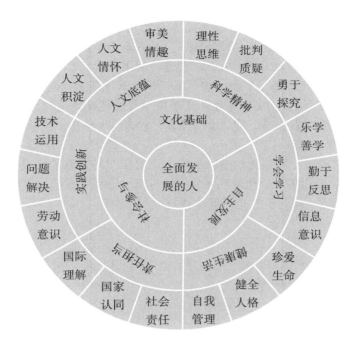

图1　中国学生发展核心素养

（五）核心素养的内涵

素养是素质加教养的产物，是天性和习性的结合[4]。天性主要是先天的素质，习性是后天通过教育养成的素质，先天的素质通过后天的教育才能形成能力和品格。所以说核心素养是指关键能力和必备品格，是可以培育的素养。把知识、技能和过程、方法提炼为能力，把情感态度价值观提炼为品格[4]。

二、从各学科核心素养的比较看化学学科核心素养

（一）学科核心素养的构成

各学科关于核心素养的构成的表述不一，但其都有共性，即突出学科基本观念、学科方法（包括认识方法与实践方法）、价值取向和社会责任。如表1。

表1　普通高中各学科核心素养[5]一览表

学科	核心素养	评价
数学	数学抽象、逻辑推理、数学建模、直观想象、数学运算、数据分析	突出思维方法和基本方法
语文	语言建构与运用、思维发展与提升、审美鉴赏与创造、文化传承与理解	突出方法、观念
英语	语言能力、文化意识、思维品质、学习能力	突出观念
物理	物理观念、科学思维、实验探究、科学态度与责任	突出观念、方法、价值取向
化学	宏观辨识与微观探析、变化观念与平衡思想、证据推理与模型认知、实验探究与创新意识、科学精神与社会责任	突出观念、方法、价值取向
生物	生命观念、科学思维、科学探究、社会责任	突出观念、方法、价值取向
政治	政治认同、科学精神、法治意识、公共参与	突出观念
历史	唯物史观、时空观念、史料实证、历史解释、家国情怀	突出观念、方法
地理	人地协调观、综合思维、区域认知、地理实践力	突出观念、方法
体育与健康	运动能力、健康行为、体育品德	突出行为、价值取向
通用技术	技术意识、工程思维、创新设计、图样表达、物化能力	突出观念、方法

　　可以看出，学科核心素养的表述大多突出学科基本观念和方法，但是化学学科核心素养构成要素交织，内容字数多，不易领会。其中，"宏观辨识与微观探析"既含有化学基本观念，又含有思维方法，从物质观（宏观物质与微观物质组成或构成以及形成方式）的角度看属于化学基本观念，从"辨识"与"探析"的角度看又可理解为思维方法；"变化观念与平衡思想"属于化学基本观念范畴，如变化观、平衡观；"证据推理与模型认知"属于科学思维范畴；"实验探究"属于科学方法范畴，包含思维方法和技术；"实验探究"与"创新意识""科学精神"有包容关系，即"实验探究"包含科学精神，科学精神中蕴含创新意识。

（二）化学学科核心素养的构成

　　参照各学科核心素养的构成，结合化学学科的特点，化学学科素养的构成可以划分为化学基本观念、化学思维方法、化学科学方法和化学价值取向4个一级维度（如图2所示），这与普通高中化学课程标准对化学学科素养的刻画不矛盾，而是更具有可操作性。

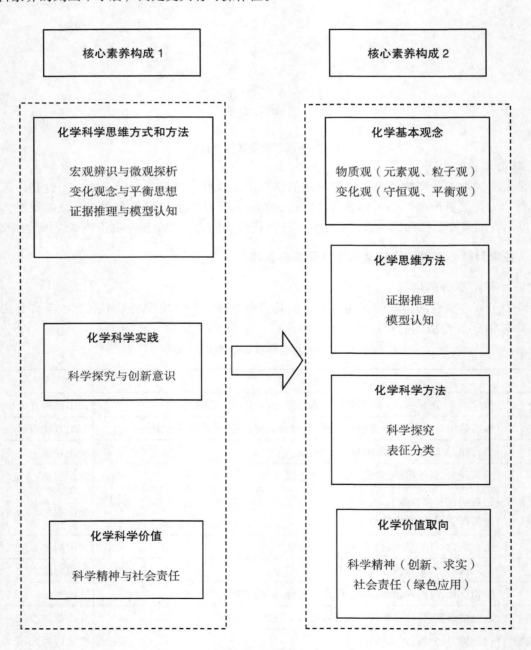

图2　两种核心素养划分的比较

（三）化学学科核心素养的三级维度

将化学学科核心素养的4个一级维度进一步细化，可形成三级维度。化学学科核心素养的三级维度及其解释如表2。

表2　化学学科核心素养的三级维度

一级维度	二级维度	三级维度	维度解释
化学基本观念	物质观	元素观	元素与物质的多样性
		粒子观	分子、原子、离子、晶体与晶胞
	变化观	变化观	物质转化、能量转化、转化规律
		守恒观	物质守恒、原子守恒、电荷守恒、得失电子守恒
		平衡观	动态平衡、对立统一
化学思维方法	证据推理	信息加工	文字、数据、图表信息分析判断,逻辑推理
	模型认知	构造模型	物质结构、化学概念（公式）、变量控制等模型认识和解释问题
化学科学方法	实验探究	设计实验	提出解决问题的办法
		动手操作	基本技能、实验安全
		信息处理	分析现象或处理数据,获得结论
	分类与表征	分类认知	物质分类、变化分类
		表征认知	符号表征、信息转化表征
化学价值取向	科学精神	求实作风	实事求是
		创新意识	求新求异
		合作意识	团队合作、交流分享
	社会责任	科普意识	宣传化学、指导生活
		绿色应用	环境意识、资源意识、健康意识、安全意识

核心素养贯穿、落实在课标修订、教材编写、课程建设、教学设计及教学评价等各个环节，所以，核心素养的落实是一项系统工程。贯彻落实核心素养是一个渐进的过程，涉及教学理念、核心素养内涵的理解程度及操作技术，需要学校领导和老师在教学实践中逐步领悟，内化于"心"，落实于"行"。

参考文献

［1］钟启泉.核心素养的"核心"在哪里［N］.中国教育报，2015-04-01（7）.

［2］褚宏启.核心素养的概念与本质［J］.师资建设，2016（4）：12-15.

［3］中华人民共和国教育部.中国学生发展核心素养［M］.北京：人民教育出版社，2016.

［4］余文森.从三维目标走向核心素养［J］.华东师范大学学报：教育科学版，2016（1）：11-13.

［5］中华人民共和国教育部.普通高中课程标准（语文、数学、英语等学科，2017年版）［M］.北京：人民教育出版社，2018.

论基于学科核心素养的高中化学教学设计

（甘肃省兰州第一中学，金东升）

2017年版《普通高中课程标准》[1] 最突出的变化有两个方面，一是凝练了核心素养，二是研制了学业质量标准。课程标准既注重教学内容的选择，又规定了学生应具备的核心能力和评价标准，体现了"育人"的核心价值观，对实现"教、学、评"一体化教学具有非凡的意义。

一、认识"三维目标"与"学科核心素养"的关系

我国学科教学在2000年前以实现"双基（基础知识和基本技能）目标"为主，2000年后，以实现"三维目标"为主，2017年版课程标准提出的"学科核心素养"，使教学目标的设计进入新的历史发展阶段，成为一次教学革命，是推动人才培养方式、提高人才培养质量的跨越。

从"双基目标"到"三维目标"，丰富了学科教学的内涵，从"三维目标"到"核心素养目标"，实现了学科教学的超越，其相互关系如图1所示。

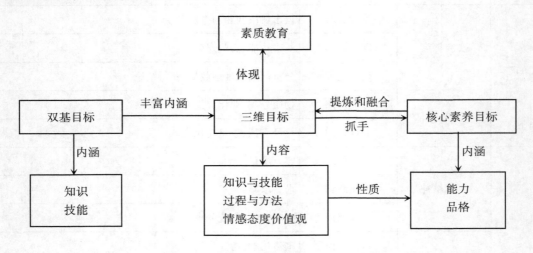

图1 双基目标、三维目标与核心素养目标的关系示意图

"三维目标"从性质上讲，其实就是培养学生的能力和品格，把知识、技能、过程与方法提炼为能力，把情感态度价值观提炼为品格。在过去的教学实践中，"三维目标"容易出现相互分离的倾向，如果将"三维目标"进行整合与提炼，即形成核心素养，也就是教学目标。

二、基于核心素养的教学设计策略

（一）要根据学科核心素养的内涵设计教学目标

1.从"三维目标"走向"核心素养目标"

对学科教学来讲，学科核心素养的培养目标就是学习知识、提高能力、塑造品格。学科核心素养是教学目标的升级版，它与三维目标之间不是排斥的关系，而是融合、深化的关系，是继承、发展的关系。

化学学科核心素养的层级 [2] 如图2所示。

从图2可以看出，化学学科核心素养三级结构从上往下呈"分—合—分"的呈现方式，旨在使学科核心素养更加具体和功能化。因此在教学目标设计时可以将三维目标整合，提炼出核心素养，可以按二级结构捋出核心素养，也可以按三级结构梳理出核心素养。三级结构避免不了相互包容关系。从功能化的角度看，二级结构呈现得更加清晰，三级结构呈现得更加具体。不论是按哪一级结构梳理核心素养，最

终凝练的教学目标是相似的。

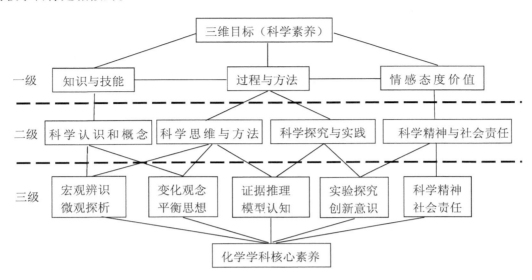

图2　化学学科核心素养的层级

2. 不能以课程教学目标代替课时教学目标

要区分课程教学目标、学段教学目标或模块（单元）教学目标及课时教学目标。如，以"物质结构与性质"为例，具体的教学内容分解在高中化学必修2第一章"物质结构元素周期律"、选修3《物质结构与性质》和选修5《有机化学基础》的三个学段。"能从物质的微观层面理解其组成、结构和性质的联系，形成'结构决定性质，性质决定用途'的观念；能根据物质的微观结构预测物质可能具有的性质和发生的变化。"属于高中化学课程目标的组成部分。选修3《物质结构与性质》的教学目标为"从原子、分子水平上认识物质构成的规律、微粒间不同的相互作用以及物质结构与性质之间的关系，提升物质结构的认识水平，提高分析问题和解决问题的能力"，属于学段或模块教学目标。在这个模块的各级主题下再根据相应的内容设计具体的课时教学目标。

3. 设计教学目标时不一定要面面俱到

高中化学课程标准划分的核心素养为：宏观辨识与微观探析、变化观念与平衡思想、证据推理与模型认知、实验探究与创新意识、科学精神与社会责任，分解到单元及课时目标时，针对具体的教学内容，不一定涵盖所有的学科核心素养。有的课时内容教育性比较强，有的课时内容知识性比较强，有的课时内容方法性比较强，因此，要根据具体的教学内容有所侧重。如，"化学与社会发展"主题，主要涉及的核心素养有宏观辨识、证据推理、科学精神和社会责任。再如，"原子结构与元素的性质"主题，主要涉及的核心素养有微观探析、证据推理与模型认知。

4. 准确把握并叙写学习行为动词

高中化学课程标准对于教学内容的要求一般使用的动词是"认识、了解、理解、学会、体会、增强、树立、形成"等，其中，认知类和技能方法类教学内容使用"认识、了解、理解、学会"等动词，态度责任类教学内容常使用"体会、增强、树立、形成"等动词。学业要求及学业质量水平划分一般用"能+动词+宾语"结构的句式，如，能说明……、能解释……、能辨别……、能应用……由此可以看出，内容要求使用的动词更宏观一些，学业要求使用的动词更具体一些，是对内容要求的动词的进一步细化。学习行为有些是显性的（认知类），可测评，如认知与技能类；有些是隐性的（非认知类），属于体验性目标和逐步内化的目标，如情感态度价值观目标。倡导叙写课时教学目标时尽可能使用可测评的行为动词，特别是认知类和技能类的学习行为，这与三维目标的叙写要求是一致的。

（二）要正确处理知识、方法与能力的关系

方法离不开具体的问题，具体的问题离不开知识，能力是在解决具体问题的过程中逐步形成的。即能力以方法为基础，方法由具体的知识承载。离开了具体的知识谈方法、谈能力，都是空谈。忽视知识，片面地要求培养能力的教学都是不切合实际的。比如，"离子键"的教学，涉及的知识有：原子结构基础知识、静电学基础知识，设计的思维方法有：演绎推理。具体的演绎方法：①钠原子（Na）和氯原子（Cl）的结构有什么特点和性质→为什么氯原子容易得电子，钠原子容易失电子；②得失电子的结果→形成阴、阳离子；③阴、阳离子间存在哪些相互作用→正、负电荷之间的静电引力、带正电的原子核之间的斥力以及两个原子内层电子之间的斥力；④这些引力和斥力相互作用的结果→两个原子核之间达到一定的距离时既不能分开，也不能靠近，结合为一个整体，形成氯化钠（NaCl），这种粒子间的相互作用称为离子键；⑤形成离子键需要具备什么条件→易得电子的原子和易失电子的原子；⑥离子键如何表示→电子式。涉及的哲学思想：对立统一规律，由个别到一般（由氯化钠的形成拓展到同一类物质的形成）、全面地看待（粒子间存在的相互作用）认识事物的方法。在演绎的过程中，学生的思维得到锻炼，分析问题的能力得到提升。

记忆能力也是学生的核心素养之一，有的人对认知材料记得快、记得牢，不能说不是能力，但不要将记忆能力等同于死记硬背。高级的记忆往往自觉或不自觉地运用思维方法，如抓关键词，在理解含义的基础上记要点、找逻辑关联点记忆等；低级的记忆往往是囫囵吞枣、机械记忆。我们倡导高级记忆，因为这是培养思维方法的一种载体。基础知识的学习离不开记忆，记住了才能运用。

（三）要促进学科知识的结构化

福建师范大学余文森教授认为："任何学科知识就其结构而言，都可以分为表层结构（表层意义）和深层结构（深层意义）[3]。表层意义就是语言文字符号所直接表述的学科内容（概念、命题、理论的内涵和意义），深层意义是蕴含在学科知识内容和意义之中或背后的精神、价值、方法论、生活意义（文化意义）。表层结构和意义的存在方式是显性的、逻辑的（系统的）、主线的；深层结构和意义的存在方式则是隐性的、渗透的（分散的）、暗线的，但它是学生素养形成和发展的根本（决定性的东西）。"仍以"离子键"教学内容为例，把离子键的知识按逻辑关系组织起来，将促进学生对离子键的整体认识和深度理解。离子键知识的结构化如图3所示。

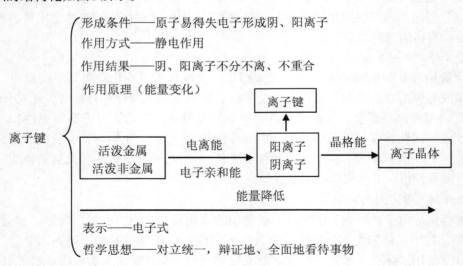

图3　离子键知识的结构化

（四）要优化教学方法

自2004年高中新课程改革实施以来，"一讲到底"的方法得到很大改观。当下需要进一步加强的是解决问题的能力、学科内蕴含的思想方法及学科价值观。

传统学习中教师的点拨与启发，合作学习中的互相交流与启迪，思维训练中的感悟及项目式学习中的体验等学习方法，都是培养学科核心素养的有效途径。因此，改进教学方法，说到底就是在启发教学的基础上融入合作、交流、探究的学习环节，在一般性文本解读的环节中渗透学科内蕴含的思想方法及学科价值观。混合式学习[4]倡导"学教并重"，是值得学习并借鉴的。

"合作学习、自主学习、探究学习"等学习方式不能完全替代"启发式"教学，课堂教学中学生是否在活动，不能简单地看学生的肢体活动，关键要看学生是否"动脑""动心"，所以要辩证地处理"动"与"静"的关系。

传统的课堂教学也不是不培养学生的核心素养，而是培养素养的标准不完善。培养学生的核心素养，也不一定要推行"教学模式"，适合学生学习的方法就是最好的方法。

现代课堂采用的教学方法都不是单一方法，而是综合方法。选择有效的教学方法或方法的组合，在有效的基础上探索高效的教学方法，是教学改革的必由之路。

传统的教学设计中，教师不自觉地渗透学科核心素养，新理念下的教学设计中，教师自觉地、有目的地、有意识地落实核心素养。所以，在教学设计中教师要从研究和领会核心素养的内涵入手，梳理出教学内容中蕴含的核心素养，才能在课堂教学中有针对性地落实学科核心素养。

参考文献

[1] 中华人民共和国教育部.普通高中课程标准（2017年版）[M].北京：人民教育出版社，2018.

[2] 王磊.促进学科核心素养发展的化学课程教学改革[R].合作：中国化学会第七届关注中国西部中学化学教育发展论坛，2017.

[3] 余文森.核心素养的教学意义及其培育[J].今日教育，2016（11）：11-14.

[4] 何克抗.从Blending learning看教育技术理论的新发展[J].中小学信息技术教育，2004（4）：21-31.

第二章　化学教学设计研究

第一节　教学设计与叙写

教学设计的原理与程序

（甘肃省兰州第一中学，金东升）

设计，是把一种设想通过合理的规划、周密的计划，以各种感觉形式传达出来的过程。教学设计，是根据课程标准的要求和教学对象的特点，以获得最优化的教学效果为目的，将教学诸要素有序安排的设想和计划。具体包括分析教学要求和学习需求、确定教学目标、设计解决教学问题的策略、教学评价四个具体过程。

一、教学设计的原理

教学设计的主要理论基础有学习理论、教学理论、系统理论和传播理论等，每一种理论都从不同的视角对教学设计的形成与发展产生了重要的影响，其中学习理论和教学理论是四种理论中最重要的理论基础。学习理论包括建构主义学习理论、有意义学习理论；教学理论主要包括认知教学理论、行为主义教学理论、最近发展区理论、多元智能理论和情感教学理论等。

（一）教学设计的基本理念

（1）面向全体、提升素养。在教学上要着力为全体学生营造一种生动活泼、平等和谐、积极参与的教学氛围；着力提升学生的核心素养，包括知识、技能、思维、审美、心理、道德和交往等核心素养；着力培养学生的创新精神和实践能力。

（2）承认差异、因材施教。通过有效的教学，使不同程度的学生都能在各自原有的基础上得到提高，并使其潜能得到发挥，个性得到发展。

（3）引领方法、学会学习。帮助学生领悟学习方法和学习策略，养成良好的学习习惯，为终身教育打好基础。

（二）教学设计的基本原则

1.目标导向原则

在教学设计中，教学目标是检查教学效果的尺度，教学目标的制定要具体、明确、可测评。教学目标指定的越具体、明确，学生的学习行为越容易被测评。

2.教学结构的整体优化原则

教学过程中各要素处于不断变化之中，因此，必须从影响教学效果的各要素综合考虑，使之达到教学整体最优化。

3.教学活动的系统有序原则

教学活动的系统有序是指教学要结合学科内容的逻辑结构和学生身心发展情况，有次序、有步骤地进行，其核心是"有序"。一是知识主线有序，二是活动主线有序，活动主线围绕知识主线展开，在活动中发展能力，以利于教学目标的达成。

4.评价反馈原则

有效评价能对学生起到激励作用，能调动学生学习的积极性，也能指导学生发现问题；在教学进程中获得教学效果的反馈信息，可以测评教学目标是否达到，以利于教师调整教学策略，采取一些补救的措施。

（三）教学设计的分类

教学设计主要包括三类，即面向教师教的传统教学设计、面向学生学的基于建构主义的教学设计和"学教并重"[1]的教学设计。

传统教学设计通常也称以教为中心的教学设计，其教育思想倾向于"以教师为中心"，其主要内容是研究教师把课备好、教好。按这种思想设计出来的教学有利于教师主导作用的发挥，有利于教师对整个教学活动进程的监控，有利于系统地传授科学知识；不足之处是由于长期"重教轻学"，忽视了学生的自主学习、探究学习、合作学习，容易造成学生对教师、对书本的依赖，且缺乏发散思维、批判思维和想象力。

基于建构主义的教学设计，也称以学为中心的教学设计，其教育思想倾向于"以学生为中心"。特别强调学习者的自主建构、自主探究、自主发现，这无疑对学生的创新精神与创新能力的培养是大有好处的，但却忽视了教师主导作用的发挥，也不利于教学进程的把控和教学目标的达成。

建构主义的教学设计分两大部分，一部分是学习环境的设计（外因），另一部分是自主学习策略的设计（内因）。基于建构主义的教学设计的每一个环节都离不开教师的主导作用。比如，学习环境设计、信息资源提供、合作学习的组织以及自主学习策略等，都得靠老师去设计，即发挥老师的主导作用。

近年来，随着混合式学习（Blending learning）新概念逐渐被国际教育技术界所接受，"学教并重"的教学设计有了"气场"，愈来愈受到广大一线教师的青睐。所谓"混合式学习"就是要把传统学习方式的优势和数字化或网络化学习（E-learning）的优势结合起来，既要发挥教师引导、启发、监控教学过程的主导作用，又要充分体现学生作为学习过程主体的主动性、积极性和创造性。"学教并重"的教学设计兼取"以教为中心"的教学设计和"以学为中心"的教学设计两者之长并弃其之短，既突出学生的主体地位，又重视教师的主导作用，不仅对学生知识技能与创新能力的训练有利，而且对学生健康情感与价值观的培养也是大有好处的。

二、教学设计的程序与要素

（一）教学设计的程序

将面向教师教的教学设计和基于建构主义的教学设计优势相结合，可以形成"学教并重"的教学设计，如图1所示。

（二）教学设计的要素

1.分析教学对象（学习者）

教学对象分析也称学情分析，主要从以下几个方面进行分析：

（1）分析学生的知识、技能的结构水平，为整合教学内容、评价内容，确定教学重点和难点，选择教学方法以及各部分内容的组织次序提供依据。

（2）分析学生的学习能力和智力发展水平，以及认知心理特点及认知发展水平，包括学生的情感、动机、兴趣和意志等心理因素以及个体差异，为制定教学目标、选择教学方法提供依据。

（3）分析社会背景，包括学生的生活经历以及社会环境的影响对教学可能产生的正负面效应，比如教学班的环境和条件等，以便在教学过程中采取针对性的补救措施。

比赛课、交流课由于教学环境发生改变，学生的学习能力和智力发展水平及社会背景等不能准确描述，包括学习基础、学习习惯、学习风气等。因此，通常需要分析学生的知识、技能的结构水平。

2.分析教学内容

（1）分析教学内容在整体学习内容中的地位和作用，以利于明确教学目标，整合教学内容。

（2）分析教学内容的特点，以选择针对性的教学策略，提高教学的有效性。

（3）分析教学内容的深度、重点与难点，以利于把握教学的深度和广度，适应多层次学生的学习需求。

（4）分析蕴含于知识中的思维方法、学习策略和情感态度价值观等因素，以利于培养学生的核心素养。

面向教师教的传统教学设计

(1)确定教学内容及知识点顺序

(2)教学内容分析

(3)学习者特征分析

(4)确定教学目标

(5)教学资源的整合与教学媒体的选择

(6)确定教学方法、策略

(7)确定教学与评价策略

基于建构主义的教学设计

(1)确定教学内容(学习主题)

(2)创设有利于学生自主建构知识意义的情境

(3)提供与当前学习主题相关的信息资源(教学资源)

(4)自主学习策略设计,包括组织协调(自主、探究、合作、交流)

优势结合

"学教并重"的教学设计

(1)根据教材内容确定教学内容及知识点顺序(材料)

(2)教学内容分析(地位、特点、价值)

(3)学习者特征分析(知识、技能的结构水平和学习能力水平)

(4)教学任务分析(解决的问题)

(5)确定教学目标(提炼核心素养)

(6)教学资源的整合(材料加工)

(7)设计教学程序与学习活动及评价方式(教学策略)

(8)教学媒体选择与板书设计(呈现方式)

图1　学教并重的教学设计的程序

3.制定教学目标

教学目标，严格来讲是指学习目标，主要描述的是学生通过教与学的过程，预期在科学概念与原理、思维方法与科学方法、情感态度与社会责任等方面达到的水平和发生的变化。教学目标的制定要依据课程标准的要求，结合学习内容的特点与学情，按学生的"最近发展区"进行设计。

4.规划行动任务

根据主题内容分解学习任务和教学环节，以确定每个环节采用什么样的行动（教学策略、课程资源开发），最后达到什么样的结果，学习重点如何突出，学习难点如何突破。规划行动任务既要按知识的逻辑结构排列，又要按学生的认知顺序排列，比如，高中化学必修1关于氧化还原反应的认识的两条线：

（1）知识的逻辑线：得氧失氧（表观特征）—化合价变化（广义特征）—电子转移（本质）；

（2）认知发展线：得氧、失氧的背后还有哪些变化—元素化合价为什么变化—电子转移有哪些形式—如何判断化学反应是否有电子转移—电子转移如何表示。

5.教学内容的整合

教学内容的整合是指教学资源的组合与合理利用，教学资源包括教材资源和教师自主开发的资源。如果说教材内容的整合以静态方式呈现，那么，教学内容的整合就是一种动态方式的呈现，而且，知识整合只是其中的一个方面。教学系统设计要整体构想，根据学习进阶选择教学内容，超越所谓"教科书"的传统框架，能动地选择、重组教学资源，自主地利用其他可用的资源。教学内容不等于教材内容，每一堂课要完成的教学内容不等于教材中每一章节的内容，而要对每一堂课的教学内容进行整合，使之最优化。

6.教学策略的设计

（1）知识导入起点要低，知识的推进要由浅入深。

（2）要搭建学生学习的脚手架，帮助学生理解和掌握所学的知识和方法。注重学习方法，提升分析问题、解决问题的能力。

（3）联系生产、生活和社会实际，促进意义建构，促进情感态度的发展。

（4）要注重教学的反馈与激励，适时调整教学节奏，促进教学目标的达成。

（5）要能及时捕捉课堂上的生成性学习资源，利用教师的专业积淀和教学智慧，使生成性资源成为教学的闪光点，成为学生学习的新动力。

7.教学方法的选择

教学方法的分类[2]：

一级教学方法有讲授法、练习法、讲练法、实验法、参观法，其中讲授法包含启发法、解读法、演绎法、提问法、类比法、图示法、讨论法、比较法等。

二级教学方法主要指稳定的教学模式，如程序教学法、单元结构教学法、掌握学习法、发现学习法、探究学习法、自主学习法、项目学习法等。

三级教学方法主要指微观方法，如提问法、类比法、图示法、讨论法、比较法、模型法、归纳法、演绎法、实验探究法、解读法、角色扮演法等。

教学方式方法的选择，要依据不同的课型、教学目标、教学内容、教学的设备和条件、学生的实际情况、教师自身的素质和条件等而定。

现代课堂教学大多采用混合式教学方法或综合式教学方法，很少采用单一的教学方法。如果有稳定的教学程序，建议写二级教学方法；如果是多种微观方法的组合，体现以教师为主导，学生为主体，建议写混合式教学方法。

8.教学媒体的组合运用

教学媒体指传播知识或技能过程中显示信息的工具。传统教学媒体有书本、语言、黑板、投影和图片，现代教学媒体有录音、录像、视频、多媒体课件以及辅助传送信息的硬件和软件等。投影与黑板各有优势，投影的信息容量大，能反映抽象的概念和微观的物质，能播放视频资源，视觉冲击强烈；黑板可以展现教师的演绎过程，视觉停留时间长，师生的互动与交流方便，同时还可以展现粉笔书法。

传统的黑板加粉笔与计算机辅助投影（或一体机）是互相补充的关系，主辅协同关系，而不是替代的关系，也不是并列的关系，更不是简单重复的关系。选择多种媒体时要合理整合，分清各媒体的功能。现代教育技术的发展并不排斥传统媒体，为克服投影视觉停留短的缺点，可在黑板上呈现要点及概念图。因此，选择一种媒体还是多种媒体，要根据实际情况而定，计算机辅助控制下的投影媒体的运用必须做到适时、适量、适度、有效，要发挥它的不可替代性。

9.教学评价的设计

教学评价分为形成性评价和总结性评价。形成性评价也称过程性评价，以课堂观察为主，通过提问、讨论、课堂练习或小测验、问卷或访谈等手段获得学生的表现以及对知识与方法的掌握程度；总结性评价也称阶段性评价，是一种目标参照性评价，主要是通过测评工具获得学生的学习水平。总结性评价一般有单元考试、学期考试、学年考试等（给出成绩或等级）。教学目标是否达成，从形成性评价和总结性评价两个方面反馈，要精心设计评价方式和评价工具。

10.板书设计

板书设计要求：（1）准确、规范、工整，具有良好的示范作用；（2）简洁、鲜明、概括性强，能满足学生需要；（3）条理分明，重点突出，启发性强；（4）新颖、美观、艺术性强，版书的时机、内容、位置和顺序等都要整体构思，精心计划，让人有愉悦感。

三、设计教学重点、难点的策略

（一）教学重点的设计

教学重点是指教材中最基本、最重要的知识、技能和思维方法。

1.教学重点的确定

重要的内容一般是教学重点。通过对重要内容的分析，找出其内含和外延，在确定重点时有所取舍。

（1）课程标准中要求"理解、解释、说明、区分、判断"等学习水平的内容，是确定教学重点的依据之一。

（2）通过比较找出重要内容。一般说来，和物理性质相比，化学性质更重要；和描述性知识相比，反映物质组成、结构的化学基本概念、原理更重要；和一般物质相比，选定的代表物更重要。

需要指出的是，重要内容不一定都是教学重点，非重点的内容也不应被放弃；教学重点不应该单纯指知识内容，还应该包含知识背后的思维方法及价值取向。

2.解决教学重点的策略

（1）尽量采用实验探究、直观教具和多媒体辅助手段，提供充分的感性材料，既要让学生学会知识，又要发展学生的关键能力。

（2）有序地引导学生观察、思考、讨论、小结，以促进学生对重点内容的理解。

（3）通过一定时间和一定量的练习，在应用中巩固重点知识与技能。

（4）通过板书突出重点内容，促进学科知识的结构化。

（二）教学难点的设计

1.教学难点的确定

教学难点是指学生难领会、难理解或难掌握的知识、技能与思维方法。确定教学难点时应该把教材内容和学生的实际结合起来，认真研究学生已有的知识与经验、年龄特征、认识规律、学习水平等，使教学难点的确定符合实际。从教材本身分析，难点内容通常包括：

（1）比较抽象的内容。例如，初中教材中化合价的实质。

（2）容易混淆的内容。例如，初中教材中结晶水合物与混合物。

（3）综合概括性强的内容。例如，高中教材中合成氨适宜的温度条件。

（4）逻辑推理比较复杂的内容。例如，高中教材中电化腐蚀及其规律。

要认真区别教学重点和难点，不能把二者混为一谈。有的内容既是重点，也是难点。但是，重点内容学习时不一定都困难，非重点内容不一定都容易理解。

2.突破教学难点的策略

突破难点的关键，是找出"坎在什么地方""跨越坎的关键在哪里"，有针对性地采取措施。

（1）化难为易。教师尽量用逻辑推理和简明、通俗、严谨的语言（包括图示语言和图表语言）把道理讲明白。

（2）化抽象为形象。对抽象难懂的概念和原理，努力运用实验、多媒体及直观教具等手段帮助学生理解，并注意语言的直观和形象化。

（3）化繁为简。学生对有些教学难点的理解需要一个过程。可以先给出相关的知识要点并进行应用性练习，让学生自己领悟，避开烦琐的、学生难以接受的推导和论证，待条件成熟时再做必要的总结和提高。

没有精心预设，就没有精彩教学的生成。用心设计教学，规范教学设计，才能让课堂教学的生成更有效。

案例1以高中化学必修2"基本的营养物质"[3]为例①。

案例1：教材内容相关知识体系梳理（如图2所示）

人类重要的营养物质 蛋白质、糖类[价值、组成 或构成、存在、水解反应 （不介绍反应方程式）、生 命活动机理] 油脂、维生素（价值、存在）	**基本的营养物质** 糖类、油脂、蛋白质[组成、 结构（以单糖为代表介绍 糖类）、性质（特征反应、水 解反应）、存在、价值]	**生命中的基础有机化学物质** 油脂、糖类、蛋白质（存在、组 成和结构、性质、价值） 酶（作用及特点、来源） 核酸（组成、结构、存在、作用）
九年级化学	高中化学必修2	高中化学必修5

按学段逐步递进

图2 人教版教材"基本的营养物质"知识体系

案例2：教学内容分析

九年级化学"人类重要的营养物质"侧重于介绍蛋白质、糖类、油脂和维生素对于生命活动的重要性；高中化学必修2"基本的营养物质"侧重于介绍糖类、油脂、蛋白质的结构与性质，以及结构决定性质的辩证关系，其中，根据学习的阶段性，突出了单糖（葡萄糖和果糖）的结构；高中化学选修5在必修2的基础上对油脂、糖类和蛋白质的结构和性质做了拓展，同时，对"生命中的基础有机化学物质"做了补充（酶和核酸）。

案例3：教材的特点

（1）概括性较强。糖类、油脂、蛋白质涉及的知识内容较多，将其合成一个主题，通过类比认识其组成和性质，能根据特性反应学会检验物质的方法，其中，对葡萄糖与新制备的氢氧化铜或银氨溶液的反应不做要求，为高中学生"基本的科学素养"打下共同学习的基础。

（2）以点带面，突出重点。突出介绍单糖（葡萄糖和果糖）分子结构，在此基础上概要式介绍二糖和多糖的分子结构，对于分子结构比较复杂的油脂、蛋白质留在选修5中进一步认识。

（3）蕴含思维方法，如结构决定性质、条件影响反应现象、多官能团物质性质的"多面性"等。

案例4：教学对象分析

从知识结构上看，学生在九年级化学中已经认识了蛋白质、糖类的价值、组成或构成、存在、水解反应、生命活动机理，了解了油脂、维生素的价值和存在；在本章"生活中的两种常见的有机物"（乙醇、乙酸）主题学习中，已认识了官能团的概念以及结构决定性质的思想；在高中必修1"物质的分类"部分已经初步学会了物质的分类方法。这些已有的知识和能力为本节课的学习奠定了基础。从生活经验上看，葡萄糖、蔗糖、麦芽糖、淀粉、纤维素及蛋白质等有机物是生活中经常接触到的物质，学生对这些有机物的作用及性质有所了解，但认识不全面，缺乏认识事物的思想和方法，以及蕴含在知识背后的规律。

案例5：教学任务分析

（1）按照营养物质→糖类（重点为葡萄糖、蔗糖、淀粉）组织教学内容。

---

① "基本的营养物质"教学设计发表于《中学教育科研》2018年第3期。

（2）按照组成、结构、性质、用途的认识视角，提高结构化水平。

（3）渗透学科思维方法，开发实验课程资源，落实学科核心素养。

（4）正确处理认知的两个基本过程，糖类物质的拓展是"同化"的过程，即把外界刺激所提供的信息整合到自己原有认知结构内的过程，糖类物质的结构与性质的探究是"顺应"的过程，即认知结构因外部刺激的影响而发生改变的过程。

（5）有关的化学反应方程式只对理科倾向（理科班）的学生有所要求。

案例6：教学与评价目标

（1）通过复习回忆初中学习内容，知道基本的营养物质种类。通过生活经验的讨论与拓展，知道糖的种类。

（2）通过葡萄糖的组成与结构的分析，能预测葡萄糖的性质。通过实验探究葡萄糖与银氨溶液和新制备的氢氧化铜的反应，能证明葡萄糖分子中含有醛基，在此基础上，知道醛类物质的检验方法。

（3）通过蔗糖的水解实验及与新制备氢氧化铜反应的探究，知道蔗糖水解可以得到葡萄糖。

（4）通过淀粉与单质碘的实验探究，知道淀粉的特性反应及其检验方法。

（5）通过单糖、二糖、多糖分子组成的分析，知道二糖、多糖可以水解生成单糖，同时，二糖和多糖可以看作是单糖脱水所得的化合物。

案例7：教学程序、活动方式与评价方式

（1）教学重点：葡萄糖的组成、结构和性质。单糖、二糖与多糖的关系。

（2）教学思路

①体现物质观、分类观、变化观、价值观。

②通过科学实践（探究），提升学生的证据推理能力。

③在概念学习和科学探究过程中渗透学科思维方法。

（3）教学框架（如图3所示）

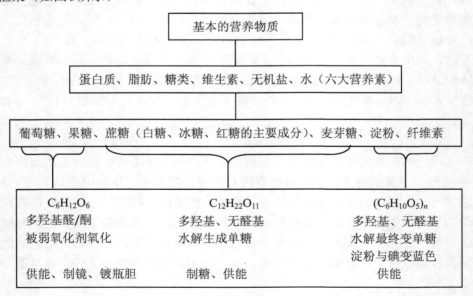

图3 "基本的营养物质"教学框架

（4）有关的反应（理科倾向学生的学习要求）

$$CH_2OHCH(OH)_4CHO + 2[Ag(NH_3)_2]^+ + 2OH^- \rightarrow CH_2OHCH(OH)_4COOH + 2Ag + 4NH_3 + H_2O$$

$$CH_2OHCH(OH)_4CHO + 2Cu(OH)_2 \rightarrow CH_2OHCH(OH)_4COOH + Cu_2O + 2H_2O$$

可以检验醛基存在。

水解反应：$C_{12}H_{22}O_{11}$（蔗糖）$+H_2O \xrightarrow{H^+} C_6H_{12}O_6$（葡萄糖）$+ C_6H_{12}O_6$（果糖）

$(C_6H_{10}O_5)_n + nH_2O \xrightarrow{催化} nC_6H_{12}O_6$（葡萄糖）

淀粉$+I_2 \rightarrow$ 成蓝色（检验淀粉的存在）

$C_6H_{12}O_6 + O_2 \xrightarrow{酶} 6CO_2 + H_2O$（供给能量）

动物体内存在纤维素水解的酶（催化剂）。

（5）教学过程

教学环节	教学内容	教学手段
忆糖	回忆基本的营养物质	复习提问
识糖	形形色色的糖	图片信息展示 师生讨论补充
析糖	1.葡萄糖的组成与结构分析（多羟基醛）；预测葡萄糖可能的化学性质。 2.二糖、多糖的组成及与单糖的关系。 $C_6H_{12}O_6 \underset{+H_2O}{\overset{-H_2O}{\rightleftharpoons}} C_{12}H_{22}O_{11} \underset{+H_2O}{\overset{-H_2O}{\rightleftharpoons}} (C_6H_{10}O_5)_n$	学生看书、教师提问、学生回答 比较、类推
探糖	1.葡萄糖与银氨溶液及新制备氢氧化铜的反应——葡萄糖的检验方法。 2.蔗糖水解及其产物的检验。 3.淀粉的水解及特性反应——遇单质碘变蓝。 淀粉可以检验单质碘的存在。	实验探究
用糖	葡萄糖：是供能物质；制镜、镀瓶胆；检尿糖。 二糖、多糖：是供能物质。 淀粉：检验单质碘。	师生总结
思糖	学科思维方法 1.分类思想：基本的营养物质分类；糖的分类 2.类推思想 (1)"结构—性质—用途"关系。 (2)弱氧化剂能氧化醛基,强氧化剂呢? (3)事物的多面性——多官能团物质的化学性质（既有醛基的性质,又有羟基的性质）。 3.条件与现象：氢氧化铜的制备（葡萄糖加入氢氧化铜悬浊液中变为深蓝色,加热后变为红色）；二塘、多糖的水解（需要催化剂）。	教师提炼

参考文献

［1］何克抗.从 Blending learning 看教育技术理论的新发展［J］.中小学信息技术教育，2004（4）：21-31.

［2］刘知新，王祖浩.化学教学系统论［M］.南宁：广西教育出版社，1996.

［3］人民教育出版社，课程教材研究所.普通高中课程标准实验教科书化学必修2［M］.3版.北京：人民教育出版社，2007.

谈课堂教学设计方案的设计与叙写

（甘肃省兰州第一中学，金东升）

课堂教学设计即传统的备课和撰写教案，课堂教学设计方案简称教案。教案是实施课程的最基本的方案，是教师的施教工具、行动指南，是教师结合课程标准、教科书、学生的学习状况通过研究形成的高度浓缩的学习资源，是教学方法与认知规律高度统一的结晶，是实现教学目标的保证。好的教学设计能反映核心要素，且各要素之间联系紧密，既方便教师行动、自省、反思，做到心中有数，防止随心所欲，又能给同行以启迪，让同行能领会设计思路、设计意图和教学资源的整合利用情况。很多教师尤其是年轻教师，设计课堂教学方案不下功夫，书写教案很随意、很不规范，具体的教学内容、教学思想如何落实，在教案中反映不出来，教学内容的轻重调节把握得不恰当，在课堂教学中就缺乏章法，具体内容的处理难免带有盲目性。有的教师书写的教案是课本内容的搬家，仅仅是落实了教学内容，至于教学目标是否落实，就无从谈起；还有的教师书写教案照抄照搬教学参考书，没有自己的教学思路，上课难免照本宣科，影响教学效果。这主要是由于入职前师范教育阶段和入职后继续教育阶段缺乏针对性的培训，其次是缺乏相关研究的参考资料，导致有的教师不清楚课程改革对教学目标（过去称为教学目的）、教学过程的叙写有哪些要求。

一、教学设计方案的发展过程

完整的教学设计方案包含教学分析、教学任务、学习目标、教学重点、教学难点、教学方法、教学用具、教学过程（教学活动安排）、板书设计、教学反思等。随着教学研究的不断深入，教学设计从理论上和实践上都向着科学化、系统化方向发展并日臻完善。

教学设计经历了由经验设计法、程序设计法到系统设计法的发展过程。目前这三种方法都有应用。系统的教学设计以传播理论和学习理论为基础，根据课程标准和教学内容，用教与学的原理来规划教学资源和教学活动的过程，它追求的是教学过程这一系统的整体优化。系统的教学设计方案与传统的教学设计方案的区别如表1所示。

表1　系统教学设计与传统教学设计的比较

区别	系统的教学设计	传统的教学设计
设计依据	教育理论、系统方法论及影响课堂教学的诸多因素为设计依据	教师的个人经验为设计依据
设计的出发点	以学生怎样学会为出发点	以教师如何施教为出发点
教学策略的运用	自觉地运用并且系统化	不自觉地运用并且不系统
教学目标的制定	明确、具体、可测评	不具体、不可测评
对教材的使用情况	把教材作为教学资源，即用教材教	把教材作为唯一教学资源，即教教材

二、教学设计方案的设计与叙写

（一）教学目标的设计与叙写

教学目标是学生学习结果或是学生活动所要达到的预期，它引领着教学方向，制约着课堂教与学活动，也是落实化学课程目标的关键所在。

1.教学目的与教学目标

"目标"的原意是指受攻击的对象，"目的"是指行动和努力最终要达到的地点或境界。

两者相比，"目的"具有战略性、整体性、稳定性，强调最终的行动结果；目标则具有战术性、阶段性、变化性，一般只是为了实现一定"目的"而确立的阶段性行为指向。20世纪90年代以前，教学设计从"教"的角度设计教学目的，落实到课时教学设计时，太大、太空，针对性不强。20世纪90年代开始，教学设计将"目的"转化为"目标"，并将教学目标划分为知识目标、能力目标、情感目标，但仍然从"教"的角度设计教学目标。进入2000年后，根据布卢姆等的教育目标分类理论，结合我国的教育教学实际，教学目标实际已变为"学习目标"，将教学目标划分为知识与技能、过程与方法、情感态度价值观三个维度。"三维目标"使学习目标更加明确、具体、可测评，其中，行为主体发生了变化，描述的是学生的学习行为，但"三维目标"容易将一个目标的三个方面分离。根据21世纪教育发展的趋势与人才培养模式的变化，2017年版课程标准将"三维目标"凝练为"核心素养"目标，主要有三个层级：化学基本观念（化学学科认识）、科学方法（包括思维方法和实践方法）、价值取向与社会责任。为体现功能化，又进一步细分为"宏观辨识与微观探析、变化思想与守恒观念、逻辑推理与模型认知、实验探究与创新意识、科学精神与社会责任。"[1]学科核心素养是"三维目标"的凝练与升华，更符合社会发展对教学的要求。

　　2.课堂教学目标设计应遵循的原则

　　（1）统一性原则。即课堂教学目标与化学课程目标保持统一，不随意扩展、无限拔高，也不能降低要求，尤其是不能忽视隐性教学要求。

　　（2）全面性原则。即学科核心素养的各个维度体现纵贯横联，在学科科学认识、学科思维方法、学科实践方法、学科科学态度和社会责任等方面相互作用、相互促进，协同达成。其中，科学思维与科学方法承载着科学认识（概念原理）目标与科学态度（情感与价值观）目标的达成，是学科核心素养的关键。因此，要寓知识与技能、情感态度与价值观于过程与方法之中。

　　（3）层次性原则。即在分析学生的知识状况和学习能力等因素的基础上，依据课程标准，结合教材内容，准确把握教学的深广度，让存在个体差异的学习者都不同程度地获得发展。要考虑学习的阶段性，突出课时教学目标，不能将单元教学目标、学科课程目标拔高到课时教学目标中去实现。

　　（4）可操作性原则。即教学目标定位具体、明确、可测量。

　　3.学习目标叙写要素

　　教学目标是课程实施的立足点和出发点，制定教学目标，要在原"三维目标"的基础上凝练核心素养目标，难度要适切，表述要明确、具体、可测量。防止制定大而空、在教学中难以实现的教学目标。

　　教学目标既含有外显行为，又含有内在行为目标和表现性目标，外显行为目标以"会"为标准，如会说、会读、会写、会操作、会鉴别、会推导、会辨析、会判断等，内在行为目标以"发展"为标准，如体验、体会、感受、认同、形成、养成等，表现性目标以"态度"为标准，如赞赏、积极参与、勇于发言、主动交流、相互协作等。所以教学目标一般采用外显行为动词、内在行为动词和表现性行为动词相结合的方式陈述。

　　叙写教学目标的句式为：行为条件（状语）+行为主体（主语）+行为动词（谓语）+行为程度（定语）+行为结果（宾语），其中，行为主体是学生而不是老师，行为动词尽可能是可测量、可评价、具体而明确的，行为条件是指影响学生产生学习结果的特定限制或范围，行为结果指学生的学习表现或学习所达到的程度。如，学生（主语）能在老师的引导下，准确地（状语）判断（谓语）碳酸盐发生反应的（定语）产物（宾语）。又如，学生（主语）在观察钠与水反应实验的基础上（状语），能概括出（谓语）钠的密度、熔点高低、热效应、放出气体、生成碱等（定语）性质（宾语），其中，主语通常可以省略。

　　设计一节课的教学目标尽量不要用"提高××能力"，因为"提高××能力"对于一节课来说，教学目标不易测评。学会"××"方法，行为结果是"方法"；提高"××"能力，行为结果是"能力"。心理学理论中，能力是指直接影响到人活动效率，并使活动顺利完成的个性心理条件，包括观察、记忆、分析、思维、想象和操作等。而方法则是解决具体问题的途径、步骤和手段。能力与方法相互关联，方法不等于能力。通过具体的方法，可以训练和培养一定的能力。学会"××"方法与提高"××"能力相比，学会

"××"方法的目标更容易达成，提高"××"能力往往是阶段性目标，要与前一节课或前一阶段相比较，才能判断目标是否达成。

4.教学目标设计扫描

案例1：高中《有机化学基础》（选修）：葡萄糖

（1）通过计算、讨论、逻辑推理、推导出葡萄糖的结构式，再根据葡萄糖的结构推测出它的化学性质。

（2）学生在老师的指导下通过讨论、猜想、设计实验、做实验、素材分析等确定葡萄糖分子中有1个醛基、5个羟基。

（3）学生能运用所学知识解决身边的与化学有关的问题，即学以致用。

［评］第（1）条和第（2）条，计算什么、讨论什么、做什么实验等都不具体。第（3）条解决身边的与"化学"有关的问题，太宽泛；"学以致用"太笼统。

案例2：九年级化学"构成物质的奥秘"：元素

（1）通过相互讨论、交流，了解元素的概念，增强学生归纳知识、获取知识的能力。

（2）了解元素符号所表示的意义，学会元素符号的正确写法、读法，逐步记住一些常见的元素符号，使学生真正进入一个化学世界，保持对化学的浓厚兴趣。

（3）运用多媒体、课文插图、挂图等辅助手段，化抽象为直观，增强学习效果。

［评］第（1）条，具体讨论、交流解决哪个问题不清楚；"增强学生……"的句式行为主体倒置；能力与方法相互混淆，方法目标易测评，能力目标没有参照，不易测评。

第（2）条，"使学生真正进入一个化学世界"，行为主体倒置；"了解元素符号所表示的意义""学会元素符号的正确写法、读法"与"使学生真正进入一个化学世界"的结论太主观、太牵强。

第（3）条，以教师的教学过程和教学方法，代替学生学习的过程和学习的方法。

案例3：高中化学必修1"金属及其化合物"：金属的化学性质

（1）知识与技能：使学生掌握钠的化学性质。

（2）过程与方法：培养学生观察实验的方法。

（3）情感态度与价值观：树立唯物主义世界观。

［评］教学目标设计过大、过空，缺乏全面性、准确性、可操作性，也存在表达要素不完整、欠规范的问题。其中，"掌握"是宏观的要求，不具体，行为动词模糊，也没有表现程度要求，难以测评。"使……""培养学生……"的描述行为主体倒置；"钠的化学性质"太宽泛，没有限定；"培养学生观察实验的方法"缺少行为条件，此外，"培养"与"方法"的词组搭配不合理，"培养"一般与精神、能力、情感、习惯等词组搭配；"树立唯物主义世界观"过大、过空，因为树立世界观往往一节课是不能达到目标的，同时也缺少行为条件。

教学目标设计之所以出现以上情况，我们认为有以下原因：

（1）体会不到教学目标对于目标达成的意义，如有一位老师在"乙醇"课堂小结时用PPT展示了乙醇的概念图，目标是否达成，不好测评。因为关于应用概念图的课堂小结目标可分解为三个层次：A.学生能在教师的引导下说出乙醇的物理性质、化学性质、结构、用途等，并建立概念图；B.学生能根据概念图回答有关的问题；C.学生能自主构建概念图。究竟要达到哪个水平层次，在设计的教学目标中并没有指明。

（2）没有经过系统培训，对三维目标的内涵理解不透彻，不知道如何叙写，对可测评的动词把握不准确。

5.整合目标，自觉践行

针对学生发展所需要的关键能力和必备品格，可以从宏观辨识与微观探析、变化观念和守恒思想、证据推理与模型认知、实验探究与创新意识、科学精神与社会责任等五个维度的学科核心素养设计教学目标。也可以将"三维目标"进行整合与凝练即成为核心素养目标，其中，知识与技能是载体，过程与方法是路径和工具，情感态度与价值观是获得的结果，三者是一个整体，往往捆绑在一起构成了学科核心素养。无论是根据化学学科核心素养的"五个维度"设计教学目标，还是将"三维目标"进行整合设计教学目标，最关键的都涉及三个方面，即学科基本观念的认识、科学思维方法与科学实践方法、化学价值取向。但是，我们不能脱离实际，拼凑条目，牵强附会，制定一些无法实现的教学目标。

教学目标的逐维分解有利于目标的具体化、操作化，整合的目标更有利于目标的结构化和整体化。设计教学目标时能否将复杂的问题简单化，关键在于依据完整性、系统性与有序协调的原则将科学概念、科学方法、价值取向进行有效整合，形成一个整体。

如，高中《有机化学基础》（选修）"葡萄糖"的教学目标设计：

（1）根据碳、氢、氧元素含量计算葡萄糖的分子式，再根据分子组成中碳氢原子个数关系推测葡萄糖可能存在的官能团，锻炼逻辑推理能力。

（2）通过葡萄糖与银氨溶液、新制备氢氧化铜反应的实验探究和所给多羟基化合物性质信息的分析，确定葡萄糖分子中有1个醛基、5个羟基，体验实验探究的乐趣。

（3）通过葡萄糖分子中存在的官能团推测其化学性质，通过葡萄糖的化学性质推测葡萄糖的用途，知道结构决定性质、性质决定用途的认识事物的方法，并能写出有关的化学方程式。

又如，高中化学必修2：《苯》教学目标设计：

教学背景：学生的学习基础较好，将必修2与选修《有机化学基础》中关于苯的教学要求进行整合。

（1）通过介绍苯污染事件，知道苯是一种污染物，从而增进环境保护意识；通过分析受苯污染的自来水处理方法（煮沸、活性炭吸附、降温结晶），知道苯易挥发、冰点比水高等物理性质。

（2）通过苯分子不饱和程度的讨论，能初步预测苯分子的结构；通过实验实证知道苯分子中不存在双键及三键；通过信息分析，知道苯分子的结构，学会信息处理与加工的方法。

（3）通过苯的燃烧实验，苯的溴代反应、硝化反应实验视频，苯分子的结构及实验事实的分析，知道苯能在氧气中燃烧，苯能与液溴、硝酸发生取代反应，也能与H_2等物质发生加成反应，体会结构决定性质的关系，并会写相应的化学方程式。

（4）通过分析苯的溴代反应、硝化反应实验装置，知道控制化学反应的方法。

（5）通过介绍苯的用途，知道苯是一种重要的化工原料。

上述教学目标设计在表述形式上，虽然没有出现"五维目标"或"三维目标"的提示语，但是每一条目标都很好地把核心素养目标交融在一起，并且分层递进，为课堂教学目标达成奠定了基础。

预设不精彩而课堂精彩是基于教师有丰富的教学经验，有较高的专业素养，课堂上知道哪些内容需要拓展，哪些方法需要渗透，哪些技能需要加强，哪些情感需要释放等。就像"无教案的教师并不是没有备课，并不意味着他的课比有教案的教师的课上得差"一样，那些没有叙写教学目标的教师并不意味着他们的心中没有教学目标。

日常课的教学目标达成情况由教师自己把握、自己调整，交流课的目标达成情况由专家及同行评价，可供同行学习借鉴。不能因为教学目标是否达成，由自己调整，所以就人为地降低设计要求。高效课堂产生的前提必须基于周全的、有效的预设。心中有目标，加强学习，自觉践行，才能不断提高教学实际能力。

（二）教学过程的设计与叙写

目前，一线教师对教学过程的叙写没有统一的叙写形式（格式），或繁或简。个人的喜好和习惯不同，书写的形式也不完全相同。有的教案对过程的叙写让人赏心悦目，能让人从中得到很多启示；有的教案对过程的叙写比较凌乱，或主题不明确，或关键词不关键，或语序缺乏逻辑，或轻重比例失调，该突出的不突出，不该突出的则叙述很多，废话连篇。有的教案只是教学内容的解读，有的教案只是教学流程及操作方法的简单叙述，不能清晰地表达自己的教学设计思路，也不能反映各个教学环节及知识点之间的内在联系，其结果只能是孤芳自赏。教学设计中"教学过程"如何叙写，有必要进行分析，寻找一种大家公认的合理的叙写形式，以提高叙写教学过程的质量和效率。

1.教学过程设计的原则

（1）过程程序化：教学过程的安排要有逻辑主线，按程序开展活动，既能体现知识的相互关联性和递进过程，又能引导自己按组织结构进行教学，避免随心所欲。

（2）内容条理化：提出的问题条理清晰，逻辑性强；安排的实验简洁明快，可操作性强；信息的呈现有层次，针对性强。

（3）表述简洁化：要学会"缩句"，在主题下通过关键词形成关键句，或在明确的论点下，找到关键的论据，也可以通过图示、图表等表征手段呈现基本信息。

2.叙写教学过程的要素

叙写教学过程需要呈现出以下内容：教学程序、教学内容、操作方法（包括教师行为和学生行为）、教学策略等。不管是哪种叙写方式，其要素都是以教学目标为导向，以教学内容为载体，按照教学规律，设计教学方法和评价方法。其中，叙写教学过程的共同要素是叙写教学内容，其他的要素可以根据教师个人的能力和具体的教学内容取舍。

3.教学过程设计叙写形式

（1）叙述式：呈现教学任务、教学内容和具体的"教"与"学"的过程和策略。

（2）图示式：呈现教学环节和教学内容。

（3）列表式：呈现教学环节、教学内容与活动形式。

（4）概要式：呈现教学内容。

各种叙写形式的详略程度不同，因此教案又可分为详案和简案。详案使教师在教学过程中有所参照，有助于教师控制教学进程连续流畅；简案类似于教学提纲，有助于教师发挥个人的教学能力。教案是详写还是简写，应根据教师的经验来决定。经验丰富的教师可编写简案，年轻教师一般应以详案为宜，但最好不要把教案写成讲稿，因为教案不同于讲稿，它是教学内容、教学策略、教学方法加工提炼的产物，它要求言简意赅、一目了然。教案一旦写成讲稿，教学就会显得呆板，照本宣科的味道就浓重一些。

案例1：喷泉实验原理探究（复习课）

[教学目标]

1.通过探究喷泉实验原理，知道喷泉实验的实质是因压强差而引起的，能够判断中学化学常见气体和液体组合能否发生喷泉，能够解释城市中常见的喷泉及火山爆发的原理。

2.通过对喷泉实验现象与试管倒吸现象的比较，体验"利"与"害"的辩证关系。能够逐步建立起"一分为二"看待问题的观点。

[教学重点] 喷泉实验的形成条件。

[教学难点] 喷泉实验的形成条件。

[教学方法] 启发、探究、讨论。

[教学思路] 本节课学习内容是对课本上"喷泉"实验的补充和拓展，试图改以"讲授"为主的教学方法为以"探究"为主的教学方法，既让学生体验到探究的乐趣，同时又发展学生的创新思维能力。

[教学用品] 多媒体设备、常见实验用品。

[教学过程]

引言：漫步城市广场经常可以看到喷泉美景，喷泉是美丽的，那么喷泉是怎么形成的呢?今天，咱们通过喷泉实验，来探究形成喷泉应该具备哪些条件?

一、喷泉形成的原因

［投影设问］（2002年全国高考题）制取氨气并完成喷泉实验（装置如图1、图2所示）。

（1）写出实验室制取氨气的化学方程式＿＿＿＿＿＿＿＿。

（2）收集氨气应使用＿＿＿＿＿＿法，要得到干燥的氨气可选用＿＿＿＿＿＿作为干燥剂。

（3）用图1装置进行喷泉实验，上部烧瓶已装满干燥的氨气，引发水上喷的操作是＿＿＿＿＿＿。该实验原理是＿＿＿＿＿＿。

（4）如果只提供如图2的装置，请说明引发喷泉的方法＿＿＿＿＿
＿＿＿＿＿＿＿＿＿＿＿＿＿＿＿＿＿＿＿＿＿＿＿＿＿＿＿＿。

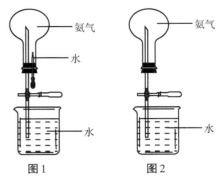

图1　　　　图2

［演示］喷泉实验。

［讨论］喷泉形成的原因。

［总结］喷泉是由于烧瓶内外产生压强差所引起。

二、喷泉形成的条件

［启发引导］既然喷泉是由于烧瓶内外的压强差引起的，那么，烧瓶内盛有任意一种气体能否采取措施形成喷泉呢？

［学生讨论］略。

［总结］（1）减小烧瓶内气体的压强：①将气体溶解，如，HCl和H_2O、NH_3和H_2O；②将气体通过反应消耗，如，CO_2和NaOH、Cl_2和NaOH、Cl_2和P；（2）增大烧瓶外气体的压强，将液体压入烧瓶：①将烧杯换成带单孔胶塞的烧瓶或广口瓶，并加入能产生气体的物质发生反应，如，Zn和稀HCl、$CaCO_3$和稀HCl、MnO_2和3%H_2O_2、Cu和稀HNO_3、CaC_2和H_2O等；②改变温度，降低烧瓶内气体的温度或升高烧瓶外气体的温度。

［过渡］以上设计思路都很好，现在请同学们利用常见的仪器或生活中常见的用品设计一套喷泉实验装置，分小组进行汇报。

［学生汇报］略。

［参考装置］下方塑料瓶中装入滴有酚酞的水，然后加入几粒电石，片刻后在上方塑料瓶中形成喷泉。如图3所示。

三、喷泉现象的利与弊

［设问］

1.生活中有许多美丽的喷泉，还有壮观的火山爆发。它们的原理与上述哪个装置的原理相似？

2.做实验时，遇到的"倒吸"现象与哪一类喷泉原理相似？

［讨论总结］喷泉现象的本质是容器内外产生压强差，结果导致"倒吸"，如果倒吸速率快，就会形成喷泉。"倒吸"可以产生喷泉，"倒吸"还会形成安全隐患，化学实验中常常需要防止倒吸。

［结束总结］今天，我们对喷泉实验原理进行了探究。探究学习法不仅是学习新知识的重要方法，也是复习的重要方法，还是终身学习的重要方法。

［作业］

1.利用物理、化学知识探究伸入烧瓶中的导管长度对形成喷泉有没有影响？

2.如果塑料瓶中装的是酒精，则如何引发喷泉？

3.设计几套防倒吸的装置，画出装置示意图。

图3

点评：这种叙写方式属于叙述式，特点是呈现教学任务、教学内容和操作方法（教学行为），以"喷泉实验原理"为主线，将教师"教"的行为和学生"学"的行为融合在一起，可操作性强，是最大众化的叙写方式。

案例2：环境保护 ［高级中学教科书·化学第一册（必修）］

[教学目标] 在教师的指导下，学生通过查阅和整合资料、观看影片、讨论、演讲、角色扮演活动，了解大气污染、水体污染和土壤污染的物质、来源、危害及防治方法。提高自主学习能力、语言表达能力、艺术表演能力，增强环保意识，体会学习的快乐。

[教学重点] 大气污染、水体污染、土壤污染的来源、危害及防治方法。

[教学方法] 教师引导，学生活动。

[教学思路] 环境问题如今已成为世人关注的热点问题，对学生进行环境教育，增强环保意识和社会责任感尤为重要。本节课采用课前学生分头收集资料，整合资料，书写演讲稿，排演短剧，课堂上以各组表演形式反映大气污染、水体污染及土壤污染的状况，认识污染物的主要来源、危害及防治。通过这种学习方式，提升学生自主学习能力，增强团结合作能力，发展学生的表达能力和艺术素养，从而达到环境保护自我教育的目的。

[教学用品] 多媒体设备。

[教学过程]

教学环节	内容与活动安排	设计意图
环境保护的意义	展示：环境污染图片	引出课题
	讲述：环境的概念、环境的要素及环境污染的分类	明确环境污染的内涵和外延
	观看影片：温室效应	知道产生温室效应的成因及危害
	讨论：大气污染的物质、危害、来源及治理方法	了解大气污染与防治的知识
	展示："来自生命之源的呼唤"图片	认识水污染的现状
水污染与治理	学生模拟法庭："小河被污染了"	体会工业发展与水污染的矛盾，并形成环保的法律意识
	总结：水污染的物质、危害、来源及治理方法	了解水污染与治理的知识
土壤污染与治理	讲述：来自大地母亲的呼唤	体会土壤污染的危害
	学生演讲：一个废电池的危害	了解废电池造成的土壤污染
	总结：土壤污染的主要物质、来源及治理方法	了解土壤污染与治理的知识
环境保护讨论与表演	讨论：面对日益严重的环境污染，作为一名中学生，我们有何思考？	进行环境保护的自我教育
	表演小品：树的微笑、郊游	进行环境保护的自我教育
	倡议书	增强环保责任感
课堂小结	(1)通过本节课的学习，我们要增强保护地球、保护人类的社会责任感 (2)这节课同学们利用查阅资料、汇报表演的学习形式，展示了学习成果和表演才能，这也是学习的重要方法，希望同学们再接再厉	树立环境保护意识，感悟自主学习与合作学习方法
布置作业	调查居室污染的来源、危害及防治措施	继续了解环境污染的状况，进一步增强环保意识

点评：这种叙写方式属于列表式，也属于"微格"设计方式，以呈现教学内容、教学行为和设计意图为主，具体、简明，突出设计意图，教学的目的性强，适合所有的教师叙写，尤其是年轻教师。根据实际情况还可以增加学生行为、教学媒体、时间分配等栏目。

案例3：电离平衡（第二课时）

[教学目标]

1.通过复习化学平衡的特征及弱电解质的电离，能说出电离平衡的特征。

2.通过分析电离平衡的移动，能总结出影响电离平衡的因素：①改变温度；②改变浓度（包括化学反应改变离子浓度）初步学会用电离平衡移动的观点解释有关问题。

3.通过分析弱电解质分子的电离与离子的结合，体会正、逆反应共存的对立统一关系。

[教学重点] 弱电解质的电离平衡及外界条件对电离平衡的影响。

[教学难点] 电离平衡知识的应用。

[教学方法] 问题情境教学法。

[教学过程]

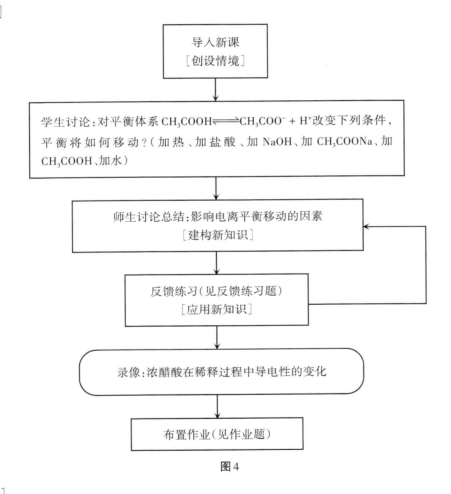

图4

[板书设计]

二、弱电解质的电离平衡

1.电离平衡的特征：动、等、变（$v_{正} = v_{逆} \neq 0$）

2.影响电离平衡移动的因素

（1）内因：电解质自身的性质。

（2）外因：①温度；②浓度（包括同离子效应）。

[练习题设计]

反馈练习：向0.5mol/L的氨中分别加入适量0.5mol/L的下列溶液，对氨水的电离平衡各有什么影响？

（1）氢氧化钠　　（2）氯化铵　　（3）盐酸

如果在浓氨水中分别加入下列物质，平衡将如何移动？解释原因。

（1）水溶液　　（2）适量氢氧化钠固体

[作业]

1.氨水中存在着下列平衡：$NH_3 \cdot H_2O \rightleftharpoons NH_4^+ + OH^-$，要使平衡向逆方向移动，同时使$c(OH^-)$增大，应加入的物质是　　　　　　　　　　　　　　　　　　　　　　　　　（　　）

A.氯化铵固体　　　　　　　　B.硫酸　　　　　　　C.氢氧化钠固体　　　　　D.液氨

2.在溶液导电性实验装置中，分别注入20mL的4mol/L的醋酸和20mL的4mol/L氨水，灯泡的明暗程度相似，如果把这两种溶液混合后再试验，则灯泡明暗程度　　　　　　　　　（　　）

A.不变　　　　　　　　　　　B.变暗　　　　　　　C.变亮　　　　　　　　　D.变化不明

点评：这种叙写方式属于图示式，以呈现教学环节和教学内容为主，简单明了，适合有经验的教师使用。由于叙写的内容过于简洁，所以各教学环节中的教学内容和教学策略呈现的不具体，需要辅助文字材料加以补充。

案例4：盐类水解［高级中学教科书·化学第二册（必修加选修）］

[教学目标]

1.通过教师启发能说出盐类水解的本质、条件、特点、结果、规律。

2.通过分析盐的组成与溶液酸碱性的规律，能判断强酸弱碱盐、强碱弱酸盐溶液的酸碱性。

3.通过分析醋酸钠在水解过程中发生的变化，初步学会书写水解反应的化学方程式、离子方程式。

[教学方法] 启发式教学法。

[教学过程]

[师] 酸溶液呈酸性，碱溶液呈碱性，那么盐溶液呈什么性？

[生] 中性；中性、酸性、碱性都有。

[师] 下面我们用实验来证明：

[师—生] 用pH试纸检验CH_3COONa、Na_2CO_3、NH_4Cl、$Al_2(SO_4)_3$、$NaCl$、KNO_3等溶液的pH（教师指导pH试纸的使用方法）。

[师] 大家能获得什么结论？

[生] CH_3COONa和Na_2CO_3的溶液呈碱性，NH_4Cl和$Al_2(SO4)_3$的溶液呈酸性，$NaCl$和KNO_3的溶液呈中性。

[师] 同样是盐溶液，为什么不同盐溶液的酸碱性不同呢？

[师] 哪些粒子浓度决定溶液的酸碱性？

[生] H^+浓度或OH^-浓度。

[师] 盐（正盐）能电离出H^+或OH^-吗？

[生] 不能。

[师] 那么溶液中的H^+或OH^-从何而来？

[生] H_2O。

[师] H_2O电离出的$c(H^+)$与$c(OH^-)$相等，为什么CH_3COONa溶液中$c(H^+)$小于$c(OH^-)$？

[生] 思考。

[师] CH_3COONa溶液呈碱性，只有两种可能：（1）$c(OH^-)$增大；（2）$c(H^+)$减小。

[生] $c(H^+)$减小。

[师] 为什么呢？

[生] CH_3COO^-能与H^+结合生成弱电解质。

[师] 这个过程中发生哪些变化？如何表示？

[生]（1）$CH_3COONa = CH_3COO^- + Na^+$

（2）$H_2O \rightleftharpoons H^+ + OH^-$

（3）$CH_3COO^- + H^+ \rightleftharpoons CH_3COOH$

总反应为：$CH_3COONa + H_2O \rightleftharpoons CH_3COOH + NaOH$

离子方程式为：$CH_3COO^- + H_2O \rightleftharpoons CH_3COOH + OH^-$

[师] 这个反应我们把它叫作盐类的水解反应，大家再思考：水解反应与中和反应是什么关系？

[生] 互为可逆反应。

[师] 正反应进行的程度大，还是逆反应进行的程度大？

[师] 正反应生成的弱电解质是 CH_3COOH，逆反应生成的弱电解质是 H_2O，CH_3COOH 和 H_2O 哪个电离程度更弱？

[生] 逆反应进行的程度大，因为生成的水是更弱的电解质，所以水解程度很微弱。

[师] 分析得很好，那么 NH_4Cl 溶液为什么呈酸性呢？

[生] NH_4^+ 与 OH^- 结合生成弱电解质 $NH_3 \cdot H_2O$，结果 $c(OH^-)$ 减小，$c(OH^-)$ 小于 $c(H^+)$。

[师] 同学们再分析一下 $NaCl$ 溶液为什么呈中性？

[生] 溶液中 Na^+ 与 OH^- 不能结合、Cl^- 与 H^+ 不能结合，因为它们不能生成弱电解质。

[师] 大家搞清楚了不同的盐溶液酸碱性为什么不同，请大家再考虑：盐溶液的酸碱性与盐的组成有什么关系？

[师] CH_3COONa、Na_2CO_3 是由 $NaOH$ 分别与 CH_3COOH、H_2CO_3 反应而形成的盐，NH_4Cl 是由 HCl 与 $NH_3 \cdot H_2O$ 反应而形成的盐，$Al_2(SO_4)_3$ 是由 H_2SO_4 与 $Al(OH)_3$ 反应而形成的盐，$NaCl$ 是由 $NaOH$ 与 HCl 反应而形成的盐。

[生] 弱酸与强碱形成盐的溶液呈碱性，强酸与弱碱形成盐的溶液呈酸性，强酸与强碱形成盐的溶液呈中性。

[师] 多元强酸与强碱形成的正盐的溶液呈中性，若为酸式盐则呈酸性，如，$NaHSO_4$ 溶液，因为 HSO_4^- 能电离出 H^+。

[师] 下面我们把今天学习的内容做一个总结。

[师] 水解的本质？

[生] 水的电离平衡被破坏。

[师] 水解的条件？

[生] 生成弱电解质。

[师] 水解的结果？

[生] $c(H^+)$、$c(OH^-)$ 不相等，溶液呈酸性或碱性。

[师] 水解的特点？

[生] 水解反应是可逆反应，水解反应很微弱，水解反应吸热。

[师] 水解反应与中和反应的关系？

[生] 互为可逆反应。

[师] 水解的规律？

[生] 弱酸与强碱形成盐的溶液呈碱性；强酸与弱碱形成盐的溶液呈酸性；强酸与强碱形成盐的溶液呈中性。

[师] 水解反应的表示？

[生] 离子方程式或化学方程式。

[师] 水解反应有广泛的应用，下节课我们继续学习。

[布置作业] 略。

[板书设计]

1.水解过程

（1）$CH_3COONa = CH_3COO^- + Na^+$

（2）$H_2O \rightleftharpoons H^+ + OH^-$

（3）$CH_3COO^- + H^+ \rightleftharpoons CH_3COOH$

总反应为：$CH_3COONa + H_2O \rightleftharpoons CH_3COOH + NaOH$

离子方程式为：$CH_3COO^- + H_2O \rightleftharpoons CH_3COOH + OH^-$

2.要点规律

盐类水解 {
反应物：盐 + 水
本质：离子反应
条件：生成弱电解质
结果：水的电离平衡发生移动，溶液中$c(OH^-) \neq c(H^+)$
与中和反应的关系：互为可逆反应
表示：离子方程式或化学方程式
规律 { 组成规律：强酸弱碱盐溶液呈酸性，强碱弱酸盐溶液呈碱性
平衡移动规律：水解是可逆的，水解是吸热的，水解是很微弱的
}

点评：这种叙写方式属于叙述式，是典型的启发式教学过程的叙述，突出教师"教"的行为和学生"学"的行为，即教师提的问题或安排的教学任务，完成任务的过程和方法以及预设学生答的结果。由于教学策略比较单一，学生行为只是凭经验主观预测，预设的味道很浓，学生表现的预设与实际可能不完全一致，课堂教学中还需要利用教学机智处理生成性问题。

案例5：守恒法在化学解题中的应用

[教学目标]

1.通过教师总结物质变化过程中的"守恒"现象，体会到"守恒"是自然界中的普遍规律。

2.通过解题过程的体验和教师的思维点拨，知道怎样建立有意义的守恒关系，初步学会找守恒关系的方法。

[教学方法] 讲练法。

[教学内容]

一、解题要点

1."守恒"是自然界中的普遍规律，任何的物理变化或化学变化中都存在守恒关系：体现宏观物质关系的质量守恒；体现微观物质关系的粒子个数守恒等。

（1）物理变化中存在的守恒：如，氯化钠溶液蒸发或浓缩过程中，氯化钠的质量守恒、水的质量守恒、溶液的总质量守恒、钠元素的质量守恒，等等。

（2）化学变化存在的守恒：如，物质的总质量守恒、某元素的质量守恒、某种原子（或离子）的个数或物质的量守恒，若是氧化还原反应，得失电子守恒。

（3）物质中存在的守恒：离子晶体、电解质溶液中存在电荷守恒。

2.解题方法：设未知数、找守恒关系（一个变化过程中能找到若干个守恒关系，只有已知条件与未知条件之间建立的守恒关系才有意义）、列代数方程、解未知数。

3.解题难点：找守恒关系——将已知条件呈现出来（既要呈现一次性条件，又要呈现二次性条件），守恒关系就比较清晰，容易找到。

二、应用

1.三种盐的混合溶液，已知其中含有钠离子、镁离子、氯离子、硫酸根离子，且已知$n(Na^+)=0.2mol$，

$n(Mg^{2+})=0.25mol$，$n(Cl^-)=0.4mol$，则 $n(SO_4^{2-})=$_____。

思路：电荷守恒。

2.将氢氧化铜粉和铜粉的混合物在空气中加热，充分反应后所得固体物质的质量不变，计算原混合物中 $Cu(OH)_2$ 的质量分数。

条件呈现如图5-1所示：

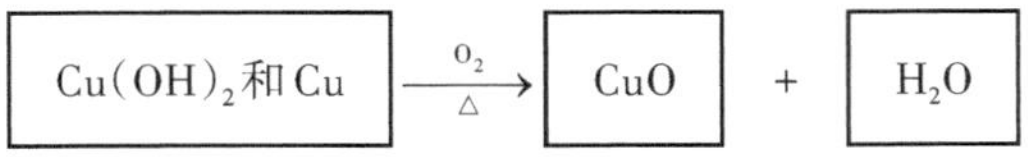

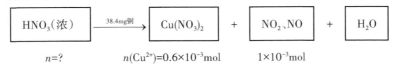

图5-1

思路：反应前后只有铜元素集中在固体物质中，所以，根据铜元素守恒列式计算才有意义。

3.7.4g $NaHCO_3$ 和 $Na_2CO_3 \cdot 10H_2O$ 组成的混合物溶于水制成120mL溶液，其中钠离子的浓度为0.5mol/L。若将等质量的混合物加热到恒重，所得固体的质量为_____。

条件呈现如图5-2所示：

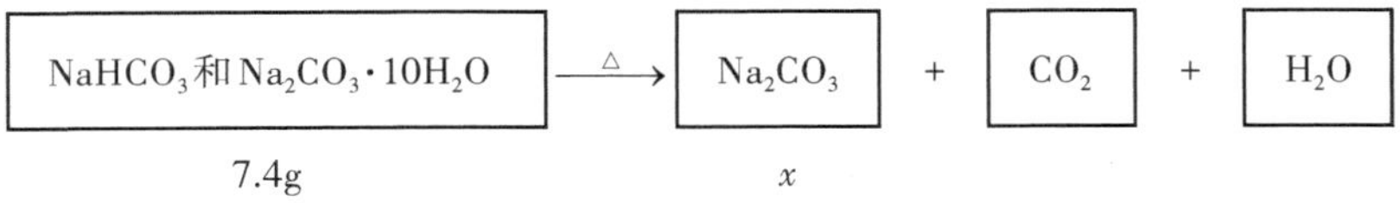

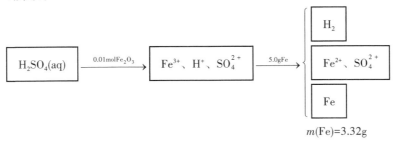

图5-2

其中，$n(Na^+)=0.5mol/L \times 0.12L=0.06mol$。

思路："Na^+" 守恒。

4.38.4mg铜跟适量的浓硝酸反应，铜全部作用后共收集到气体22.4mL（标准状况），反应消耗的 HNO_3 的物质的量可能是_____。　　　　　　　　　　　（　　　）

A.1.0×10^{-3}mol　　　　B.1.6×10^{-3}mol　　　　C.$2.2. \times 10^{-3}$mol　　　　D.2.4×10^{-3}mol

条件呈现如图5-3所示：

| HNO₃(浓) | → 38.4mg铜 | Cu(NO₃)₂ | + | NO₂、NO | + | H₂O |

$n=?$　　　　　　$n(Cu^{2+})=0.6 \times 10^{-3}mol$　　　$1 \times 10^{-3}mol$

图5-3

思路："N" 元素守恒，有 $n(HNO_3)=n(NO_3^-)+n(NO_x)$

5.某硫酸溶液40mL，向其中加入1.60g氧化铁，待全部溶解后再向其中加入5.0g铁粉，溶液变为浅绿色，反应停止后剩余铁粉3.32g，求硫酸溶液的物质的量浓度。

条件呈现如图5-4所示：

| $H_2SO_4(aq)$ | 0.01molFe₂O₃→ | Fe^{3+}、H^+、SO_4^{2+} | 5.0gFe→ | H₂ / Fe^{2+}、SO_4^{2+} / Fe |

$m(Fe)=3.32g$

图5-4

$n(Fe)_{耗}=(5.0g-3.32g)/56(g/mol)=0.03mol$。

$n(Fe^{2+})_{生成}=n(Fe)_{耗}+2n(Fe_2O_3)=0.03mol+2 \times (1.60g/160g) \cdot mol=0.05mol$。

思路：依据 "SO_4^{2-}" 守恒，有 $n(H_2SO_4)=n(SO_4^{2-})$；依据电荷守恒，有 $n(SO_4^{2-})=n(Fe^{2+})$。

6.镁带在空气中燃烧，将燃烧后的产物全部溶解在 50mL 的 1.8mol/L 的盐酸中，以 20mL 的 0.9mol/L NaOH 溶液中和多余的酸，然后在此溶液中加入过量的烧碱，使氨全部释放出来，经测定氨为 0.006mol。求镁的物质的量。

条件呈现如图 5-5 所示：

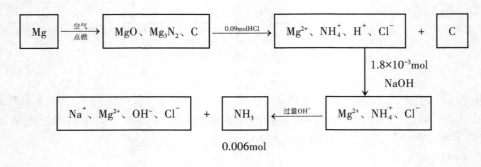

图 5-5

思路：加入盐酸后的溶液中存在"电荷守恒"，其中，$n(NH_3)=n(NH_4^+)=0.006mol$，

$n(Cl^-)=n(HCl)=1.8mol/L \times 0.05L=0.09mol$，$n(H^+)=n(OH^-)=1.8 \times 10^{-2}mol$。

[作业]

1.有 102g 镁铝混合物粉末溶于 4mol/L 的盐酸 500mL 中，若加入 2mol/L NaOH 溶液，使得沉淀达到最大值，则需要加入此种 NaOH 溶液为　　　　　　　　　　　　　　　（　　）

A.100mL　　　　　B.500mL　　　　　C.1000mL　　　　　D.1500mL

提示：最终所得溶液中，$n(Na^+)=n(Cl^-)$。

2.向一定量的 Fe、FeO、Fe_2O_3 的混合物中，加入 100mL 的 1mol/L 的盐酸，恰好使混合物完全溶解，放出 224mL 的气体（标准状况），所得溶液中加入 KSCN 溶液，无血红色出现。若用足量的 CO 在高温下还原相同质量的此混合物，能得到铁的质量为　　　　　　　　　　　　　　（　　）

A.11.2g　　　　　B.5.6g　　　　　C.2.8g　　　　　D.无法计算

提示：加入盐酸，混合物完全溶解后所得 $FeCl_2$ 溶液中存在电荷守恒。

3.80℃时，310g 饱和硫酸铜溶液加热蒸发掉 100g 水，再冷却到 30℃，析出晶体 $CuSO_4 \cdot 5H_2O$ 的质量是多少？（硫酸铜的溶解度 80℃时为 55g，30℃时为 25g）

提示：$m($原溶液 $CuSO_4)=m($晶体 $CuSO_4)+m($剩余溶液 $CuSO_4)$

或 $m($原溶液 $H_2O)=m($晶体 $H_2O)+m($剩余溶液 $H_2O)$。

4.往 V mL 溴化亚铁溶液中缓慢通入 a mol Cl_2。结果溶液中有一半溴离子被氧化为溴单质，则原溴化亚铁的物质的量浓度为　　　　　　　。

提示：通入 Cl_2 后所得溶液中，$n($被氧化 $Br^-)=2n(Cl_2)=2a$ mol，$n($未被氧化 $Br^-)=2a$ mol。

5.某种氧化镍晶体中，既有 Ni^{2+}，又有 Ni^{3+}，化合物的组成为 $Ni_{0.97}O$，晶体呈电中性，计算该晶体中 Ni^{2+}、Ni^{3+} 的离子数之比。

提示：离子晶体中存在电荷守恒。

6.为测定某铜银合金的成分，将 30.0g 合金溶于 80mL 的 13.5mol/L 的浓硝酸中，将合金完全溶解后，收集到气体 6.72L（标准状况），并测得溶液的 pH=0，假设反应后溶液的体积仍为 80mL，试计算：

（1）被还原的硝酸的物质的量；

（2）合金中银的质量分数。

提示：所得溶液中存在电荷守恒，反应前后存在"N"原子守恒：$n($所得溶液 $NO_3^-)+n(NO_x)=n(HNO_3)$，则 $n($所得溶液 $NO_3^-)=13.5mol/L \times 0.08L-0.3mol=0.78mol$；$n(H^+)=1mol/L \times 0.08L=0.08mol$。

点评：这种叙写方式属于概要式，对教学内容的呈现很具体（概念、观点、方法、例题等），但有经验的老师通常省略"条件呈现"（表征过程）、"解题思路"（思维方法）等教学策略的叙写，很多情况下靠教师的专业积淀和教学机智临场解决。讲述教学法、发现教学法可采用这种叙写方式，有经验的教师可采用这种叙写方式。

三、叙写教学设计方案应注意的问题

（一）叙写教案不能走形式

教案是物化了的文本材料，是教材与教学设计思想融合的产物，是对知识加工提炼的产物，是知识与方法创新的产物，是教学实施的基础。教案也是重要的教学实践研究资料，是总结教学经验的重要资源，既可以保存，也便于交流，对于后续的教学改进具有借鉴意义。教学设计是否合理，通过课堂教学检验。没有教案的教学，是没有目的的教学，也是没有效益的教学。因此，教师要充分认识书写教案的重要性，不能把叙写教案当作走形式。教案设计得好，还要叙写得好，这才是优秀教师应有的素养，才能发挥教案应有的价值功能。

（二）叙写教案可繁可简

教案可以是物化的书面计划，有时也可以是头脑里的计划，从积累教学资源和学习借鉴的角度考虑，最好有书面的计划。熟悉教材、教学经验丰富的教师对教案的叙写可以简化一些，可以根据实际需要叙写，年轻教师对教材还不熟悉，可以叙写得详细一些。

（三）叙写教案要体现基本要求和个性化

教学设计既要体现基本要求，还要体现个性化。教案不体现基本要求，就是没有章法的教案，教学实施就缺乏目标导向，教学策略应用随意。教案若缺乏个性化，只能是千人一面，创新不足，艺术性不强。只有将基本要求与个性化的思想进行合理融合，才能提升教学设计的品位。

（四）叙写教案要讲求时效

自己使用效果好的教案，不一定其他教师使用的效果也一定好；对这一届学生实施的效果好，不一定对下一届学生实施的效果也好；对这一所学校的学生实施的效果好，不一定对所有学校的学生实施的效果都好。一个有思想的教师会因环境、教学内容、学生的学习水平、时间的变化调整教学计划；一个没有思想的教师，写一个教案用一辈子或生搬硬套别人的教案，既没有明确的教学目标，也没有清晰的教学思路，更没有形成自己的教学风格。因此，叙写教案要常写常新，要在某些方面有突破、有创新。

总之，课堂教学设计方案要体现时代性、针对性、有效性、创新性，有目的、有思路、有方法。叙写教学方案既要体现基本要求，呈现出共性的要素，又要呈现出个性化的素材，要有个性的张扬；既要从大处着眼，又要从小处着手；既要有利于课堂教学实施，又要有利于教学方案矫正；既要当作个人的教学资源，又要当作共享资源；既要便于交流，还要便于评价。规范教学设计与叙写，让教师不自觉的教学研究行为借助外力逐渐变成教师自觉的教学研究行为，无论过去、现在、今后，都是促进教师发展、提升教师专业化水平的艰巨任务。

参考文献

［1］金东升，王英.化学教学设计中三维目标设计与叙写的问题与对策［J］.化学教育，2014（7）：13-17.

［2］金东升，王英.谈课堂教学设计方案的书写［J］.中学教育科研，2005（1-2）：318-326.

一种叙写教学过程的新形式[①]

（甘肃省兰州第一中学，金东升；兰州市教育科学研究所，王英）

目前，一线教师叙写教学过程的形式不一，详略不一，这倒不是问题，关键是是否突出了核心要素，便于清晰地反映自己的教学思想，也便于同行学习借鉴。

一、各种叙写教学过程的形式比较

叙述式、图示式、列表式叙写方式各有优点和缺点。叙述式具体详细，但相对凌乱，不容易看穿教学程序和教学思路。图示式简洁，教学环节与教学思路清晰，但对教学内容和教学策略反映不全，还需要再补充一些反映教学内容与策略的材料。列表式设计意图明确，教学环节清晰，但教师活动容易设计成"提出问题、安排任务、讲述、展示、演示"等，因为教师活动既包含教学内容，又包含教学策略，内容与策略搅在一起不容易分辨。学生活动容易设计成"倾听，看书，做实验，观察、思考、回答"等形式化的、雷同的、没有意义的活动行为，因为每个环节的学习都离不开"倾听、看书、思考、回答"等常态化的学习方式。如表1。

表1　高中《有机化学基础》（选修）第二章"炔烃"教学设计片段

教学环节	教师活动	学生活动	设计意图
导入新课	实验探究:乙炔分别通入酸性$KMnO_4$溶液、Br_2的四氯化碳溶液、点燃 讲解实验操作注意事项,引导学生观察实验现象	倾听,做实验,观察、思考	激发学生的学习兴趣,树立安全意识
现象分析	讨论:产生现象的本质原因	讨论乙炔的性质与分子结构的关系	形成物质的结构决定性质的认知思想
结构分析	展示比例模型、球棍模型,引导学生书写乙炔的电子式、结构式、结构简式	书写,板演,纠错	帮助学生认识乙炔结构
	提出问题:乙炔分子的空间结构、键角及中心原子的杂化类型是什么?	思考,回答	从学生已有知识入手,认识空间结构

二、优化教学过程叙写形式

各种叙写方式尽管叙写的侧重点不同，但主要都包含了以下三个要素：①教学环节；②教学内容与活动安排；③教学策略。这三个要素突出了知识线、活动线、策略线，知识线主要展现学生的认识发展的具体教学环节，活动线主要展现每个教学环节的具体教学内容、问题线索和活动方式，策略线主要展现完成每一环节教学任务的方法和手段。

由此，我们可以将以上不同的叙写形式归一，形成如下的叙写形式，如表2。

[①]本文发表于《中学化学教学参考》2013年第10期，原标题为《化学教学设计中叙写教学过程的新方式》。

表2　教学过程叙写模板

教学程序	教学内容与活动安排	教学策略
环节1	内容与活动1	对应策略1
环节2	内容与活动2	对应策略2
环节3	内容与活动3	对应策略3
……	……	……

教学过程叙写示例如表3。

表3　"原电池"教学过程叙写示例

教学程序	教学内容与活动安排	教学策略
创设情境	生活中的电池	投影电池图片
认识原电池	金属与酸反应:(1)铜片、锌片分别插入稀硫酸中;(2)铜片与锌片用导线相连(串联一个安培表)插入稀硫酸中	实验探究
原电池原理	原电池原理:反应本质(氧化还原反应)、特点(氧化反应与还原反应分别在两个电极发生)、结果(电路中产生电流)、电极规定(负极和正极)、电子流向(负极流向正极)、反应表示(负极:$Zn-2e^-=Zn^{2+}$;正极:$2H^++2e^-=H_2\uparrow$;总反应:$Zn+2H^+=Zn^{2+}+H_2\uparrow$)	分析总结
原电池的形成条件	实验:(1)$Zn\|H_2SO_4(aq)\|C$; (2)$Fe\|H_2SO_4(aq)\|C$; (3)$Fe\|H_2SO_4(aq)\|Fe$; (4)$Zn\|C_2H_5OH(l)\|C$; (5)$Cu\|H_2SO_4(aq)\|C$; (6)$Fe\|NaCl(aq)(溶有O_2)\|C$ 原电池的形成条件:活动性不同的两个电极,与电解质溶液接触,形成闭合回路	实验探究、小组讨论、获得结论
知识应用	装置判断及问题解释(略)	学生练习
归纳总结	知识要点及重要方法:本质、特点、结果、电极规定、电子流向、反应表示、形成条件	组织学生谈收获

以上叙写的内容及教学策略限于篇幅，仅呈现提纲，具体内容和方法（策略）可以在实际应用中充实。

三、优点

（1）方便对照、查看。横向反映对应关系或层次关系，纵向反映递进关系，思路清晰，条理清楚。"先做什么？后做什么？怎么做？"等任务都很明确，很具体。

（2）反映核心要素，方便交流。教学程序、教学内容、教学策略等核心要素突出，各要素之间形成立体的结构，相互联系紧密，便于同行学习借鉴，分享经验。

（3）易操作，易上手，可提高工作效率。这是对列表式叙写的一种优化，集图示式简洁明快、叙述式具体翔实的优点于一体，形成一个模板，便于老师操作。具体的教学内容和教学策略的繁简程度可根据教师对教材的熟悉程度和资源整合能力灵活处理。

第二节 教学设计思考

谈教学策略体系①

（甘肃省兰州第一中学，金东升；兰州市教育科学研究所，王英）

国内很多的教学论著作在课堂教学设计中都介绍了教学方法、教学策略、教学手段、教学模式的意义、分类及实施，这些概念有什么联系和区别，是必须要进行理性思考的问题。

一、几个名词的解释

（一）方法、策略、模式、手段的解释

《现代汉语词典》中的解释如下：

方法：关于解决思想、说话、行动等问题的门路、程序等。也有人提出，方法是指达到某种目的而采取的途径、步骤、手段。

策略：根据形势发展而制定的行动方针和斗争方式。

手段：为达到某种目的而采取的具体方法。

模式：某种事物的标准形式或使别人可以照着做的标准样式。

（二）教学方法、教学策略、教学模式与教学手段的解释

国内教学论著作中的解释如下：

1. 教学方法

教学方法是教师为完成教学任务所采取的手段[1]。

教学方法是指为了完成一定的教学任务，师生在共同活动中采用的手段[2]。

教学方法是教师组织学生进行学习活动的动作体系（包括内隐动作和外显动作）[3]。

教学方法是指为了达到教学目的，实现教学内容，运用教学手段而进行的，有教学原则指导的，一整套方法组成的，师生相互作用的活动[4]。

教学方法是教师和学生在教学过程中为实现教学目的、完成教学任务所采用的教与学相互作用的活动途径和程序[5]。

化学教学方法是反映一定的教学思想、教学原则、学科特征和师生相互作用关系，为实现教学目的而借用的一系列中介手段的动态方式之和[6]。

2. 教学策略

教学策略是建立在一定理论基础之上，为实现某种教学目标而制定的教学实施总体方案。包括合理选择和组织各种教学方法、教学材料，有效选用各种教学媒体；确定教学步骤、教学形式等。如美国奥苏伯尔的先行组织者策略、布鲁纳等人的概念形成策略等[7]。

教学策略是达到教学目的的手段和方法，或者是具体教学行为的总和，包括合理选择和组织各种方法、材料，确定教与学行为程序等[8]。

教学策略等同于教学模式和教学方法的应用[9]。

教学策略是化学教学综合方法中用于解决教学问题、完成教学任务、实现教学目标而确定师生活动成分及其相互关系与组织方式的指令性程序成分[10]。

---

①本文发表于《中学教育科研》2008年10期，在2009年中国化学会第二届关注中国西部地区中学化学教学发展论坛（银川）做大会交流并入选论文集，原文标题《谈课堂教学设计中的几个问题》。

3.教学模式

教学模式是在一定的教学思想指导下围绕教学活动某一主题，形成相对稳定的、系统化和理论化的教学范性[11]。

教学模式是指具有独特风格的教学样式，就教学过程的结构、阶段、程序而言，长期而多样化的教学实践，形成了相对稳定的、各具特色的教学模式[12]。

教学模式是在一定教学思想指导下建立起来的与一定任务相联系的教学程序及其实施方法的策略体系[8]。

教学模式是为了完成特定的教学目标而设计的、具有规定性的教学策略[13]。

教学模式是对教学任务（目的、要求）、教学过程和学习类型概括化的一种教学范性[8]。

4.教学手段

教学手段是指师生实现预期的教学目的，开展教学活动、相互传递信息的工具、媒体或设备[14]。

二、对教学方法、教学策略和教学模式的认识

学者对教学方法有不同的定义，有手段、动作体系、活动、活动途径和程序、动态方式等多种提法。同样，教学策略、教学模式也有不同的提法，众说纷纭，使中学教师难于把握。那么，我们如何认识和理解呢？

（一）教学策略的分类

徐承波等在《化学教学与实践》著作中对教学策略与教学思想、教学模式、教学思路的相互关系进行了阐述。它们之间的关系如图1所示。

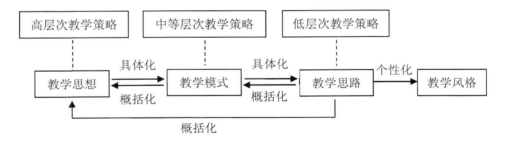

图1　教学策略体系

（二）教学方法的分类

刘知新等在《化学教学系统论》著作中对化学教学方法的系统进行了阐述，教学方法分类如图2所示。

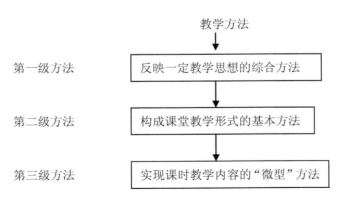

图2　教学方法分类

第一级教学方法，即理论化的综合方法，它给予一定的教学思想，包含一定的教学原则、教学手段、组织形式和教学思路，是一种较高水平的教学法体系。如：问题解决法、发现教学法、程序教学法、范例教学法、自学辅导法、"读读、议议、讲讲、练练"教学法、单元结构教学法等。

第二级教学方法，指教育学中定论的课堂教学基本方法，包括讲授法、谈话法、演示法、实验法、讨论法、练习法等。综合方法的实现，正是基本方法按一定要求组合应用的结果。

第三级教学方法，指师生为达到教学目标、实现教学内容而采取的一系列相互联系的具体操作方式。包括学科方法和教学技巧，前者常见的有实验、观察、分析、综合、比较、分类、归纳、演绎、类比、概括、假设、证明、系统化、具体化、模型化、概括化等，后者如识记、转述、设问、比喻、联想、列表等。

一定的综合方法可以分解成互相联系的若干种基本方法，但基本方法的实现，离不开更具体的微型方法。作为构成教学方法的微型方法常常是具体的、可操作的方法，因而成为实现教学内容的主导方法。

（三）教学手段

国内教学论著作中关于教学手段的论述很少，笔者认为，广义的教学手段指刺激学生兴奋、引发学生兴趣，引导学生感知研究对象和学习内容，帮助学生思维发展而进行观察、思考并形成知识与能力的"独特"的条件和方法，包括语言的、形体的、物质的、组织形式的方法；狭义的教学手段指实现教学内容的外部条件，如采用实验、直观教具、视频和多媒体辅助教学的方法。

案例1：视频播放——钢的冶炼；成语故事——"千锤百炼、百炼成钢"。让学生感知钢的成分。

案例2：诗词欣赏——明朝于谦的诗"千锤万凿出深山，烈火焚烧若等闲，粉身碎骨浑不怕，要流清白在人间。"让学生领悟碳酸钙的性质。

案例3：演示"烧不坏的手帕"，让学生感悟"燃烧的条件"。

（四）教学方法、教学模式、教学策略、教学手段的区别与联系

1.区别

如表1。

表1　教学策略、教学方法、教学模式和教学手段的区别

区别	教学策略	教学方法	教学模式	教学手段
侧重点	教学思想和教学活动方式	教学活动的程序和动作体系	可以照着做的教学方法	"独特"的具体的支持教学活动进行的条件和活动的方法
特点	有战略性、规定性	由综合方法、基本方法和具体操作方式组成	有一定教学思想指导，相对稳定	激发学生兴趣，引导学生感知研究对象、研究内容，启发学生思维

2.联系

教学策略是指导教学方法的思想和规定，有一定教学思想指导、相对稳定、可以照着做的教学方法称为教学模式，教学方法的实施可以通过一定的教学手段来完成。它们的关系可以通过图3来反映：

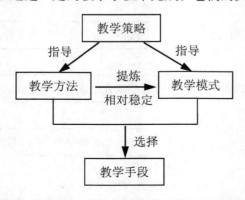

图3　教学策略、教学模式、教学方法、教学手段之间的相互关系

三、对叙写课堂教学方法的思考

（一）教无定法

凡是教学，都要有针对学科内容和学科特点的施教手段和活动程序，学习内容不同，学生的学习能力不同，相应地就有不同的手段和活动程序，并且，外显动作能物化，而内隐动作（眼神、语调的轻重缓急、身势语）不易物化。因此，教学没有固定的教学方法，因材施教才是硬道理，即教无定法。现代教学中教师采用单一的教学方法的很少，而由单一方法组合的综合教学方法则很多。

（二）优化叙写方式

目前，在中学教师叙写的教学设计方案中对于教学方法的叙写非常混乱，如"情境探究、启发讨论、比较归纳、练习总结"法，"讲解法、讨论法、归纳法、练习法"，这些教学方法既有一级教学方法，也有二级教学方法，还有三级教学方法。到底按哪一级叙写教学方法，学术界还没有达成共识，因而也就没有统一的要求。因此，很多中学教师对教学方法的设计囫囵吞枣，视教学方法的叙写为走过场，即使叙写了教学方法，对于教学实施意义也不大。教学改革的必由之路是：从研究基本方法入手探讨新的教学方法体系，从分析"微型"方法入手优化具体的教学思路[8]。

（三）倡导叙写教学思路

观摩课、比赛课一般要求做课教师在教学设计中呈现教学思路，既有利于教学实施者在教学中贯彻自己的教学思想，也便于观课或议课的老师领会设计者的思想及策略，对教学背景有一个大致的了解，对教学内容整合、教学重点与难点的定位、教学策略的选择等是否合理做出判断，方便同行学习与交流。因此，教学设计方案中叙写教学思路比叙写教学方法更有意义，对于没有形成自己的教学套路的青年教师可以将微观方法串联形成教学思路，用教学思路代替教学方法（教学模式）。

叙写教学思路的要点有：（1）教学背景，包括课标要求、教材特点、学情分析；（2）课程资源的开发、教学内容的整合与课时划分；（3）教学程序与学习活动安排及教学策略（有哪些环节、做什么、怎么做，难点如何突破，教学内容如何呈现等）。教学思路叙写的重点是课程资源开发、教学内容的整合、学习活动安排与教学策略，核心是要说出道理或自己的想法，即不仅要知道怎么做，还要知道为什么这么做。

我们在教学设计时要反对两种倾向，一是反对教条主义，有的教师为了赶时髦，别出心裁，生搬硬套一些缺乏指导思想、脱离实际、没有经过实践检验的教学方法或"教学模式"，既不能自圆其说，也不能被别人效仿。二是反对随心所欲，有的教师设计教学没有目标，没有教学思路，跟着感觉走，缺乏有效的教学方法，表现为教材处理随意，教学过程凌乱，教学结果低效。

参考文献

[1] 华中师范学院教育系，河南师范大学教育系，甘肃师范大学教育系，等.教育学［M］.北京：人民教育出版社，1982：150.

[2] 姜椿芳.中国大百科全书·教育卷［M］.北京：中国大百科全书出版社，1985：150.

[3] 吴也显.教学论新编［M］.北京：教育科学出版社，1991：360.

[4] 王策三.教学论稿［M］.北京：人民教育出版社，1985：244-245.

[5] 唐力.化学教学论与案例研究［M］.海口：南方出版社，2001：232.

[6] 王祖浩，刘知新.建明中学化学学科教育学［M］.北京：中国人民公安大学出版社，1997：32.

[7] 辞海编辑委员会.辞海［Z］.上海：上海辞书出版社，2002.

[8] 刘知新.化学教学系统论［M］.南宁：广西教育出版社，1996：238-239，113.

[9] 王祖浩，刘知新.简明中学化学学科教育学［M］.北京：中国人民公安大学出版社，1997：120.

[10] 徐承波，吴俊明.化学教学与实践［M］.北京：民主与建设出版社，1998：36.

[11] 李秉德.教学论［M］.北京：人民教育出版社，1991：256.

[12] 吴恒山.教学模式的理论价值及其实践意义 [J].辽宁师范大学学报：社科版，1989（3）：16-20.

[13] 保罗·埃金.课堂教学策略 [M].王维成等译.北京：教育科学出版社，1990：11-12.

[14] 关文信.当代教育新视野 [M].长春：吉林大学出版社，2000：211.

对中学课堂教学模式的思考①

（甘肃省兰州第一中学，金东升；兰州市教育科学研究所，王英）

改革开放以来，随着基础教育领域的课程改革，催生出一系列"教学模式"。目前，教学模式存在"跟风、照搬"现象，有的教育行政部门将学校有无教学模式纳入绩效评价；有的学校管理者跟风走秀，照搬或拼凑教学模式并强行推行教学模式；有的一线教师不清楚教学模式的内涵，将教学理念、教学策略与教学模式混为一谈，有的教师盲目地、机械地应用教学模式，教学效果并没有发生明显的改观。什么是教学模式？教学模式有哪些特征？什么条件下应用教学模式？

一、教学模式透视

纵观目前比较时兴的各种教学模式，从模式的创立来看，有些是教育专家提出的，也有些是一线校长提出的；从推行教学模式的学校分布来看，民办中学、乡级中学、初级中学、薄弱中学推行教学模式的居多。各种教学模式有以下特点：

（1）教学模式普遍关注学生活动。将自主学习（尝试、预习、自学、体验、领悟、感受）、合作学习（提问、交流、讨论、汇报）、探究学习（用眼睛捕捉信息，动手、动脑、动嘴）融入教学环节。

（2）教学模式普遍关注课堂结构的整合。如，教学环节的规定、各环节时间分配的规定。

（3）教学模式大多关注课堂的拓展，对课内、课外，教师、学生等有统一的要求。如，教学方式的规定（应该讲什么、怎样讲以及让谁讲）、教学内容的规定（密度、维度）、学习的方式（如何预习、听课、做作业等）的规定、备课的规定、教师写教学反思的规定、学生写学习收获的规定等。

（4）教学模式大多注重课程资源的开发与整合，如，如何有效开发和利用"导学案"，过程与方法、情感态度与价值观的有效渗透等。

（5）教学模式普遍重视学生学习评价与评价的落实。如，分层练习（基础练习、变式练习、拓展练习）、知识建构（小结）等。

（6）教学模式普遍关注学生的问题意识和问题解决能力的培养。如，目标引领、情境创设、有效反馈（改错、展示）、精讲精练等。

二、对教学模式的思考

（一）什么是教学模式

已故教育学家、西北师范大学李秉德教授在其《教学论》中道：教学模式是在一定的教学思想指导下围绕教学活动的某一主题，形成相对稳定的、系统化和理论化的教学范式[1]。我们可以抽象出教学模式的要素：（1）有教学思想指导——要解决什么问题；（2）有稳定的程序——如何操作；（3）有理论依据——为什么要这样操作；（4）经过实践检验——值得推广。现代教学中采用单一教学方法的很少，而由单一方法组合的综合教学方法则很多，而综合方法不一定都能称为教学模式。由综合方法演变而成的稳定的、有理论依据的、可以让别人照着做的教学方法才能称为教学模式。

---

① 本文为2013年8月2日中国化学会主办、西北师范大学承办的"中国化学会第四届关注中国西部中学化学教学发展论坛"报告。

（二）教学模式与教学艺术的关系

据考证，钱钟书、季羡林、范增等社会科学家，钱学森、华罗庚、徐光宪等自然科学家都有自己的教学风格，但没有固定的教学模式。国内大多数中小学知名教师都有自己的教学风格，但没有固定的教学模式。国内知名中学大都没有固定的教学模式，北京景山学校崔孟明校长在20世纪80年代创立的"化学单元结构教学法"在当时教改战线上有很大影响，但也没有延续到今天。

教育是科学，教育也是艺术，科学和艺术的价值都在于创新。教学的最高境界是艺术化教学，教学艺术主要表现在和谐、协调、新颖、巧妙、简洁和高效率。如果说模式是对"度"的规定，艺术是对"度"的调整；模式从普遍性、必然性、理论性出发规定"度"，艺术则是以特殊性、偶然性、灵活性为依据调整"度"；模式离开了艺术，就会变得僵硬，艺术离开了模式，则流于凌乱、随意；模式与艺术在教学中缺少了任何一方都不可能创造出最佳的教学情境，都不可能取得理想的教学效果。

（三）辩证地看待教学模式

1.推行教学模式的意义

中学教师尤其是青年教师，对于教学内容、认知规律研究不透彻，对教与学活动的整体驾驭能力不强，需要提供范式，从而产生教学模式。薄弱学校受师资、生源、教学条件限制，往往需要强力推行教学模式。大面积推行教学模式可以迅速转变教师的教学理念，尽快了解课堂教学结构，提高教学组织能力，形成个性化的教学风格。

2.教学模式的弊端

（1）不利于教师个性化发展

是简单的机械模仿，还是不断弥补与超越？标准化和固定化的、整齐划一的操作，以牺牲教师的教学艺术、教学个性为代价，忽视了教师个性的多样性，不仅模式化了教师的教育方式方法，还限制了教师创造性地表现教育思想和教学个性的空间，不利于教师个性化的成长。带来的收益往往是眼前的，未必有利于学生、教师和学校的长远发展。

（2）不适合所有学校模仿

叶圣陶说："教育是农业，不是工业。"教学模式不同于工业生产上的固定流程，而应该是在相对标准化中存在变通性。将不同的教育内容放入固定、标准化的教学程序和框架中，由于其特定的教学目标指向和适用范围，使得任何一种教学模式都不可能是万能的，不可能适合所有的学校、所有的教师和所有的学生，不可能满足所有教学内容的需求。

3.走进教学模式与走出教学模式

模式便于操作，便于尽快了解课堂教学要素。青年教师需要在教学范式的引领下做好规定动作，薄弱学校的教师需要在教学模式的引领下转变教学理念，改变教学方式。因此，薄弱学校、青年教师需要走进教学模式；具有较高教学艺术和教育理论基础的教师，需要研究教学模式，能够有意识地分析自己的教学经验，努力从中总结出相对稳定的、可供他人模仿的、借鉴的经验系统或教学模式，为其他老师提供范式，方便其他老师操作；在教学模式的实践中掌握了课堂教学要素的教师，能逐渐走出模式，走教学个性化、艺术化发展的道路。

（四）教学模式能否照搬

1.任何教学模式都是有条件的

江苏洋思中学的"先学后教，当堂训练"模式、山东杜朗口中学的"三、三、六"模式与四川棠湖中学的"三段教学"模式，由于存在"大容量的训练、课堂教学向课前和课后延伸"而受到某些专家学者的质疑。不可否认，这些教学模式都是在特定的历史背景下结合学校的实际情况产生的，并在教学实践中取得了令人瞩目的成效，因而倍受一些学者的关注。为什么中心城市学校、优势资源学校大多没有提出教学模式？原因是：（1）各学校学情不同、师资水平不同、文化背景不同、教学条件不同。（2）教师发展的不同时期的需求不同，适应期需要指导与模仿；成长期需要总结与提炼；成熟期需要去模式化。所以，不存在万能的适合所有学校、所有教学内容的教学模式。

2.优化教学方法是硬道理

优化教学方法，实现有效教学。学习教学理论、积累教学经验、反思教学行为、改进教学方法，是实现有效教学的重要途径，使纯经验性教学向有目的、有意识、艺术化的教学发展。

实现教学方法的优化，要对传统课堂教学方法"吐故纳新"，合作学习、体验学习、自主学习、研究性学习是教学方法的有效补充，将新的学习方式与传统的教学方法融合，根据不同的内容选择不同的教学方法，才能使课堂教学焕发新的活力。

3.联系实际、学习借鉴

（1）无论是东庐中学的"讲学稿为载体的教学合一"教学模式，还是洋思中学的"先学后教，当堂训练"教学模式，虽然形式不同，但灵魂都一样，主要表现在三个方面：①抓有效备课；②抓教学方式转变，即体现学生活动，让学生动起来；③抓教学评价的落实。东庐中学"清讲学稿练习"，洋思中学的"三清"，即堂堂清、日日清、周周清，就是落实以测试为主要手段的学习评价。

（2）学东庐中学、洋思中学不是简单地学"模式"，因为各学校的教育背景和学校状况（校情、师情、学情）不尽相同，简单套用就学不像，关键是解决备课、教学方式、落实评价等灵魂问题。

（3）一堂课是先学后教，还是先教后学，要从实际出发，要根据教材内容的抽象程度和学生的认知水平而定。一堂课中讲多少时间，也应根据具体的学习内容、学生已建立的概念和学生的认知水平来确定，不应做出硬性的规定。判断讲授到底好与不好，关键不是看讲多少时间，而是看讲什么、怎么讲，以及讲的效果，中央电视台的《百家讲坛》节目讲得好不好？人们自然有一个客观的评价。

（4）无论教师的学养深浅、能力高低，重视学生的预习，充分调动学生自主学习的积极性，培养学生良好的自学习惯，引导学生认真读书的做法，是永远值得我们借鉴的。

4.学校创立的模式应具备的条件

（1）有理论基础——为什么这么做的道理。

（2）联系本校实际——不是机械照搬。

（3）具有可操作性——有相对稳定的程序，便于老师照着做。

5.推行教学模式的条件

（1）教师的教学理念滞后，教师专业水平不能满足教学需求。这类学校推行教学模式，实质上是对教学资源进行了有效开发与整合，让学生的主体作用发挥得更好。对于薄弱学校来讲，这样做的意义还在于扬长避短，弥补师资水平低和教学理念陈旧的不足。

（2）学生的学习能力或学习习惯需要外部力量进行调整。如，薄弱学校的学生需要提高学习能力，改进学习习惯；强势学校需要促进智优学生的进一步发展。

（3）校长强势，号召力强，教师信服。校长强势体现在"专业水平高，管理能力强，人格魅力大"。

（4）教师对教学模式的认同度高。教学模式在教师认同的基础上才能产生行动的动力，才能化作自觉的行动，而被教师认同的方式应该是培训，包括理论培训和实践培训，让教师感受到推行教学模式必要而可行。

（五）课堂教学方法选择

1.统一与自由

课堂教学方法选择是统一（模式）还是自由，不能一概而论，而应该根据学生的学习水平、教师的专业水平来确定。在教学模式的实践过程中，要开放性地看待教学程序、教学环节的增删取舍，穿插调度，对各个程序进行优化组合。

2.模式与变式

学校创建的教学模式要基于理念建构，在此基础上确定目标、步骤、操作程序。倡导基于学校基本模式基础上的、符合学科特色的学科课堂教学模式，亦称学科变式[2]在学校模式和学科变式引领下，学生的课堂学习行为超越了模式框架体系，达到一种行为自觉的境界（此时模式可有可无）后，就无须固定的模式。

参考文献：

[1] 李秉德.教学论 [M].北京：人民教育出版社，1991：256.

[2] 韩立福.要从依靠模式到超越模式 [N].北京：中国教育报，2012-08-12（04）.

谈高三化学总复习教学模式

（甘肃省兰州第一中学，王顺）

高三化学总复习教学没有固定的教学模式，有效的就是最好的。现将复习方法做一些简单的介绍，供大家思考和借鉴。

一、总复习的内容

从教学内容看，总复习分为章节复习和专题复习。

（1）章节复习，如，化学物质及其变化，金属及其化合物，化学反应与能量……

（2）专题复习，如，物质的分离与提纯，有机物同分异构体的判断与结构式或结构简式的书写，氧化还原反应方程式的配平；守恒法在化学计算解题中的应用……

其中，章节复习较适合高三第一轮次的复习，即教材过关复习；专题复习较适合高三第二轮次的复习，即针对性的复习，主要针对薄弱概念、规律方法、锻炼思维的复习。专题的选择要联系学生实际，有的放矢。

二、总复习的方法

目前，中学化学总复习教学方法从教学的组织形式上划分为以下几种：（1）"学案导学"教学模式；（2）"问题讨论与总结"教学模式；（3）"资料解读"教学模式；（4）"学案导练"教学模式。

（一）"学案导学"教学模式

程序：呈现考纲要求→要点方法串讲→典型习题分析→学生练习→作业讲评。

特点：复习有系统性，知识点的复习全面，不留死角；教师对概念和方法的认识水平体现得充分，教学效率高；讲练结合，有示范，有模拟，有巩固。

"学案导学"教学模式以学案引导学生学习为主要特征，有利于学生自主构建知识体系，但学案的引导水平受制于教师的专业水平，很难达到预期的目标，大多数学案还不如选购的资料，同时，学案将学习时间向课前、课后延伸，是否高效受到某些教育专家的质疑。

（二）"问题讨论与总结"教学模式

程序：提出问题核心→问题扩展→方法总结→练习巩固。

特点：聚焦文体中心，突出思维方法；复习的针对性强，通过选择有价值的问题或方法形成专题，针对一道题、一个问题、一种方法，即一个问题中心，由此及彼，延伸扩展，解决一类问题，形成一套解决问题的方法体系。

"问题讨论与总结"教学模式以学生学习中的问题为起点进行课堂互动，在充分讨论的基础上由老师进行点评、总结。这种模式针对具体的问题组织教学，不是面面俱到，同时能充分发挥学生的主体参与作用，因而受到一线教师的推崇。同样，问题提出的层次、水平，总结与点评的高度等，受制于教师积累的教学经验和专业水平而表现出明显的差异。

（三）"资料解读"教学模式

程序：栏目引领→解读→提问→总结。

特点：以购买的现行教辅资料为课程资源，以教师解读为核心，辅以讨论和练习，内容丰富。

"资料解读"教学模式以资料中的栏目为教学内容，进行"解读式"教学，优点是资料齐全，可减轻教师的备课负担，也方便学生自学，同时也有利于教师检查学生作业完成情况。但由于现购的资料是针对各地各级各类的所有学生编写的，各种栏目以及选编的习题不一定适合基础知识和学习能力有差异的所有学生，如果不加以选择与整合，反而会加重学生的学习负担；同时，各种知识和方法的总结都是现成的，学生缺乏主动构建知识的过程，学习完全被资料"牵着鼻子走"。

（四）"学案导练"教学模式

程序：学案导练→检查落实→问题解决→总结提升。

特点：以学生练习为主，突出学生的主体地位，有利于学生自我察觉问题、解决问题；以教师的引导、检查、总结提升为辅，突出老师的主导地位。

学案中的练习题可以是教师自己根据学生实际选编的，也可以是教辅资料中选择的，还可以是模拟试题等。老师扮演指导者的角色，以帮助学生落实学习任务，总结概念的要点和规律，以及蕴含的思维方法。其中，学生练习主要是巩固概念，锻炼思维，同时发现问题；教师的总结是针对学生练习中的薄弱点进行分析解读，厘清概念之间的相互关系，梳理解题方法。学生的练习可以在课堂上完成，也可以在课前完成。

三、如何选择教学方法

综上所述，各种教学模式都有其优点和缺点，针对学校的生源情况、学生的素质、教师的专业水平等因素，在教学方法选择上不搞"一刀切"，应因地制宜、因人而异，在有效方法的基础上，探索高效方法。倡导主体参与，包括课堂互动、自主学习等，倡导教师的主导作用，包括点拨、讲解策略。反对"本本主义"，将资料作为唯一的教学资源，不加整合而机械地使用资料。

教学有法，但无定法，各种教学方法利弊共存，各种教学方法因人而异，因内容而异，优化才是硬道理。大多数老师是根据个人认识水平和习惯选择教学方法，同一内容不同的教学方法，孰优孰劣，不好评判，如果能在教学中有意控制一些变量进行实验，并在实践中不断总结，才能孕育出值得大家借鉴的高效方法。如果只凭经验选择复习方法，难免自我欣赏，自我陶醉。

谈有效教学与高效教学

（甘肃省兰州第一中学，金东升）

一、有效教学与高效教学

有效教学是指学生在教师的组织与帮助下完成预定的学习任务，高效教学是指学生在教师的组织与帮助下较短的时间内高质量完成预定的学习任务。有效教学体现在教学的组织与教学方法的应用有效，学生完成预定的学习任务有效，但有效教学没有时间限制。高效教学不仅强调教学的组织与教学方法的应用最优化，而且强调学生在最短的时间内高质量地完成预定的学习任务。有效教学是课堂高效的前提，高效的教学必然是有效的教学，但有效教学不一定是高效的。有的老师靠课堂教学的延伸（课前、课后）完成了预期的学习任务，我们认为是有效的，但不一定是高效的。浙江温岭中学陈才锜校长总结出了影响教学效率的如下关系[1]：

$$教学效率=\frac{学生学到的知识+形成的能力+养成的良好品质}{学生投入学习的时间+脑力负担}$$

从这个关系中可以看出，学生学到的知识、形成的能力、养成的良好品质，是衡量教学有效性的要素；除上述要素外，学生投入学习的时间及学生承受的脑力负担是衡量课堂高效性的要素。

二、提高教学效率的思考

（一）有效教学不排斥启发式教学

启发式教学的内涵：引导学生深入思考问题形成愤悱状态，产生"欲说不能、欲罢不休"的认知冲突，通过入情入理的分析，产生顿悟、突然开朗、如释重负的效果，从而提高学生分析问题、解决问题的能力，其核心是提高了学生的思维质量。

目前，启发式教学大多停留在"问"与"答"的肤浅层面上，由"满堂灌"变"满堂问""满堂答"，从起点到终点，教师往往将自己置于"领跑者"的位置。从教师的教学行为来看，"启"的深层含义更应该体现"助跑着"的角色，从起点到终点，要教给学生解决问题的策略，寓策略于问题解决之中，"发"即发现、发展，在问题解决的过程中，学生在不知不觉中学会了知识和问题解决的方法。思考、点拨、顿悟、获释应该是启发式教学的关键词，从"引跑者"变为"助跑者"是关键技术。

（二）辩证看待"少讲多学"

捷克教育家夸美纽斯倡导的"少讲多学"，被认为是"减负增效"的教学手段。从接受学习的角度来看，少讲与多学是一对矛盾，讲得少了接受的就少；从建构主义理论的角度来看，积极主动地学习、有意义的学习、有价值的指导与帮助才是学生多学的基础和前提，少讲是为了培养学生的自主学习能力和元认知能力，"少"是一时学的少，"多"是经过"能力武装"后获得的多。学会了学习，就如同掌握了"弯道超越"的技术，随着时间的推移，最终会实现"多学"，少讲不是不讲，而是重点地讲，有所侧重地讲，有指导性地讲。所以，教学的效率不能以"一时的少"来衡量。增加学生活动的空间（思维的空间、体验的空间），在思维中感悟，在感悟中提高，是多学的有效手段之一。因此，少和多是相对的，少讲是为了多学，是对立统一的。

（三）一所学校不一定要推行唯一的一种教学模式

洋思中学针对教师专业水平不高、生源不足、学生学习基础较弱等现状，创立了"先学后教、当堂训练"的教学模式，但这不一定适合所有学校。对于教师专业水平高、学生学习基础好的示范性学校，可以针对本校课堂教学亟待解决的问题，联系实际，提出适合自己的教学模式或教学方法，借此引导教师进行教学改革。一所学校推行唯一的一种教学模式是不合理的，因为不同学科的学习特点不同，同一学科不同学段学习内容不同，因而应该有多元的教学模式，适合的才是最好的，也是高效的。甘肃省灵台一中创建的"循环穿插"教学模式、秦安一中创建的"菜单式"教学模式值得我们思考和借鉴。

（四）教学行为的转变光靠倡导教学理念不一定能得到落实

教学改革倡导培养学生的创新精神和实践能力，2001年版《全日制义务教育化学课程标准（实验稿）》[2]和2003年版《普通高中化学课程标准（实验）》[3]对学生必做的实验没有要求，与课程标准相对应的教科书也不再区分演示实验和学生实验。课程标准中这种模糊的要求和教师的职业惰性人为地剥夺了学生动手实践的机会，这种安排既不利于有效教学，更不利于高效教学。2011年版《义务教育化学课程标准》[4]和2017年版《普通高中化学课程标准》[5]对这种模糊要求进行了纠正，其中，《义务教育化学课程标准》安排了学生必须完成的8个基础实验，《普通高中化学课程标准》在必修模块和选择性必修模块分别安排了9个、18个学生必须完成的实验。这种规定性是落实而不是倡导，为有效实验教学提供了依据。

（五）观课和议课是促进教师专业发展的有效途径

提高课堂教学效率的最根本的手段是促进教师专业发展，教师的专业发展需要满足两个条件，首先是内部需求的欲望，其次是外部支撑的条件。能促进内部需求的措施有：目标驱动、评价激励。外部支撑的条件有活动搭台、培训助推。观课和议课首先是一种活动，其次是一种培训，也是一种专业引领，这种专业引领既能有效帮助教师改进教学，又能刺激内部需求。因此，倡导将观课和议课作为促进教师专业发展的常态化的教研活动。

三、提高课堂教学有效性的途径

（一）文本解读有效

人教版全日制普通高中教科书（必修加选修）对化学平衡的表述："实验证明，如果不是从 CO 和 H_2O（g）开始反应，而是各取 0.01mol CO_2 和 0.01mol H_2，以相同的条件进行反应，生成 CO 和 H_2O（g），当达到化学平衡状态时，反应混合物里 CO、H_2O（g）、CO_2、H_2 各为 0.005mol，其组成与前者完全相同。"[6] 许多教师都将这一描述一带而过，给出结论："化学反应达到平衡与反应途径无关。"但这组数据很容易让学生产生误解："所有可逆反应建立平衡的平衡点都在正中间。"教师应该设计一组新的数据说明不同的可逆反应的平衡点是不一样的。

（二）课程资源开发有效

1.教科书资源开发有效（详见49页《中学教师如何开发课程资源》一文）

2.拓展性资源开发有效

拓展性课程资源是教材中没有的、但教学所需要的、应该补充的教学资源。

下面是一位教师在"物质的量浓度"教学的课后作业设计。

（1）62g Na_2O 溶解于水中配制成 1L 溶液，溶质的物质的量浓度是多少？

（2）100mL $Al_2(SO_4)_3$ 溶液中含有 0.096g 的 SO_4^{2-}，求：$c(SO_4^{2-})$ 和 $c[Al_2(SO_4)_3]$ 为多少？

（3）在 100mL 某溶液里含有 5.85g NaCl 和 11.1g $CaCl_2$，该溶液中 $c(Cl^-)$ 为多少？

[评] 上述习题只注重变换习题的类型，没有考虑问题的关联性和认知的梯度。其中，习题（1）是针对物质溶于水发生化学反应而产生新物质时进行的计算；习题（2）是针对构成物质的各种粒子间的相互换算；习题（3）是针对混合溶液中离子的物质的量的计算。

以下习题的设计层次分明，关联性、针对性较强：

将 28.4g Na_2SO_4 溶于水配成 250mL 溶液。计算：

（1）溶液中溶质的物质的量浓度是什么？

（2）从（1）的溶液中量取出 100mL 该溶液。溶液中所含 Na_2SO_4 的物质的量、质量分别是多少？

（3）原溶液中 Na^+ 和 SO_4^{2-} 的物质的量浓度各是多少？

（三）生成性资源处理有效

课堂预设与生成不一致时，学生的回答、提出的问题、设计的方案等就成为生成性资源。教师要抓住这些生成性资源，利用教学机智和专业知识妥善解决问题，弥补课堂预设的不足，使之成为有效调控课堂的闪光点。

案例 1："物质的物理变化与化学变化"观摩教学课，教师演示完锌与盐酸反应的实验后要求学生回答现象。

[生] 锌粒变小。

[师] 这个现象看不见。

[评] 锌粒参加反应时间短，消耗的量较少时，"锌粒变小"的现象观察不到，如果反应时间较长，这个现象是可能观察得到的。如果教师顺势引导：为什么锌粒会变小？短时间内能否观察得到？这样处理将更有利于学生的思维发展。

案例 2："氧族元素"观摩教学课，教师将"碲"元素名称误读为"tǐ"。

[生] 读音错了，应为"dì"。

[师] 老师的语文学得不好，课前也没有查字典，谢谢大家给我纠正。

[评] 教师实事求是，勇于承认读音错误，创设了民主平等的学习气氛，也没有因此降低教师的威信。

案例 3："二氧化硫"观摩教学课，老师让一位学生感受二氧化硫的气味。

[生] 不是说二氧化硫有毒，还能闻它的气味吗？

［师］有毒是相对的，只要闻二氧化硫气体的气味的方法得当，并不会引起中毒。

［评］老师这样表述可以消除学生心理恐惧，防止日后"谈毒色变"。

案例4："氧族元素"观摩教学课，在学生练习环节中，有一位学生提出四氧化三铁中铁元素化合价问题。

［师］四氧化三铁中铁元素化合价较复杂，你不需要知道铁元素具体的化合价，不影响你答题。

［评］这样的处理容易让学生对教师的专业能力产生怀疑，即老师也不知道答案；同时，不利于发展学生的创新思维。即使四氧化三铁中铁元素化合价较复杂，也应该个别对待，为有需求的学生做一个合理的解释，不能不了了之。

案例5："元素周期表的应用"观摩教学课，在"元素的原子结构、性质、周期表中的位置"的相互推断中，学生提出116号元素在元素周期表中位置如何推断，教师没有回应。

［评］说明老师对这类问题没有研究，面对生成性教学资源无法应对，一旦生成的资源不在自己的预设内，老师显得智慧不够。

（四）教科书内容整合有效

人教版九年义务教育教科书关于"元素"的教学主要有3项内容：（1）元素的概念；（2）元素符号；（3）元素周期表简介。大部分教师分2课时设计教学，第一课时内容为元素的概念和元素符号，第二课时内容为元素周期表简介；也有的老师按3课时设计教学；还有的教师按1课时设计教学。按几个课时设计教学不重要，关键要看教学内容的整合是否合理。从知识本位考虑，1课时也能完成教学任务，从学科核心素养的角度考虑，1课时难以达到教学目标。一般来说，设计教学时，知识容量大的，活动容量就小，而知识容量小的，活动容量就大。此外，按几课时设计教学，还取决于学生的基础知识和认知水平，教学内容的整合合理，就是有效的。

（五）媒体使用有效

教学常用的媒体主要有黑板、计算机辅助投影（含一体机）、电子白板。多媒体是指除了传统的黑板加粉笔之外的计算机辅助投影及电子白板等媒体。多媒体使用常见问题：

（1）认识上的问题，认为多媒体就是计算机辅助投影或电子白板媒体，有些通过黑板演绎推导概念形成过程的好的做法一律被现代媒体所替代。

（2）技术上的问题：①跳跃动画，影响学生的注意力；②教师站在幕布前面比画，影响学生观看幕布上显示的内容；③五花八门的花里胡哨的标识性栏目渲染过度，如直击中考、目标展示、事实说话、课堂感悟、直击生活、学以致用、回归目标、一试身手、幸运抢答、能力提升，等等。

媒体使用有效是指各种媒体当用则用，用的得当，不一定要使用所有媒体；计算机辅助投影有自身的优势，如图、表、动画、视频和音频的呈现，大信息量的文字呈现等，是传统媒体所不具备的，因此，成为现代教学不可忽视的媒体。所以，媒体使用有效要从两方面着手：一是媒体选择要优势互补，发挥其不可替代性；二是要提高PPT制作技术，发挥最大效益。

（六）实验探究有效

探究学习包括观看影视资料、参观考察、调查访问、文献查阅、实验探究等。其中，实验探究是科学探究的主要方法，也是探究学习的主要方法。美国课程学者施瓦布（J.J.Schwab）和赫伦（M.D.Herron）依据完成探究过程中"提出问题、设计方案、得出结论"的3个活动要素，将探究水平分为4个层级，即证实性探究、结构性探究、指导性探究、开放性探究[7]。证实性探究指提出问题、设计方案、得出结论的3个活动要素都是由课程材料提供；结构性探究指课程材料提出问题，设计好解决问题的方案，而结论由学生得出；指导性探究指课程材料提出问题，学生设计解决问题的方案，学生得出结论；开放性探究指学生提出问题，设计方案，得出结论。依照证实性探究、结构性探究、指导性探究和开放性探究顺序，学生自主探究的程度逐步提高，探究水平依次提高。将实验探究水平划分总结如表1。

表1 实验探究的水平划分

水平等级	问题提出	假设	探究程序	探究结论
水平1	现成	现成	现成	现成
水平2	现成	现成	现成	开放
水平3	现成	现成	开放	开放
水平4	现成	开放	开放	开放
水平5	开放	开放	开放	开放

实验探究有效是指在有限的教学时间内，依据学生的学习基础、学习能力和实验条件选择探究的水平，以达到教学的目标。实验探究的主旨是让学生主动参与、亲身体验，水平1由于缺少学生的主动参与和亲身体验，一般不提倡；水平5由于完全开放，更适合研究性学习，课堂教学中通常按照水平2至水平4选择探究方法。

如，苯的溴代反应教学程序如下：

Ⅰ.介绍反应原理→介绍实验装置及操作要点→进行实验→信息总结→结论印证。

Ⅱ.提出问题：苯能否与溴发生取代反应？→做出假设（①苯能与溴水反应；②苯能与液溴反应；③苯能与液溴在铁屑催化下反应）→预测产物（假设能反应，可能生成什么产物？）→实验设计〔如何设计实验装置？（可能有多种装置），实验装置如何优化？〕→进行实验→信息分析→获得结论。

其中，探究实验Ⅰ属于结构性探究水平，即水平2，探究实验Ⅱ属于指导性探究水平，即水平3。以上两种方法孰优孰劣，不能一概而论，而要综合考虑教学容量、教学时间与学生的学习能力。

实验探究有效要防止三种现象：

（1）实验探究表面化、形式化。以实验探究之名，行教师包办代替之实，失去探究的意义。不要为了附和"实验探究"，将所有与实验沾边的教学手段都冠以"实验探究"。

（2）实验探究缺乏指导。作为探究实验教学，不是放任自流地让学生设计方案，还必须有实验设计的引导或评价。比如，如何证明生成的产物，如何提高反应物的利用率，如何减少空气污染物，等等。证实性探究教学也不是简单地让学生陈述实验过程、实验现象、实验中应注意的问题，而要唤醒学生的思维联动，体现逻辑程序；实验完毕，实验所涉及的"要点、规律、方法"在学生头脑中清晰可见。如，苯的溴代反应实验，设问顺序及要点：能否反应？→哪些现象证明？→反应如何控制（转化率、防污染、防倒吸等）→产物如何分离？→反应如何表示？

（3）实验探究设计过于肤浅或过难（超出学生的能力范围）。学生不用探究就能知道结论的探究就是过于肤浅的探究，只重过程，学生探也探不出究竟的探究就是超出学生能力范围的探究。过于肤浅或过难实验探究都会削弱学生探究的兴趣。在问题的驱动下，经历解决问题的过程，最后获得结论，才是真正意义上的实验探究，联系实际的、可行的实验探究教学才是最好的，也是最有效的。

参考文献

[1] 陈才琦.中学课堂教学设计的实践与思考［R］.成县：2019年甘肃省化学教学专业委员会学术年会，2009.

[2] 中华人民共和国教育部.全日制义务教育化学课程标准（实验稿）［M］.北京：北京师范大学出版社，2001.

[3] 中华人民共和国教育部.普通高中化学课程标准（实验）［M］.北京：人民教育出版社，2003.

[4] 中华人民共和国教育部.义务教育化学课程标准（2011年版）［M］.北京：北京师范大学出版社，2012.

［5］中华人民共和国教育部.普通高中化学课程标准（2017年版）［M］.北京：人民教育出版社，2018.

［6］人民教育出版社化学室.全日制普通高级中学教科书（必修加选修）化学第二册［M］.2版.北京：人民教育出版社，2007：35.

［7］刘一兵，范增民.高中化学课程中实验探究水平和探究技能的分析［J］.化学教育，2017（13）：14.

第三节　教学设计技术

中学化学教师如何开发课程资源

（甘肃省兰州第一中学，金东升）

教学不是简单的传递、灌输课本知识，而是结合具体的教育情境创造性地运用教科书的过程。教科书是课程资源，但不是唯一资源。教科书的教学内容要依据课程标准和学情做好二次开发，既遵循教科书又不拘泥于教科书。有些教师会教教科书，但教不好教科书，教科书上写的就教，教科书上不写的就不教，教科书上怎么写就怎么教，照本宣科，墨守成规。长此以往，学生对教科书中所衍生的知识、思想和方法没有建立起来，做习题时也就只会答书上写的，对于涉及高阶思维的问题解答则无能为力。究其原因，就是因为教师没有充分发掘和利用课程资源。

一、关于课程资源的开发

（一）课程资源与课程资源开发

广义的课程资源是指实现课程目标的各种因素，如教科书、生态环境、人文景观、国际互联网络、教师的知识等；狭义的课程资源仅指形成课程的直接因素来源，典型的如教材、学科知识、教学媒体等。从课程资源的本质来看，课程资源是课程的重要组成部分，是课程得以形成和发展的基本前提，是实现课程目标的保证。课程资源开发是教师将意义资源通过再创造形成可操作性、可实现的资源。

（二）课程资源开发的途径与方法

1.教材资源

教材资源包含文本、图片、图表、活动（实验、制作、讨论）等。教材资源的特点是单向传输，因学生的阅读能力和理解能力的差异，而影响学习效果。

教材资源开发就是通过教师对教材资源进行解读，使抽象的信息直观化，使分散的信息条理化，使隐含的信息显性化。常采用的方法有要点归纳法、比较分析法、信息筛选法。

2.教师资源

教师资源开发除了学校对教师的合理利用之外，更多的是教师自我专业能力的开发。通过"自我充电"，加深对学习内容的理解，通过个人专业素养的锻炼，提高驾驭课堂的能力，使教学水平、教学能力在课堂教学中最大限度地展现。

教师资源开发的主要途径是阅读、听课、反思、交流、写作以及个性化素养的锤炼。

3.学生资源

俗话说"三个臭皮匠，胜过一个诸葛亮"，学生在课堂上的各种奇思妙想很多情况下属于生成性资源，是教师课前无法预测的。这些奇思妙想往往是课程资源的有效补充，充分利用学生资源，既能弥补教师专业能力的不足，还能达到共同学习、相互启迪的作用。

学生资源开发的途径有三个方面：（1）让学生想；（2）让学生说；（3）让学生做。在想、说、做的过程中捕捉生成性资源，并使学生的情感得到升华。

4.实验资源

实验资源是帮助学生认知，促进学生科学态度的形成的条件性资源。有效开发实验资源，对于科学概念的建立至关重要。

实验资源的开发途径：（1）教材实验的开发，包括实验目的、实验方案、实验操作、实验评价等；（2）补充实验，以拓展学生思维；（3）改进实验，以弥补教材实验的不足；（4）实验资源的有效利用，尽可能让更多的学生动手，尽可能让学生参与实验活动，尽可能让学生观察清楚实验现象。

5.媒体资源

媒体资源是支持学生学习的条件性资源，媒体资源包含传统的黑板加粉笔，以及计算机辅助下的投影设备、网络和各种音频、视频工具。

二、教科书课程资源开发的意义

1.教科书的呈现特点需要发掘课程资源

教科书是在一定的教学原则指导下，依据课程标准组织学习内容，以文本形式呈现出来的基本学习材料，是知识、技能、方法的载体，是教师实施学科课程的主要工具。教科书是知识、技能、方法高度浓缩的结晶，不可能把跟学习主题有关的所有材料都呈现出来，不可能把所有学生所需要的材料都呈现出来，这就决定了教师必须要发掘教材资源，使教科书的教育功能得以实现。

2.学生对教学的需求需要发掘课程资源

挖掘教材的课程资源就是要对教学内容进行深入分析，找到教科书中不能直观地显现出来的、学生所需要的、有教育价值的思想（思路）、观点、方法。这些材料涉及知识的生长点、技能的强化点、方法的创新点、情感态度教育的切入点，对于巩固基础知识、拓展学生的知识面、培养学生分析问题的能力以及创新思维能力都是非常重要的。教材不等于教科书，教学是用教科书去教，而不是教教科书。

3.教师专业发展需要挖掘课程资源

发掘课程资源的过程也是教学研究的过程，教而不研的课堂教学就没有活力，就不能激起学生的学习兴趣。教师是课程实施的组织者、促进者，也是课程资源的研究者和开发者，教师利用和整合教学资源的意识越强，对教学问题研究的越深入，专业成长就越快，教学水平就越高，教学效果就越好，学生的能力就是在教师的专业发展中得到不断发展的。

三、开发教科书中课程资源的方法

（一）研究化学概念中字、词、句的含义

案例：盐类水解概念研究

盐类水解的定义：盐电离出的离子与水电离出的氢离子或氢氧根离子结合生成弱电解质的反应。

这个表述清楚地表示了3个要义：（1）盐和水的反应——反应物的种类；（2）离子之间的反应——离子反应；（3）生成弱电解质的反应——反应的条件。

（二）研究化学概念的深刻寓意

如，复习"化学键"概念时，可将学习材料提炼如下：

化学键：化学物质中微粒间的相互作用。相互作用分离子键、共价键、金属键。

离子键：阴阳离子通过静电形成的相互作用——活泼金属原子失电子形成阳离子，活泼非金属原子得电子形成阴离子——"想抢的遭遇愿意给的，你情我愿，各取所需。"

共价键：原子间通过共用电子对形成的相互作用——非金属原子之间既不能得到也不能失去电子，价电子同时被两个原子核吸引——"想抢的遭遇不愿意给的，资源共享。"

金属键：金属离子与自由电子之间形成的相互作用——金属原子的价电子不专属于某一金属离子，

在整个晶体中运动，类似"电子胶"，将所有金属离子粘在一起——"想抢的遭遇都愿意给的，超级共享。"

稳定结构是原子结构的追求，原子结构追求的是稳定、圆满、低能量。

化学键的本质是电性作用，但作用的形式不同，阴阳离子之间、原子核与价电子之间、金属离子与自由电子之间都存在电性作用，从而形成离子键、共价键和金属键。

（三）研究化学概念原理中蕴含的哲学思想

对立统一规律：离子键中各种粒子之间引力和斥力的对立统一，氧化还原反应中氧化反应与还原反应的对立统一，可逆反应中正反应和逆反应的对立统一等。

量变引起质变规律：随元素质子数（或核电荷数）的递增，元素的性质呈周期性变化。

否定之否定规律：希腊人德谟克利特"万物皆由不可分的粒子构成"→道尔顿"原子是不可分的实心球体"→汤姆生"西瓜模型"→卢瑟福"用a粒子轰击金箔"实验。对原子结构的认识都是在否定之否定的过程中发展的。

（四）研究化学反应原理蕴含的规律与方法

案例1：CH_3COONa的水解研究

离子方程式：$CH_3COO^- + H_2O \rightleftharpoons CH_3COOH + OH^-$

化学方程式：$CH_3COONa + H_2O \rightleftharpoons CH_3COOH + NaOH$

从化学方程式中可以发掘出的信息（规律）有：（1）水解是可逆的；（2）水解是很微弱的（逆反应为中和反应，生成更弱的弱电解质——水，所以正反应很微弱）；（3）水解是吸热的（中和反应是放热反应，那么其逆反应为吸热反应）。

案例2：化学平衡特征再研究

化学平衡的特征概括为：可逆（逆）、正逆反应速率相等（等）、各组分含量不变（定）、动态平衡（动）、条件改变后平衡移动（变）。通过下列信息的研究，我们能获得什么结论呢？

800℃，1L的密闭容器，按下列配比充入反应物的实验结果：

	CO	+	H₂O	$\rightleftharpoons$	CO₂	+	H₂
（1）始	0.01mol		0.01mol		0		0
衡	0.005 mol		0.005mol		0.005mol		0.005mol
（2）始	0		0		0.01mol		0.01mol
衡	0.005mol		0.005mol		0.005mol		0.005mol

问题：为什么充入容器中的两组起始物质建立的平衡是相同的？

C	H	O
0.01mol	0.02mol	（0.01+0.01）mol
0.01mol	0.02mol	0.02mol

通过研究就会发现：等容密闭容器中，充入容器的物质所含的原子对应相等，建立的平衡相同，充入容器中的原子建立的平衡相同，充入容器中的原子对应相同。

对于这种教科书中有素材，但无明确结论的教学内容，就需要我们发掘其价值。

（五）研究图示、图表中蕴含的信息及其意义

案例：人教版义务教育教科书九年级化学"分子和原子"中的两幅图片：图3-2用扫描隧道显微镜获得的苯分子的图像，图3-3通过移走硅原子构成的文字"中国"。

我们发掘的信息有：（1）科学技术的发展，使肉眼看不见的分子、原子借助科学仪器变得可见，说明分子、原子真实存在；（2）苯分子间有间距，晶体硅中硅原子紧密排列；（3）中国科学家从晶体硅中移走硅原子，说明原子不仅可见，而且还能操纵。

（六）研究没有现成答案问题

案例：联合制碱研究

阅读材料：1862年，比利时人索尔维发明了以食盐、氨、二氧化碳为原料制取碳酸钠的"索尔维制碱法"。我国科学家侯德榜先生在"索尔维制碱法"的基础上，经过大量的试验，在1943年研制成功了"联合制碱法"，这种方法可联合生合产成氨和纯碱两种产品，提高了实验的利用率，缩短了生产流程，减少了对环境的污染，降低了制纯碱的成本。

问题：

（1）生产纯碱的原理是什么？

原理如下：

$NH_3+CO_2+H_2O=NH_4HCO_3$

$NH_4HCO_3 + NaCl = NH_4Cl + NaHCO_3$

$2NaHCO_3 \stackrel{\triangle}{=\!=} Na_2CO_3+CO_2\uparrow +H_2O$

常温下，$NaHCO_3$的溶解度为8.4g，属于微溶物质，根据溶解结晶平衡移动原理，增大Na^+和HCO_3^-浓度，有利于$NaHCO_3$的生成。

（2）评价下列设计方案，哪种工艺流程有利于$NaHCO_3$结晶？

①$NaCl$（饱和溶液）$\xrightarrow{NH_3}$ $\xrightarrow{CO_2}$ $NaHCO_3$

②$NaCl$（饱和溶液）$\xrightarrow{CO_2}$ $\xrightarrow{NH_3}$ $NaHCO_3$

③浓氨水 $\xrightarrow{NaCl(s)}$ 饱和溶液 $\xrightarrow{CO_2}$ $NaHCO_3$

方案①和②相比，方案①优于方案②，因为CO_2的溶解度小，溶液中生成的NH_4HCO_3浓度小，不利于$NaHCO_3$结晶；方案①和方案③比较，方案①的结晶体中不容易混入$NaCl$。因此，最佳工艺流程应选择方案①。

（3）如何检验所得晶体是碳酸氢钠？

产物是碳酸氢钠、氯化钠、氯化铵、碳酸氢铵的可能性都有，核心问题是检验晶体中含Na^+、HCO_3^-，排除NH_4^+和Cl^-。

方法：①焰色反应检验有无Na^+；②加热后用石灰水检验有无CO_2；③加热后用红石蕊试纸检验有无NH_4^+；④制成溶液后加入酸化的$AgNO_3$溶液检验有无Cl^-。

问题（1）主要涉及离子反应、离子反应发生的条件、$NH_3\cdot H_2O$与CO_2的反应以及反应物的相对用量对产物的影响等程序性知识、溶解结晶平衡的移动等综合性知识。问题（2）工艺流程的评价，主要涉及通入CO_2、NH_3的先后顺序对生成NH_4HCO_3浓度的影响。问题（3）属于实验探究设计，主要涉及离子的检验。

这个案例涉及化学基本概念、基本理论、元素及其化合物知识、化学实验等知识，也涉及分析问题和解决问题的能力，综合性强。这些知识往往成为选拔性考试的命题载体，这些能力要求往往预示着命题方向，因此，很有必要将这些价值发掘出来。

（七）研究化学解题方法

案例：应用化学平衡特征（逆、衡）解题研究

一定的温度下，向一个容积固定的密闭容器中充入下列两组物质，建立平衡后，SO_3的含量均为91%（体积分数），a、b、c之间则应满足什么关系？

$$2SO_2 \quad + \quad O_2 \rightleftharpoons 2SO_3$$

（1）始　2mol　　　1mol　　　0

（2）始　a　　　b　　　c

原子守恒法：

依据"S"原子守恒有：$a+c=2$

依据"O"原子守恒有：$2a+2b+3c=6$

以上两式消去 a 项可得：$2b+c=2$

极端法：

$$2SO_2 + O_2 \rightleftharpoons 2SO_3$$

（1）始　2mol　　1mol　　　0

（2）始　　a　　　　b　　　　c

（2）始　　$a+c$　　$b+c/2$　　0

　　$a+c=2$　　　　$b+c/2=1$

若可逆反应中原子种类不明确，常用极端法解题，如：

$$2A + B \rightleftharpoons 2C$$

（1）始　2mol　　1mol　　　0

（2）始　　a　　　　b　　　　c

应用化学平衡"逆""恒"特征解题的例子就很多，领会了化学平衡特征的含义，解决相关的问题就得心应手。很多情况下，老师没有将这些资源发掘出来，学生遇到相关的问题就无从下手，找不到切入点。

（八）研究化学实验方案及实验方法

案例1：乙酸乙酯的制备装置的研究（装置如图1）

1.采取哪些措施有利于乙酸乙酯的生成？

2.装置Ⅰ的作用是什么？装置Ⅱ的作用是什么？

3.导管为什么不插入装置Ⅱ的液面以下？

4.能否用氢氧化钠溶液代替碳酸钠溶液？

5.加热装置Ⅰ中的液体时应该注意什么问题？

问题1不是简单的陈述，而是化学反应速率和化学平衡理论知识的具体应用。从化学平衡移动的角度看，"增大反应物的浓度，能加快化学反应速率，能促使平衡向酯化反应的方向进行"，我们使用的是冰乙酸和无水乙醇，增大反应物浓度没有意义。"减小生成物浓度，促使平衡向酯化反应的方向进行"，措施有：（1）加浓硫酸吸水；（2）加热分离出乙酸乙酯。从影响化学反应速率的角度

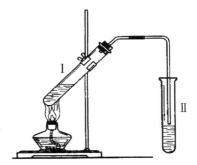

图1　乙酸乙酯制备装置

看，加热、加催化剂（实际为浓硫酸）有利于加快化学反应速率。综上所述，加热、加入浓硫酸、从混合物中分离出乙酸乙酯，有利于乙酸乙酯的生成。

问题2就是要让学生明白"用这种装置做实验"的道理，从而培养"意义迁移"的实验设计思想。装置Ⅰ的作用是反应器兼做分离（蒸馏）装置，装置Ⅱ的作用是收集乙酸乙酯（产品）兼做提纯（除去杂质）装置。很多学生做实验只会"照方抓药"，对于为什么要加热，加热的试管为什么要倾斜等操作不加思考，创新思想就不容易产生。

问题3和问题5属于实验安全常识。

问题4在教科书中一般没有明确的文字叙述。单纯考虑吸收乙酸，那么使用氢氧化钠溶液也能达到目的，但生成的乙酸乙酯在氢氧化钠溶液中水解就不能忽视。而选择碳酸钠溶液，尽管有氢氧化钠存在，但因其浓度较小（水解为弱），所以乙酸乙酯的水解可以忽略。如果学生把饱和 Na_2CO_3 溶液的作用当作记忆性知识学习，思维能力的提升就成为一句空话。

案例2：铜片和浓硫酸反应的实验研究（装置如图2）

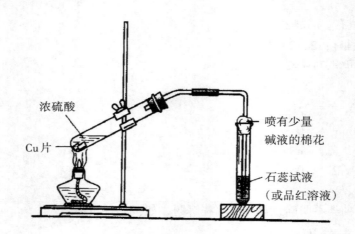

图2　浓硫酸与铜片反应的装置

1.给试管加热的过程中，能观察到哪些现象？

2.石蕊试液（品红溶液）有什么变化？加热后有什么现象？如何解释？

3.为什么要在盛放石蕊试液（品红溶液）的试管口缠放一团蘸有碳酸钠溶液的棉花？能否用氢氧化钠溶液代替？

4.为什么加热反应混合物的过程中，不易观察到试管内的液体出现明显的蓝色？怎样操作才能观察到明显的蓝色？

问题1属于陈述性知识，要从固体、液体、气体全方位描述。

问题2属于程序性知识，既知其然，还要知其所以然。

问题3除了涉及程序性知识外还涉及综合性知识，Na_2CO_3的作用是吸收SO_2，防止SO_2污染空气。其作用的原理用化学方程式表示为：$SO_2+Na_2CO_3=Na_2SO_3+CO_2$，明白这个道理后才能判断"能否用氢氧化钠溶液代替？"

问题4属于探究性设计，"为什么观察不到？"是问题的提出，"怎样操作？"属于实验设计。由于Cu^{2+}在水溶液中形成$Cu(H_2O)_4^{2+}$时呈现蓝色，在浓硫酸中，反应生成的水被浓硫酸吸收，因而不易观察到明显的蓝色。检验溶液中是否有铜盐生成的方法：（1）将混合液慢慢地倾入盛水的小烧杯中，观察是否出现蓝色；（2）将试管中的反应混合液倾出，然后向试管中加入少量水，观察试管底部白色固体的变化。

四、关于情感态度与价值观课程资源的开发

（一）情感态度价值观对于教学的意义

情感态度与价值观实际上反映的是学科价值取向，情感不仅指学习兴趣、学习责任，更重要的是乐观的生活态度、求实的科学态度、宽容的人生态度。价值观不仅强调个人的价值，更强调个人价值和社会价值的统一；不仅强调科学的价值，更强调科学的价值和人文价值的统一；不仅强调人类价值，更强调人类价值和自然价值的统一，从而使学生内心确立起对真善美的价值追求以及人与自然和谐和可持续发展的理念。情感态度价值观在整个教学内容体系中所占的比例一般很小，但承载的价值很大。缺少了它，学生的发展不健全，也缺少了课堂的活力和精彩，更主要的是缺少了生命发展的心理需求。学生学习新知识的过程，是师生多向交流的过程，是思维发展的过程，是技能形成的过程，也是情感体验的过程，同时也是价值观形成的过程。所以在教学设计中教师要注重发掘教学内容中情感态度价值观素材，并明确目标达成方式，有针对性地落实课程目标。

（二）情感态度价值观的建构体系（如图3）

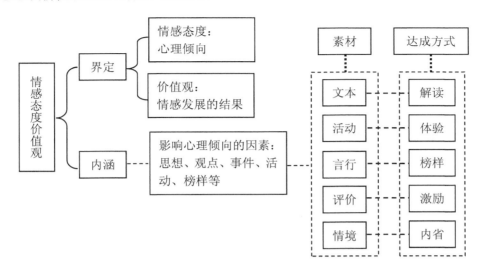

图3　情感态度与价值观体系

（三）情感态度价值观的素材（如表1）

表1　情感态度价值观的素材

序号	素材主题	素材内容	
1	文本 （包括视频材料）	中国物质文明的历史	涉及能源、资源、材料、健康、环境、安全等问题
		重大科技事件对人类文明的影响	
		科技发展动态	
		身边的化学现象	
2	情境	人类认识事物的思想：唯物辩证法的"三大规律""五大范畴""三个基本观点"	
		见闻、成语中的化学、化学与艺术、化学与其他交叉知识的应用等	
3	活动	兴趣活动、实验、调查、参观等	
4	言行	语言文明、语言情感和思想情感，文明行为、职业规范行为等	
5	评价	学习表现	

五、开发课程资源要注意的问题

（1）课程资源的发掘要有方向。要考虑满足学生的哪些需求，让学生达到哪些学习目标。比如，制备乙酸乙酯的制备装置的研究，学生的需求是"为什么用这种装置进行实验？""为什么要这样操作？"学习目标是领悟实验设计的思想及化学反应的变量控制，并能应用这些设计思想指导具体的实验设计。

（2）课程资源的发掘要有度。发掘的材料既要符合课程标准要求，又要符合中学生的知识水平和能力水平，还要让中学生在所学知识的范围内经过思考、探究，获得结论。问题提的过难、要求过高，学生的学习心理就会发生变化，探究的欲望就会减退。无边无界地发掘课程资源，会增加学生的负担，影响学习效果。

（3）教学内容的容量、深度和广度要恰当。知识容量大的活动容量就小，反之，活动容量大的知识容量就小。同理，教学广度大的，教学深度不宜大，反之，教学深度大的教学广度不宜大。因此，知识容量与活动容量、教学深度与广度要合理整合，以增强教学的有效性，提高课堂教学的质量。

（4）课程资源的选择和开发要有效。各种情境、信息、实验及需要拓展的学习资源都是课程学习中必不可少的，情境资源要与学习主题相关联，信息资源要有启发性，实验资源要体现科学方法，拓展资源要能促进深度学习。决不能将课程资源的选择和开发变成"大杂烩""一锅粥"。

（5）课程资源的整合要联系校情和学情。如，课程标准对"苯"的教学要求在必修课程中为：①了解苯的主要性质；②认识苯的衍生物在化工生产中的重要作用。在选修课程[3]中的教学要求为：①以烷、烯、炔和芳香烃的代表物为例，比较它们在组成、结构、性质上的差异；②举例说明烃类物质在有机合成化工中的重要作用；③结合生产、生活实际了解某些烃、烃的衍生物对环境和健康可能产生的影响，关注有机化合物的安全使用问题；④观察实验，苯的溴代或硝化反应。由于各学校的学情不同，课程方案不同，教师的教学策略也不同，所以，有些学校的老师严格按必修、选修的教学要求分别组织教学内容，而有些学校的教师将必修和选修的内容整合在一起组织教学内容。

（6）精心设计练习题的数量和质量，以及练习的方式和方法。练习题是教学效果反馈的重要载体，过于简单或过于复杂的习题都不能完全达到反馈的目的，练习的方式和方法可以是书面的解答，可以是交流讨论，也可以是阅读、查资料，还可以是实践活动。总之，练习要体现启发性、针对性、层次性，且"少而精"，加深学生对知识的理解与巩固，同时锻炼和提升学生的思维能力。

（7）媒体资源的选择和应用要合理。①把握互补性，各种媒体都具有其自身的优势和不足，媒体选择要优势互补；②避免重复性，媒体选择不是内容呈现的简单重复，而要进行有效组合，从而达到最佳的学习效果，比如，投影幕布与黑板中呈现的内容相同就属于简单重复；③按需要选择媒体，只需要黑板作为学习支持条件的，就没有必要选择计算机辅助投影设备；同样，需要音频、视频、动画等反映的材料、信息量大的材料，通过黑板或教师的抽象描述也达不到应有的教学效果。

总之，开发课程资源是教师永恒的任务，发掘的目的是最大限度地满足学生的需求，最大限度地发展学生的核心素养。

参考文献

［1］金东升.中学化学教师如何挖掘教材的价值功能［J］.中学教育科研，2004（5）：31-33.

［2］金东升，王英.化学教学设计中三维目标设计与叙写的问题与对策［J］.化学教育，2014，35（7）：13-17.

谈化学教学中教学情境的创设

（甘肃省兰州第一中学，金东升）

教学情境是指教师在教学过程中创设的情感氛围，是能够体现学科知识发现的过程、应用的条件以及学科知识在生活中的意义与价值的场景。有价值的教学情境一定是内含问题的情境，它能有效地引发学生积极主动的思考，启发学生的思维，直接影响着学习的效果。因此，问题情境常常是教学情境的代名词。

一、创设情境的常见问题（见表1案例）

表1 创设情境的常见问题案例

	主题	情境	评论
案例1	微粒间的相互作用	1.生命的繁衍,遗传物质(DNA和RNA)的有序组合产生子代,然后代代相传,因基因产生亲情。 2.大家猜:人类发现的物质有多少种? 100多种元素相互组合可以形成3种粒子(分子、原子离子),出现形形色色的物质。 3.观察:干冰、氯化钠晶体,说明粒子间有相互作用。	情境太多,前三个情境与主题关联度不大。
案例2	化学能与电能	1.据报道,纽约曾出现大面积停电,城市笼罩在黑暗中,说明离开电能,人们无法正常生活。 2.爆炸、毒气泄漏等事故层出不穷,给国民经济和社会发展带来了安全挑战。	第二个情境负面影响大。
案例3	原子的结构	1.猜谜语(打一微粒名称):(1)不阴不阳,身居中央;(2)贾政质问宝玉。 2.再现日本广岛原子弹爆炸场景。 3.核能发电意义大(核能发电装置简介)。 4.科学史话:α粒子散射实验简介。	第二个信息与主题有一些联系,但联系不大,更适合"原子核能产生的原理"的情境材料。

二、问题情境创设的原则

（一）时代性

情境材料要反映当代科技进步和社会发展热点问题，涉及能源、材料、环境、生命、技术等，引导学生认识化学与人类进步的关系，激发学生热爱科学的情感。

（二）科学性

情境材料要严格论证，而不是道听途说的、肆意编造或篡改的虚假信息。新闻要真实，最好取自权威新闻媒体发布的或真实的观察材料；科学研究史料、动态及相关的研究数据要可靠，最好取自权威杂志；故事或传说要与历史背景相符合。化学实验设计要能支持科学结论。比如，某老师在"分子原子"教学时用"尺子能插入液态水中而不能插入冰（固态水）中"创设情境，以此说明水分子间有间隔，液态水和固态水的分子间隔不同。这个情境就不科学，照此推理，巨石能没入水中，水分子间的间距就有巨石那么大吗？

（三）导向性

化学为人类文明进步做出了突出贡献，人们的衣食住行、生命与健康、资源开发利用、环境保护等都与化学息息相关，同时也应看到，化学与毒品制造、污染物排放、爆炸、假冒伪劣产品制造等社会现象有着密切的联系。创设问题情境要辩证地看待化学的贡献与负面影响，尽量创设"正能量"的问题情境，同样是甲烷的情境素材，"西气东输"、"页岩气"开发、大气田发现、可燃冰的开发、清洁燃料的推广和使用等素材比"瓦斯"爆炸、天然气引发的火灾等情境素材的"正能量"成分多一些（安全教育主题的情境例外），防止学生畏惧化学，"谈虎色变"，造成心理上的不安全感。

（四）针对性

情境与学习主题联系紧密，有针对性。不要为了创设情境而创设一些离题万里的情境。如，在"水的电离与溶液的酸碱性"教学时，一位老师创设的情境：公安部消防局公布2019年前三季度全国火灾情况统计，电器火灾所占比重呈加大趋势。从引发火灾的原因看，电线短路、超负荷、电器设备故障等原因引发火灾4万起，占总数的30.1%，比去年提高1.3个百分点。思考：电器着火能否用水来灭火？为什么？这段情境主要针对"用电安全"，与"水的电离"关联度不大。还有一位教师创设的情境：播放视频（习近平总书记2019年8月21日来到兰州黄河治理兰铁泵站项目点，了解当地开展黄河治理和生态保护情况）。习近平总书记关注水资源保护及其合理利用，提出了"绿水青山就是金山银山"的理论，我们还需要进一步关注水的性质及有关原理。结束语为：习近平总书记2018年5月2日在北京大学讲话时说，"中华民族伟大复兴的中国梦终将在一代代青年的接力奋斗中变为现实……"前一段情境主要针对水资源保护及其合理利用，与"水的电离"关联度不大；后一段情境，与主题不相干。

（五）启发性

情境要能引发学生的好奇、猜测，提出的问题要与情境素材紧密相扣，尽量用开放性的句式表述，让学生有思考或遐想的空间，进而产生"欲罢不能"的心理状态，即让学生保持"愤悱状态"。

（六）简洁性

材料少而精，不出现重复或雷同的情境。如，甲烷的教学情境材料有：（1）页岩气引入；（2）有机合成引入；（3）甲烷的安全使用引入；（4）西气东输引入；（5）中俄合作远程输气新闻视频引入；（6）初中学过哪些有机物引入。不可以将所有的情境材料堆积使用，而要精心选择。

三、教学情境创设的途径

（一）利用生活经验创设情境

如，乙醛的还原性：平面镜是生活中常见的，平面镜是怎样制成的？Fe^{2+}的性质：苹果削皮后放置一段时间会变色，削皮后的苹果为什么会变色？金属的电化腐蚀：生活中门窗用的铁合页通常不能配铜螺钉，为什么？

（二）利用社会问题创设情境

如，甲烷的存在和性质：煤矿矿井瓦斯爆炸引起矿难，瓦斯是如何形成的？为什么会爆炸？再如，钠的性质：据报道，2001年7月7日，在广州市珠江段曾出现惊险的"水雷"。六个装满某物质的铁皮水桶浮在水面上，其中三个发生剧烈爆炸，另三个已成功打捞。据目击者称，早上10点多，河内突然冒起一股白烟，漂浮的铁桶内窜出黄色火焰，紧接着一声巨响，蘑菇状的水柱冲天而起。消防人员和化学品专家经过紧急研判，将打捞上来的铁桶用煤油浸泡（大洋网讯）。设问：（1）什么物质能在水里着火爆炸？（2）为什么铁桶不下沉？（3）为什么打捞上来的铁桶用煤油浸泡？

（三）利用化学实验创设情境

如，次氯酸的漂白性实验：为什么氯气不能使干燥的有色布条褪色，而能使润湿的有色布条褪色？钠与水的反应实验：钠投入水中有哪些现象？如何解释？原电池：铁片与铜片分别插入稀硫酸中有什么现象？将铁片与铜片用导线相连，串联电流计，同时插入稀硫酸中，有什么现象？

（四）利用故事或传说创设情境

如，氯气的性质：1915年，第一次世界大战时，盟军与德军在比利时伊普尔的战斗中，德军充分利用风向，向盟军阵地方向排放一种黄绿色的毒气（氯气），致使盟军士兵咳嗽、喘不上气，从而丧失战斗力。问题：（1）释放出的黄绿色气体是什么物质？（2）为什么这种气体致使士兵咳嗽、喘不上气？肥皂的去污原理：传说古代的埃及，一位伙夫在厨房蒸煮羊肉时不慎将一块滚烫的羊脂滑落掉入草木灰中，他连忙拿起来用水冲洗，意外发现羊脂冲干净的同时，沾满油渍和草木灰的手也被洗得干干净净，由此发现把草木灰（含碱）和油脂混合加热后得到的物质（土肥皂）有去污能力。玻璃的制备与成分：传说3000多年前一艘欧洲运输苏打的商船在海滩搁浅，船员在沙滩上用苏打垒灶做饭时发现灰烬中有晶莹剔透的珠子。问题：（1）这些晶莹剔透的珠子是什么物质？（2）这种物质是如何形成的？

（五）利用化学史料创设情境

如，"史说合成氨之功"：氨的产量是衡量国民经济发展水平的重要指标之一，氨除液氨可直接作为肥料外，农业上使用的氮肥，例如尿素、硝酸铵、磷酸铵、氯化铵以及各种含氮复合肥，都是以氨为原料生产的。世界每年合成氨产量已达到1亿吨以上，其中约有80%的氨用来生产化学肥料，20%作为其他化工产品的原料。

合成氨是人类科学技术发展史上的一项重大突破，使地球上因粮食不足而导致的饥饿和死亡问题得以缓解，是化学技术对社会发展与进步的巨大贡献之一，有关合成氨的研究曾三次获得诺贝尔奖。1918年，德国化学家哈伯因为在实验室发明了合成氨的方法而获得诺贝尔化学奖，合成氨的产率只有2%，他利用"循环法"使合成氨的产率达到8%；1931年，德国化学家波施因为改进了合成氨方法获得诺贝尔化学奖，他改进了合成氨高温高压的条件，找到了合适的氧化铁型催化剂，提高了合成氨的产率，使合成氨生产工业化；2007年，德国化学家埃特尔发现了哈伯-波施法合成氨的催化剂机理获得诺贝尔化学奖。

问题：（1）为什么采用"循环法"合成氨？（2）为什么选择高温高压和催化剂的反应条件？

又如，冶炼铝的历史：在有色金属中，铝的发现和冶炼较晚，18世纪末被发现，19世纪初用热还原法分离出单独金属，19世纪末开始工业生产，产量也很有限。物以稀为贵，由于用钠还原法生产的铝比黄金还贵，传说18世纪拿破仑三世的餐饮刀叉器具、美国华盛顿纪念碑上的帽顶都是铝制造的，英国国王的皇冠也是铝饰品。1886年，美国青年学者查尔斯·马丁·霍尔（C）发明了电解法冶炼铝，20世纪50年代开始用电解法规模化生产铝，产量也大大提高。兰州铝厂（1958年建成投产）、兰州连城铝厂（1968年建成投产）、西北铝加工厂（1968年建成投产）是国内最早建设的冶炼和加工铝的大型骨干企业，为国家建设做出了巨大的贡献。时至今日，铝和铝的合金已成为广泛使用的材料，遍及大到飞机，小到纽扣的各个领域。

问题：（1）为什么铝的问世较晚？（2）为什么要用电解法生产金属铝？

（六）利用认知矛盾创设情境

如，燃烧的概念：氢气在氯气中燃烧，燃烧一定要有氧气参加吗？纯碱的制备：侯德榜制碱的反应可用化学方程式表示为：

$NaCl+CO_2+NH_3+H_2O=NaHCO_3+NH_4Cl$，实质是 $NaCl$ 和 NH_4HCO_3 溶液发生的离子反应。问题：怎样安排工艺流程有利于 NH_4HCO_3 的形成？溶液的配制：1000mL 1mol/L 氢氧化钠溶液的市售价为50元/瓶，而500g/瓶的固体氢氧化钠的市售价为5.5元/瓶；1000mL 0.1mol/L 硫酸溶液的市售价为50元/瓶，而浓硫酸市售价为6元/瓶。请你谈一下配制溶液的意义。硝酸的氧化性：酸能与活泼金属反应表现出氧化性，硝酸不仅能与活泼金属反应，还能与不活泼金属反应，那么，硝酸的氧化性与哪些离子有关？请你设计实验证明。

（七）利用中国优秀文化创设情境

中国文字、成语、谚语、诗词等都有深刻寓意，是中国优秀文化的重要组成部分。学习乙醇时涉及酒文化的情境素材。（1）"酒"的造字典故：传说古代杜康受仙人指点，在次日酉时采到三滴血，拌到粮食中发酵制成了一种饮料，从此，"三点水加酉"就成为"酒"字；（2）酒的酿造历史悠久，饮酒文化代代相传，成为很多名人墨客的美谈，创作出很多赞美酒的诗句，如，苏轼："明月几时有，把酒问青天。"曹操："对酒当歌，人生几何？何以解忧，唯有杜康。"李白："举杯邀明月，对影成三人。"施耐庵："酒不醉人人自醉。"王翰："葡萄美酒夜光杯，欲饮琵琶马上催。"王维："劝君更尽一杯酒，西出阳关无故人。"学习物质变化时涉及的情境素材：明代于谦的《石灰吟》（千锤万凿出深山，烈火焚烧若等闲。粉身碎骨全不怕，要留清白在人间。）唐代李商隐的"春蚕到死丝方尽，蜡炬成灰泪始干。"成语"釜底抽薪""死灰复燃"（燃烧的条件）、"百炼成钢"（钢铁冶炼）、"刀耕火耨"。谚语"雷雨发庄稼"（氮气的性质）、"种豆子不上肥，连种几年地更肥"、"夏天晒盐，冬天捞碱"（盐的溶解性随温度的变化）。这些情境不仅能激发学生的兴趣，还能提升课堂文化。

（八）利用自然现象创设情境

如，碳酸钙和碳酸氢钙相互转化：溶洞中的石钟乳、石笋、石柱千姿百态，宛如变幻莫测的迷宫，成为旅游的热门景点。问题：石钟乳、石笋、石柱是如何形成的？白磷的自燃：夜晚在荒郊野外的坟冢周围，常能看到"鬼火"。问题："鬼火"是如何形成的？焰色反应：含有氯化钠的盐水或汤汁溅落到火焰上常看到火焰呈黄色，铜制的器皿在火焰上灼烧，常看到火焰呈绿色。问题：为什么不同金属元素的单质或化合物在火焰中呈现的颜色不同？

（九）应用"破题"创设情境

元素周期律：（1）什么是周期（周而复始、循环往复）？（2）自然界有哪些周期现象？（3）根据你对周期的理解谈一下什么是元素周期律？物质结构：物质有哪些存在形式（宏观的晶体、微观的分子、原子）？功能高分子材料：如何解释功能（物质或方法所发挥的作用或效能）？

（十）应用直观信息创设情境

如，化学键教学：水加热到100℃和1000℃时的变化如图1、图2所示，你能获得哪些信息？

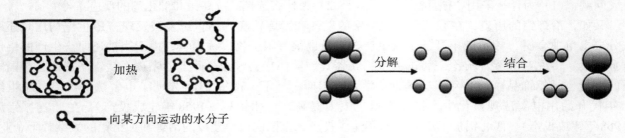

图1　水加热到100℃的变化示意图　　　　　图2　水加热到1000℃的变化示意图

启示：水分子间有相互作用；分子内原子间也有相互作用；分子间的相互作用小，分子内原子间的相互作用大。

（十一）利用名人名言创设情境

卢嘉锡（1915.10.26—2001.06.04），著名物理化学家，中国科学院院士，中国科学院原院长。卢嘉锡在结构化学研究工作中有杰出贡献，曾提出固氮酶活性中心的结构模型，对中国原子簇化学的发展起了重要的推动作用。卢嘉锡谈吐幽默而又闪耀着智慧的光芒，他的名言：化学家的"元素组成"——C_3H_3，即 Clear Head（清醒的头脑）+ Clever Hands（灵巧的双手）+Clean Habits（洁净的习惯）。可作为"固氮与催化"的情境。

徐光宪（1920.11.07—2015.04.28），北京大学教授，著名结构与无机化学家、教育家，中国科学院院士，2008年度"国家最高科学技术奖"获得者，被誉为"中国稀土之父"，与我国著名分析化学家高小霞是院士伉俪，在科技界被传为佳话。徐光宪长期从事物理化学和无机化学的教学和研究，基于对稀土化学键、配位化学和物质结构等基本规律的深刻认识，发现了稀土溶剂萃取体系具有"恒定混合萃取比"基本规律，在20世纪70年代建立了具有普适性的串级萃取理论。徐光宪的名言：天才无非是努力加勤奋。可作为"元素周期表"中镧系元素介绍的情境。

情境的载体形式有语言表达、视频播放、表演（操作）、图片展示等。在很多情况下，各种形式的情境都需要语言表达的配合。语言表达要绘声绘色，达到情景交融的境界；情境创设不拘泥于课堂的开始，可以根据需要安排在教学的各个环节。

课堂教学有效设问的设计

（甘肃省兰州第一中学，金东升）

设问是指课堂教学中教师启发引导学生进行思考并获得结论的教学技能，是联系师生思维活动的纽带，是课堂教学中重要的教学手段。有教学就有设问，设问分高效设问、低效设问和无效设问。

一、课堂教学低效设问的几种类型

（一）启发性不强

1.自问自答式

以自己的思路代替学生的思路，学生没有思考的体验。如，过氧化钠与水反应生成什么产物？对，生成氢氧化钠和氧气。

2.选择式提问

常用"是不是""会不会""有没有""可不可以""明不明白"等方式提问，属于低层次设问，回答结果不能真实地反映学生认知的水平，不乏有趋从心理的学生迎合老师的设问，当学生回答"是"的结果与老师的预设不一致时，老师往往追问"是吗"，此时学生立即更正说"不是"。如，氯气能使润湿的有色布条褪色，是不是？水和水蒸气的化学性质是否相同？

3.填空式提问

教科书内容的照搬，将教科书中的语句抠出一些词句让学生回答。如，谁发现了元素周期表和元素周期律，到目前为止，人类已经发现了多少种元素？

4.问题过于简单

不问就知道答案，或生活常识，或最基本的知识，或已给出答案。如，空气中有没有二氧化碳？木炭燃烧放热还是吸热？播放温室效应视频后问：你们知道"温室效应"是由什么气体过多引起的？大气中二氧化碳含量过多的原因是什么？

5.问题过难过偏

在学生的知识范围内难以回答，如，PM2.5的成分是什么？Na_2O_2属于哪种晶体类型？原子有没有颜色？

（二）指向性不强

问题范围太大，不知道从什么角度回答。如，学习"基本的营养物质"时引入：同学们中午吃了什么？（评：模糊地说吃了饭、蔬菜或水果，具体地说吃了米饭、面条、大肉水饺、香蕉等，这些回答都没有错。）水和糖水有什么区别？（评：组成成分不同，黏度、密度、同质量的体积、同体积的质量、甜度等都不同。）又如，学习"分子和原子"时，播放水受热蒸发的动画后问：水分子本身不发生变化，那么发生了什么变化？请同学们猜想一下原子。（评：指向性不强，因为变化包含状态变化、物质变化、颜色变化、密度变化等。）

（三）表述不简明

1.设问重复

如，（1）化学键的断裂为什么需要吸收能量？（2）分子获得能量后为什么能使化学键断裂？

2.设问前后有提示

如，学习"碱的性质"时，进行实验后问：酚酞遇碱变红，是不是变红？（评：前面的结论提示了后面的设问）。再如，学习"化学能与热能"时间：化学反应中除了物质发生变化以外，还伴随有能量变化，而能量变化主要是以热量的形式表现出来，由此你能得出什么结论？（评：已经有了结论还要问获得什么结论。）

3.设问的表述语法结构混乱或逻辑混乱

如，学习"中和反应的反应热"时，展示烧水图片后问：利用了化学反应的什么？（评：缺主语，宾语补语"什么"太模糊。）又如，学习"原子与分子"时间：火车轨道间为什么存在一定的间距？（评：与分子间有间距不相干。）将分别盛水（滴有酚酞）和氨水的两个小烧杯扣上大烧杯，过一会儿盛水的小烧杯中液体变红，问：烧杯为什么变红？（评：是烧杯中的溶液变红而不是烧杯变红。）

（四）问题设计与组织不科学

1.问题本身不科学

如，测定中和反应的反应热实验后问：怎样减少中和热？（评：一定条件下每个反应的中和热是定值，如何减少？）学习"分子和原子"时问：尺子为什么能插进水里？（评：水分子之间的间距并没有变化。）学习"元素"时问：金属元素容易失电子，钠元素的性质活泼还是不活泼？（评：元素含原子和离子，元素的性质不能用活泼还是不活泼来表述。）

2.问题分配不恰当

如，"化学能与热能"引入时提问：化学反应过程中伴随着能量变化，为什么化学反应过程中有能量变化？从哪些角度判断一个反应是吸热反应还是放热反应？（评：问题过于集中，互相干扰。）

（五）简单问题复杂化

提出的问题达不到启发学生思考的作用，甚至起到反作用，这样的设问无意义。如，学习"分子和原子"时展示一瓶苯后问：这瓶苯的量有限还是无限？这瓶苯可以分成2份，再分成4份、8份……这瓶苯能无限地分下去吗？不能再分的时候是什么样子？认识分子间有间距时问：为什么液化气钢瓶中装液体而不装气体或固体？

（六）设问的目的性不强

如，九年级学生学习"原子的结构"时问：（1）原子核外电子是如何运动的？（2）原子核外电子运动有什么特点？（评：由于学习有阶段性，提出的问题在九年级化学的学习中无法解决。）

（七）设问不留思考时间

提出问题后即刻要求学生回答，或先呼名，再提问，学生没有思考的空间。如，二氧化硫具有哪些化学性质？你判断的依据是什么？请××同学回答。

（八）对学生的回答不恰当地评价

"回答得很好！""很棒！"（评：好在什么地方，学生无法辨识。）"你好厉害，真聪明！"（过度的激励评价不是"褒"而是"贬"，对于简单问题的回答，使用这种评价语言，也是对学生的差辱。）"回答错误。""一塌糊涂！"（评：错在什么地方，学生一头雾水。）"强调过很多遍的问题为什么还不知道？真是猪脑子。"（评：有辱学生的自尊。）

二、课堂提问的水平

（一）知识（回忆）水平的提问

这种提问可用来确定学生是否已记住先前所学的内容，如定义、公式、定理、具体事实和概念等。

提问关键词：谁，什么是，哪种，写出等。

（二）理解水平的提问

要求学生用自己的话对事实、事件进行描述，以便了解学生对问题是否理解；要求学生讲述中心思想，以便了解学生是否抓住了问题的实质；要求学生对事实、事件进行对比，以便了解学生理解事物的程度。

提问关键词：用你自己的话叙述，请你列举、说明、比较、解释等。

（三）运用水平的提问

指提供一个简单的问题情境，让学生运用所获得的信息并结合所学过的知识（各类定理、法则），应用相应的思维方法来解答问题。

提问关键词：应用，运用，分类，选择，举例等。

（四）分析水平的提问

指用来分析知识的结构、因素，弄清事物间的关系或事项的前因后果。

提问关键词：请你对……问题进行分析，根据……进行分析，什么因素影响？

（五）综合水平的提问

指用来帮助学生将所学知识以一种新的或有创造性的方式组合起来，形成一种新的关系。

提问关键词：预见，创作，如果……会……总结等。

（六）评价水平的提问

指帮助学生根据一定的标准来判断材料（如教科书材料、研究报告、实验、某种观点等）的价值。

提问关键词：判断、评价、证明、你对……有……看法等等。

三、课堂教学有效设问的策略

（一）设问要有针对性

针对学习内容要聚焦问题核心，问题指向明确。问题越确切，学生对问题的意图就越明确，也才能准确回答。针对具体的学习对象，提出的问题要难易适中，让不同学习水平的学生都能"跳起来摘到桃"。

（二）开放性设问与封闭式设问相结合

问题开放，答案不唯一，不仅有结果，还有思维过程。开放性的问题与封闭型的问题或选择性问题相比较，开放性问题更有利于思维发散，更有利于检查学生的思维质量。根据具体的问题情境，采取"二段式"设问更有价值，第一段回答结果，第二段是对第一段结果的解释，即知其然，还要知其所以然。

（三）把握设问要素，凝练设问语句

设问句分为一般疑问句、特殊疑问句和祈使疑问句，句式一般由"陈述句+设问代词"构成。一般疑问句的疑问词大多为"是不是""能不能""是 A 还是 B""是多少""为什么"等，如，是不是 A 比 B 的性质活泼？$NaCl$ 溶液能不能与 $CuSO_4$ 溶液反应？能发生水解的是 $NaCl$ 还是 $NaCO_3$？常温下水的离子积是多少？为什么生鸡蛋受热后会凝聚？还有些一般疑问句以陈述句形式出现，通过语调表示疑问，如，A 比 B 活泼？特殊疑问句一般是用疑问词代替未知的部分进行提问，针对未知的部分做出回答的疑问句。句式为"陈述句+替代部分的疑问词"，如，化学平衡有哪些特征？铁有哪些化学性质？燃烧具备哪些条件？以祈使语句代替疑问语句，如，请你评价两个方案的优劣。请你设计实验方案，证明 Fe^{3+} 具有氧化性。

不管哪种类型的疑问句，都应明确问题指向及限制条件，否则，学生回答漫无边际，不能聚焦问题的核心，同时，要把握语法的严谨性、用词的准确性，使表述简单明了。

（四）问题设计要有启发性

问题设计应遵循从易到难，层次清晰，从分析到综合，从形象思维到抽象思维，逐步递进的原则。只有具备一定深度和内涵的问题，才能唤起学生深度思考的渴望和追求。

（五）问题设计要有铺垫

如，人教版九年义务教育教科书"分子的运动"实验探究（如图 1 所示）：观察 A、B 烧杯，有什么现象？如何解释？

若将问题分解为：（1）氨水遇到酚酞有什么现象？（2）A、B 烧杯中分别是什么物质？（3）B 烧杯中液体遇到什么物质变红色？（4）观察 A、B 烧杯，有什么现象？其中，前三问为第四问做了铺垫。

（六）问题要有组织、有系统

问哪些问题，什么时候问，以什么方式问等，要环环相扣，整体设计。"一问一答"，能迅速集中学生注意力和吸引学生，适合启发式教学；"几问一答"，能增强学生论证力，适合探究式教学。如，"水的电离和溶液的酸碱性"课堂教学设问如下：

图 1　分子运动实验

（1）水能不能电离？如何证明？

（2）水的电离有什么特点？

（3）水的电离程度有多大？

（4）如何衡量水的电离程度？

以上设问可以采用"一问一答"的形式，也可以采用"几问一答"的形式。

四、有效设问需要注意的问题

（一）优化设问方式

同一内容、不同形式的设问，通过比较，梳理其价值，优化设问方式。

如，"弱电解质的电离平衡"引入时的设问有两种：（1）冰醋酸能否电离？冰醋酸加水后能否电离？（2）醋酸在什么条件下能发生电离？有什么论据？

其中，第一种设问属于知识水平的设问，适合的对象是学习水平较低的学生；第二种设问属于理解水平的设问，适合的对象是学习水平较高的学生。

又如，学习"基本的营养物质"时，针对葡萄糖和果糖的设问有两种：（1）葡萄糖和果糖是否为同分异构体？（2）比较葡糖糖和果糖的结构式，说一下两者的异同。

其中，第一种设问应该有设问补语，即"依据是什么"；第二种设问更符合逻辑。

（二）对学生的回答要做出评价

有问必有答，有答必回应，评价要说理，说理有根据，该肯定的要肯定，该纠正的要纠正，不责备求全，分析问题要透彻，指出错误要准确，建议要有激励性，语言要中肯。恰如其分的评价才能产生共鸣，对被评价者是一种指导和激励，对全体学生是一种检测。

下列语言值得尝试使用：如，"你具体指的是什么？""你是怎么思考的？""你是不是这个意思？""这些知识教材上没有，你是从哪里看到的？""你对同学的回答，是怎么看的？""其他同学对这个问题还有什么要补充的？""这位同学回答的要点有……很精彩，值得大家学习。"

五、有效设问的案例分析

案例一：水的蒸发

1.水的蒸发是什么变化？有没有新物质生成？（评：指向性不强。变化包含状态变化、物质变化、颜色变化、物理变化、密度变化等。）

2.在变化过程中，水分子本身变了没有？（评：指向性不强。水分子本身包含大小、构成、构型、化学键等。）

3.水和水蒸气的化学性质是否相同？（评：启发性不强。"是"与"否"的简单设问，没有涉及判断依据。）

修改：水蒸发变成水蒸气，从分子的角度分析是物理变化还是化学变化？为什么？

　　　　　　　针对性　　　　　　　指向性　　　　　　　　　　　　　开放性

将3个设问合二为一，体现简洁性。

案例二：氧化汞分解

1.氧化汞加热分解是什么变化？（评：层次性和启发性不强。）

2.在变化过程中氧化汞分子是否分解了？如果分解了，那么分解成了什么粒子？分解成的粒子是否会继续分解？（评：低层次设问，是图示的简单重复，启发性差。）

3.在反应前后，物质的化学性质是否发生了变化？（评：用词不准确，存在逻辑问题，反应前后是指反应"前"和反应"后"两种情况；反应前的物质是氧化汞，反应后的物质是汞和氧气。）

修改1：氧化汞加热分解的过程中发生了什么变化？为什么？

设问分两个层次，第一个层次回答"发生了什么变化？"第二个层次回答判断依据，体现出启发性和开放性。

修改2：氧化汞加热后，构成物质的粒子发生了怎样的变化？有什么规律？这个变化是物理变化还是化学变化？

修改后的设问针对"氧化汞加热"，指向"构成物质的粒子发生的变化"，"有什么规律"体现设问开放，具有启发性。设问的层次分明，符合逻辑，表述简洁。

案例三：元素的概念

通过讨论回答下列问题：

（1）质子数为16、中子数为16的微粒，与质子数为16、中子数为17的微粒是否属于同一种元素？

（2）质子数为6、中子数为6的微粒，与质子数为7、中子数为6的微粒是否属于同一种元素？

（3）从以上两个问题能获得什么结论？

评：信息呈现不直观，因为信息呈现的目的主要不是通过阅读文字提炼信息，而在于根据信息判断其是否属于同种元素以及判断的依据。

修改如下：

有四种原子（含离子），其质子数、中子数和核外电子数如下表：

粒子	质子数	中子数	核外电子数
甲	6	6	6
乙	6	7	6
丙	12	12	12
丁	11	12	11
戊	11	12	10

回答：（1）哪些原子（含离子）属于同种元素？（2）判断依据是什么？

案例四：原子结构

观察1~18号元素原子结构示意图，回答：第一层最多容纳几个电子？第二层、第三层呢？（评：设问是原子结构示意图信息的简单重复，思维水平较低。）

修改：观察1~18号元素的原子结构示意图，你能发现这些原子的质子数、电子层数、核外电子数以及最外层电子数有什么变化规律吗？

案例五：$Cu+H_2SO_4$的化学反应

1.从铜与浓硫酸反应的化学反应方程式看，硫酸所起的作用是什么？你是如何判断出来的？（评：指向不够明确，硫酸所起的作用比较模糊。）

2.将上述反应量化分析，多少摩的硫酸生成了盐？多少摩的硫酸做氧化剂？（评："多少摩……"属于收敛性设问，开放性不够。）

修改：

1.从铜与浓硫酸反应的化学反应方程式中"S"元素的化合价变化看，硫酸表现出哪些化学性质？为什么？

2.从定量的角度分析，这个反应有何特点？

采用二段式设问，分2个层次，第2段体现开放性。

思路：

（1）元素价态与物质组成判断

氧化性——硫元素价态变化；酸性——生成盐。

（2）反应过程判断

氧化性：$Cu+H_2SO_4(浓) \xrightarrow{\triangle} CuO+SO_2\uparrow+H_2O$

酸性：$CuO + H_2SO_4 = CuSO_4 + H_2O$

案例六：请设计实验检验 $C + H_2SO_4$ 反应产物中含有 SO_2、CO_2、H_2O 三种气体。（评：层次性不强。对于学段性知识应用来讲，综合性太强，难度偏大，不符合由易到难的认知规律。）

修改：

1.如何检验 SO_2、CO_2、H_2O 三种气体？

2.如何检验 SO_2 与 CO_2 混合气体中的 SO_2、CO_2？

3.如何检验 $C + H_2SO_4$ 反应产物中是否含有 SO_2、CO_2、H_2O 等三种气体？

修改后的设问体现层次性、逻辑性、启发性、开放性，设问有三个层次：（1）单一气体组分的检验；（2）混合气体组分的检验；（3）反应产物中是否含有某种组分气体的检验。前后设问逻辑关联，思维递进，前一个问题对后一个问题有启发，且呈开放性。

参考文献

[1] 姚世敏.课堂上低效提问的五种类型［N］.中国教育报（2014-12-24）：06.

谈课堂小结的设计

（甘肃省兰州第一中学，金东升）

一、课堂小结的意义

心理学关于"首因效应"和"近因效应"的研究证实：人们要记住在排列顺序中居首位或末尾的记忆对象所花费的劳动量，比记住在排列顺序居中的记忆对象所花的劳动量约少一半。

（1）可以帮助学生理解学习内容的核心要义，促进知识结构化，提炼思维方法，领会学科内容的价值。充分发挥近因效应，做好课堂小结，对学生的知识掌握可谓事半功倍。

（2）常态课可以使观课者了解教学目标达成情况，比赛课可以使议课（评课）者评价教学目标达成情况。

二、课堂小结方式

（一）以教师活动为主的小结方式

概要式：对一课堂的内容重点、知识结构和思想方法等进行梳理、概括，提炼出要点，使学生对整节课有一个系统、整体的印象，便于理解和记忆。

列表式：将一节课的文字语言、图形、符号语言等，以列表形式高度概括，使不同的概念形成对比，一目了然。

概念图式：利用概念图工具，梳理所学习的知识、思路、方法、价值等，促进思维发展，方便学生的原认知管理。

设疑式：结合本课内容给学生留下值得回味的问题，为下一课埋下伏笔，让学生带着疑问结束新课，以引起他们探索新知识的动机。

呼应式：用设置悬念的方式引入新课，在课堂收尾时，回应设置的悬念，既能巩固本节课所学到的知识，又照应了新课开头，消除悬念。

（二）以学生活动为主的小结方式

互评式：让学生分别对所学的内容做出小结，由学生相互评议，从而取长补短，完善小结。

讨论式：由学生先对学习内容进行议论，相互提问，复述所学的知识内容并总结出要点。

游戏竞赛式：通过做游戏或竞赛，在游戏活动的轻松热烈的气氛中总结所学的知识，如，九年级化学"金属元素与非金属元素的对话"角色扮演，这种做法适用低年级学生的学习。

作业式：以作业形式代替小结，将核心概念、技能方法及思维方法编制成练习题，让学生练习，或组织讨论，让学生体验和内化所学的知识与方法。

（三）以师生配合活动为主的小结方式

答辩式：（1）由教师向学生提问，通过学生答辩，总结出知识要点；（2）教师问学生还有什么问题，由学生向教师提问，教师归纳后回答并总结出知识要点。

综合式：预先让学生准备好对本单元学习内容的小结，形式不限，教师通过查阅，选出部分学生在全班交流，教师再给予评价和修正补充。这种方式能较好地培养学生梳理、归纳知识的能力，适合单元学习内容的总结。

三、课堂小结的策略

课堂小结不是知识内容的简要重复，要抓住知识点的内涵和外延，把握知识的系统性和完整性，把握知识背后蕴含的思想、规律和方法，简明扼要，提纲挈领，突出重点。

（一）通过关键词、核心句总结规律和方法

抓住关键词、核心句总结知识要点、规律和方法，言简意赅，是常用的小结手段。如，元素的单质及其化合物性质，可以从"认识物质化学性质面面观"进行小结：组合率（原子或原子团组合方式发生变化）、价态律（低价升高、高价还，中间价态两头转）。以单质硫为例，硫的化合价为"0"价，与金属或氢气反应时化合价降低，表现氧化性；与氧气等活泼的非金属单质反应时化合价升高，表现还原性；与热的氢氧化钠溶液反应时，发生歧化反应，既做氧化剂，又做还原剂。

又如，水解反应的小结：

（1）水解的本质与条件：盐类水解，水被弱解，无弱不解，越弱越解。

（2）水解的规律：①组成律，强酸弱碱盐水溶液显酸性，强碱弱酸水溶液显碱性；②平衡律，越热越解，越弱越解。

再如，"硝酸的性质"小结：硝酸是酸（具有酸的通性），硝酸不是酸（具有强氧化性），硝酸是硝酸（见光或受热发生分解），这个小结蕴含着唯物辩证的哲理。

（二）通过列表比较拓展学生对事物的认识

对比是通过对不同事物的比较，帮助学生提炼事物的核心要义、联系与区别。这种总结适合于化学基本概念、基本原理的教学。如，学习"一氧化碳与二氧化碳"时我们知道，二氧化碳能与水反应，能与石灰水反应，一氧化碳呢？同理，一氧化碳具有可燃性、还原性，二氧化碳呢？如果将它们的性质列表进行比较，必将拓展学生对一氧化碳和二氧化碳的认识，有利于培养学生思维的深刻性。小结如表1所示。

表1　CO与CO_2的性质比较

性质\气体	密度	水溶性	与水的反应	与碱的反应	可燃性	还原性	毒性
CO	<空气	难溶	不反应	不反应	可燃	有	剧毒
CO_2	>空气	可溶	反应	反应	不可燃	无	无

（三）利用原有板书进行概括

把重点内容、思想方法、注意事项概括出来，这是节省时间又常用的小结方式。如"探究元素金属性和非金属性的递变"小结（兼板书）如下：

1.元素的金属性和非金属性判断依据

（1）金属性

①与水（或酸）反应的难易；

②金属与盐溶液置换反应的难易；

③最高价氧化物对应水化物的碱性强弱。

（2）非金属性

①非金属单质与氢气化合难易；

②氢化物的稳定性；

③非金属之间的置换反应难易；

④最高价氧化物对应水化物的酸性强弱。

2.探究内容

实验：（1）Na、Mg与水的反应；（2）Mg 、Al与酸的反应；（3）$Mg(OH)_2$、$Al(OH)_3$的碱性强弱。

3.探究实验现象（如表2、表3）

表2　钠、镁、铝的性质比较

性质	Na	Mg	Al
单质与水或酸的反应情况			
最高价氧化物对应水化物的碱性强弱			

表3　硅、磷硫、氯的性质比较

性质	Si	P	S	Cl
单质与氢气的反应条件				
最高价氧化物对应水化物的酸性强弱				

4.结论

Na Mg A Si P S Cl

→

金属性逐渐减弱，非金属性逐渐增强

（四）通过概念图促使知识结构化

把整节课的主要内容通过图示、连线等方式简单概括，突显概念原理之间的相互联系。其特点是条理清楚，一目了然，便于学生记忆和理解。如，"电解质与非电解质"的小结如图1所示。

（五）通过歌谣或顺口溜帮助学生记忆

概念原理需要理解，也需要记忆，记忆不仅是学习概念原理的基础，也是总结规律的重要手段。高级的记忆往往自觉或不自觉地运用着思维的方法，用歌谣或顺口溜形式概括知识要点，总结规律方法，不失为小结的有效形式。如，氧化反应、还原反应与元素化合价变化及得失电子的关系可概括为"升（化合价升高）、失（失去电子）、氧（氧化反应）""降（化合价降低）、得（得到电子）、还（还原反应）"。又如，常见元素的化合价记忆：一价钾钠银氢，二价钙镁钡锌，三铝四硅五价磷，二、三铁，二、四碳，二、四、六硫都齐全。

（六）通过教师问、学生答的互动方式发挥主导与主体作用

教师问、学生答，是梳理知识和规律的方式之一，这种方式的优点是既能通过教师主导提炼出核心要义、技能与方法，又能通过学生回答情况反馈教学效果。通常用以下表述发问：（1）这节课我们学到了哪些知识？（2）这节课学习的核心概念有哪些要点？这个概念与另一个概念有什么区别？（3）这节课我们学会了哪些解决问题的方法？

好的课堂总结，能使本节课的教学内容得到升华，为学生的继续学习拓展新的道路，也有助于教师总结课堂教学中的"得"与"失"。

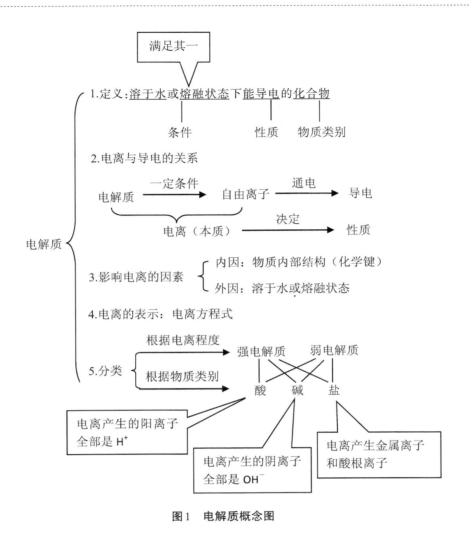

图1 电解质概念图

谈高中化学教学深度备课

——以水的电离与溶液的酸碱性为例

（甘肃省兰州第一中学，金东升）

课堂教学效果既取决于教师的个性化素养，更取决于教师的专业化素养。福建师范大学余文森教授认为："任何学科知识就其结构而言，都可以分为表层结构（表层意义）和深层结构（深层意义）。表层结构和意义的存在方式是显性的、逻辑的（系统的）、主线的，深层结构和意义的存在方式则是隐性的、渗透的（分散的）、暗线的，但它是学生素养形成和发展的根本（决定性的东西）。"[1] 当前，一线教师备课或设计教学方案时，对于蕴含在学科知识内容和意义之中或背后的精神、价值、方法论、生活意义（文化意义）普遍重视不够，对设计技术要领不够熟悉，导致备课不深入，不能全面落实学生发展学科核心素养。本文以人民教育出版社课程标准实验教科书普通高中化学选修4《化学反应原理》第三章第二节"水的电离与溶液的酸碱性"[2] 为例，谈一下如何深度备课，以抛砖引玉，提高教学设计水平。

一、教学分析层次化

（一）教材地位（如图1所示）

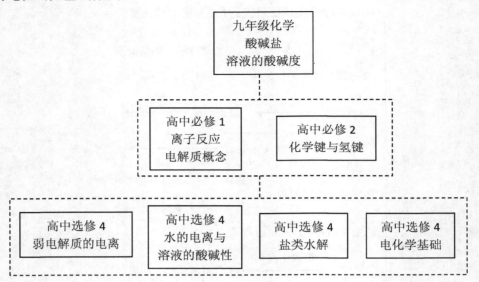

图1　教材中有关酸碱盐的知识体系

水的电离与溶液的酸碱性以酸碱盐、离子反应、弱电解质的电离平衡为基础，是离子反应与弱电解质电离平衡的进一步深化，也是盐类水解及电化学反应的基础，有承上启下的作用。

（二）教材特点

1.体现化学基本观念：粒子观、平衡观、守恒观。

2.体现思维方法：逻辑推理与模型认知，宏观辨识与微观探析。

3.融合科学实践：实验探究。

4.蕴含哲学思想：对立统一（阴、阳离子统一在物质中；正、逆反应统一在反应体系中）、相对与绝对（变与不变）、现象与本质（水导电本质是水电离）。

（三）教材价值

1.认知价值

（1）拓展学生对离子反应的认识，即 H^+ 与 OH^- 反应生成水的离子反应为什么能够发生？

（2）拓展学生对水的性质的认识，即水的电离为什么很微弱？

（3）水电离出的离子能发生哪些反应？

非氧化还原反应：离子间结合生成弱电解质、气体或沉淀。

氧化还原反应：$2H^+ + 2e^- = H_2\uparrow$；$4OH^- - 4e^- = 2H_2O + O_2\uparrow$

（4）盐类水解的本质与结果是什么？

2.应用价值

（1）溶液酸碱度的测定与调控。

（2）$c(H^+)$ 与 $c(OH^-)$ 的相互换算。

（3）利用酸碱中和反应进行定量测定。

3.发展价值

（1）看待物质变化的辩证唯物主义思想。

（2）奠定学生从事科学研究的基础：反应条件控制，滴定原理的拓展，如，氧化还原滴定。

（四）学情分析

1.已有的知识结构与经验

学生已有的知识结构：初中化学通过"酸碱盐"和"溶液酸碱度的表示法"的学习，学生知道酸碱盐的水溶液能导电，实质是酸碱盐在水溶液中发生解离而形成带电离子，溶液的酸碱度常用pH来表示，以及溶液酸碱性与pH的关系；高中化学必修1通过"离子反应"的学习，学生知道电解质的概念以及电解质在水溶液中发生反应的实质是离子反应；高中化学选修4通过"弱电解质的电离"学习，学生知道弱电解质的电离平衡特点以及电离平衡常数与电离程度大小的关系；高中化学必修2通过"化学键"的学习，学生知道水分子中的化学键以及水分子之间存在氢键。

学生已有的经验：初中化学从水的导电性实验（灯泡指示）中获得"水不导电"的结论，从生活经验可知，湿手不能触摸电线，说明水能导电，那么，水究竟能否导电？

2.学习能力

应结合具体的学习对象分析，忌脱离实际，主观臆断地表述为"学生的抽象思维能力和逻辑思维能力不足，实验探究能力较差，语言表述能力较差，知识的结构化程度较低"等。

二、教学目标具体化

"素养为本"教学目标设计是在"三维目标"的基础上发展而来的，将"三维目标"提炼和整合即为素养目标，目标呈现要具体、明确、可测评。显性学习行为尽可能用可测评的动词，一般句式为"能+动词+行为结果"，体验及内隐性行为一般用"感受、体会、体验、认同、增进、树立、养成、形成……"等动词，句式一般为"动词+行为结果"。如，"溶液的酸碱性与pH"教学目标如下：

（1）通过对溶液酸碱性的本质原因进行分析，知道溶液酸碱性取决于溶液中$c(H^+)$与$c(OH^-)$的相对大小，体会从宏观到微观、从定性到定量认识溶液的酸碱性的思维方法。

（2）通过pH和溶液中$c(H^+)$关系的分析，自主构建pH的数学表达式，知道溶液pH是定量表征溶液酸碱性的方法，并能进行强酸强碱单一溶液pH的简单计算。

（3）通过溶液酸碱性测定方法介绍和分组测定几种溶液的pH，学会溶液pH测定的操作。

（4）通过溶液酸碱性测试与控制的情境介绍，感受溶液酸碱性对于生产、生活以及科学研究的意义。

三、教学任务流程化

"水的电离与离子积"教学任务及流程如图2所示：

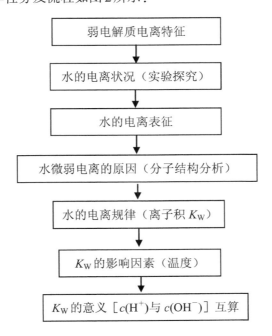

图2 "水的电离与离子积"教学流程

"溶液的酸碱性与pH"教学任务及流程如图3所示：

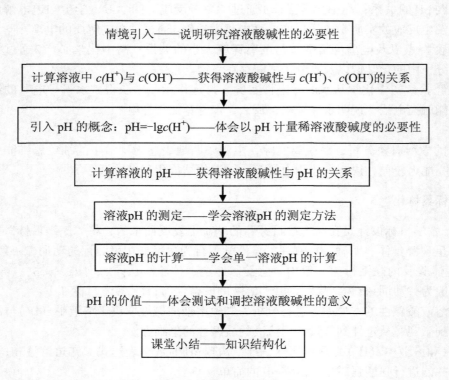

情境引入——说明研究溶液酸碱性的必要性

计算溶液中 $c(H^+)$ 与 $c(OH^-)$——获得溶液酸碱性与 $c(H^+)$、$c(OH^-)$ 的关系

引入 pH 的概念：$pH=-lgc(H^+)$——体会以 pH 计量稀溶液酸碱度的必要性

计算溶液的 pH——获得溶液酸碱性与 pH 的关系

溶液pH 的测定——学会溶液pH 的测定方法

溶液pH 的计算——学会单一溶液pH 的计算

pH 的价值——体会测试和调控溶液酸碱性的意义

课堂小结——知识结构化

图3 "溶液的酸碱性与pH"教学流程

四、知识内容结构化

结构化就是找出知识内容的相互关联性，使之形成相互关联的知识体系，便于理解，也便于记忆，防止所学知识"碎片化""游离化"。

例1：水的电离与水的离子积知识结构（兼小结）如图4所示：

第二节 水的电离与水的离子积

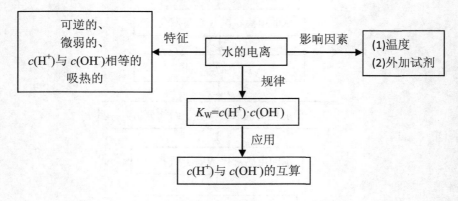

可逆的、微弱的、$c(H^+)$ 与 $c(OH^-)$ 相等的吸热的

特征

水的电离

影响因素

(1)温度
(2)外加试剂

规律

$K_W=c(H^+) \cdot c(OH^-)$

应用

$c(H^+)$ 与 $c(OH^-)$ 的互算

图4 水的电离与离子积知识结构

例2：溶液的酸碱性与pH知识结构（兼小结）如图5所示：

第二节　水的电离和溶液的酸碱性

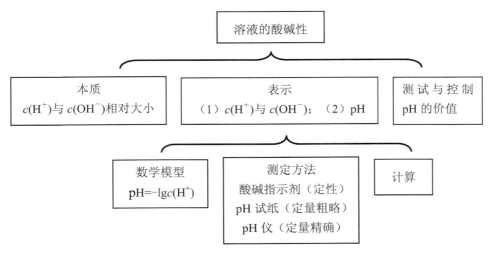

图5　溶液的酸碱性与pH知识结构

五、课程资源深入化

课程资源深入化就是挖掘知识的内涵以及蕴藏在知识背后的思想、思维方法及价值观。就本节教材内容而言，下列课程资源是有意义的。

（一）"论证"的逻辑推理思想示例

1.水电离是吸热反应的论证

（1）根据反应规律论证：中和反应是放热反应，其逆反应是吸热反应。

（2）实验数据论证：水电离出的氢离子浓度随温度的升高而增大。

2.水微弱电离的依据

（1）导电性实验：灯泡是否发光？电流计指针是否偏转？

（2）定量测定数据：1L水（55.6mol）有$1×10^{-7}$mol水分子发生电离，即$5.56×10^8$mol H_2O有1mol发生电离。

（3）水的电离平衡常数与弱酸的电离平衡常数比较。

（4）反应规律：中和反应进行很彻底，其逆反应进行很微弱。

3.水的电离平衡移动的论据

（1）测盐类水解反应的pH。

（2）定量计算酸或碱溶液中由水电离出的$c(H^+)$或$c(OH^-)$。

（二）有关溶液pH的简单计算类型的优化示例

1.计算25℃时下列溶液的pH。

（1）0.1mol/L的HNO_3溶液；0.05mol/L的H_2SO_4溶液。

（2）0.01mol/L的NaOH溶液；0.05mol/L的$Ba(OH)_2$溶液。

（3）0.2mol/L的HCl溶液；0.05mol/L的NaOH溶液。

2.求pH=2的H_2SO_4溶液的物质的量浓度。

3.比较浓度均为0.1mol/L的HCl和CH_3COOH溶液pH的大小。

4.pH均为12的NaOH与$NH_3·H_2O$，比较溶液浓度大小。

以上溶液pH计算，既包含一元强酸或强碱，也包含二元强酸或强碱；既包含pH计算结果整数的浓度数据，也包含非整数的数据；既包含浓度换算为pH的情况，也包含pH换算为浓度的情况（实为指数与对数的相互换算）；既包含定量的计算，也包含定性的比较，如，根据一元弱酸$c(H^+)=(Ka·c)^{1/2}$与一元强酸$c(H^+)=c$的比较，可以获得同浓度的一元强酸（强碱）与一元弱酸（弱碱）pH相对大小的结论。突出了pH$=-\lg c(H^+)$基本计算的应用。有关溶液稀释或溶液混合的pH计算可另做课时计划完成，这样可以突出本节课的教学重点，也有利于教学目标的达成。

（三）蕴含的哲学思想示例

（1）对立统一思想：水的电离和H^+与OH^-之间的反应是相对立的，但统一在电离平衡体系中。

（2）内因与外因：浓度、温度影响水的电离平衡是外因，水分子的结构与分子热运动是内因。

（3）相对与绝对：$K_w=10^{-14}$是相对于常温的，温度变化时K_w的变化是绝对的；溶液中$c(H^+)$与$c(OH^-)$的大小是相对的，电解质水溶液中存在H^+和OH^-是绝对的。

（4）现象与本质：电解质溶液遇到指示剂或pH试纸呈不同的颜色是表观现象，本质是由溶液中$c(H^+)$与$c(OH^-)$的相对大小决定的；电解质导电是现象，电解质电离是本质。

六、问题解决手段化

表征是分析问题的重要手段，其目的是将抽象的问题变直观，将分散的信息变集中。相当于为学生分析解决问题搭建了"脚手架"。

（1）未电离水分子数与已电离水分子数的关系——将55.6mol/10^{-7}mol化简为5.56×10^8mol/mol。

数据表征示例：

总 H_2O —————————————— 电离 H_2O
55.6mol —————————————— 1×10^{-7}mol
5.56×10^8 mol —————————————— 1mol

（2）水电离很微弱的原因——化学键的断裂和形成模型。

水分子电离模型表征如图6所示：

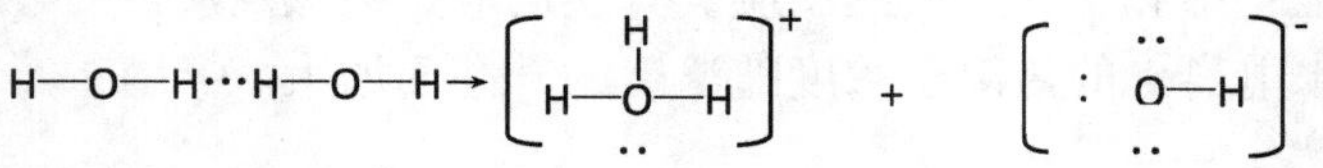

图6　水分子电离模型表征示意图

$H_2O+H_2O \rightarrow H_3O^+ + OH^-$，简化为：$H_2O = H^+ + OH^-$。

（3）计算一定浓度强酸或强碱溶液中由水电离出的氢离子浓度——根据氢离子与氢氧根离子来源的界定进行推理，并建立表征模型。

模型表征示例：计算0.1mol/L HCl中由水电离出的氢离子浓度是多少。

$c(H^+)_{溶液}=c(H^+)_{酸}+c(H^+)_{水} \approx c(H^+)_{酸}$

$c(H^+)_{溶液} \cdot c(OH^-)_{溶液}=10^{-14}$

$c(OH^-)_{溶液}= c(OH^-)_{水}=10^{-14}/c(H^+)_{酸}$

（4）溶液酸碱性与$c(H^+)$和$c(OH^-)$的关系——比较表征。

溶液中$c(H^+)$与$c(OH^-)$的关系如表1所示：

表1　溶液酸碱性与$c(H^+)$和$c(OH^-)$的关系

溶液	$c(H^+)$	$c(OH^-)$	$c(H^+)$和$c(OH^-)$的关系
0.1mol/L HCl			
0.1mol/L NaOH			
0.1mol/L NaCl			

（5）pH取值范围——将pH换算为$c(H^+)$与$c(OH^-)$比较。

pH取值与溶液中$c(H^+)$和$c(OH^-)$的关系如表2所示：

表2　pH与$c(H^+)$、$c(OH^-)$

pH	0	−1	14	15
H⁺或OH⁻浓度	$c(H^+)=1mol/L$	$c(H^+)=10mol/L$	$c(OH^-)=1mol/L$	$c(OH^-)=10mol/L$

结论：pH取值范围为0～14，表示溶液酸碱性较为方便。

七、归纳总结要点化

水的电离与溶液酸碱性要点总结："9个是"。水的电离是"可逆的"，水的电离是"微弱的"，水电离出的氢离子与氢氧根离子浓度是"相等的"，水的电离平衡是可以"移动的"，酸碱水溶液中氢离子与氢氧根离子浓度乘积是"不变的"，酸碱水溶液中氢离子与氢氧根离子浓度是可以"互算的"，溶液的酸碱性是可以"表征的"，溶液pH是可以"测定的"，pH测试和调控是"有意义的"。

教学设计的思路、选择的方法、课程资源的开发等因人而异，个性化的色彩较浓，所谓百花齐放，就是在个性化的教学设计中体现。但是，没有深度备课，就没有教学的高效率；没有把握深度备课的要领，教学设计就会形式化、简单化。只要一线教师能够加大深度备课的投入，不断实践，教师专业水平一定能得到提高，学生发展核心素养一定能够得到落实。

参考文献

［1］余文森.核心素养的教学意义及其培育［J］.今日教育，2016（3）：11-14.

［2］人民教育出版社，课程教材研究所，化学课程教材研究开发中心.化学反应原理［M］.北京：人民教育出版社，2004：45-52.

第四节　教学设计文字规范

化学教学中要规范用词（字）①

（甘肃省课程教材中心，邵建军）

化学学科中一些词（字）尤其是一些专用术语中的词或字在教材、杂志及各类文献中使用频率很高，由于广大教师不注意研究这些词（字）的语义及使用环境，加之不了解国家语言文字改革的有关规定，教学及撰文过程中常常会出现错别字或用词不当。化学作为科学教育的一部分，应该体现科学性、严谨性，不规范的表述一旦养成习惯，很难更改，也影响学生的学习效果，笔者筛选了化学教学中常见的易混淆的词或字，通过查阅《辞海》《现代汉语词典》《新华字典》及网络资料，结合个人对词义的理解加以区分，旨在引起广大教师重视表述的规范性。

1.考察、考查、观察

考察：①实地观察调查研究，目的是取得材料，研究事物。如，考察各地通用技术实践室建设项目，考察环保产业现状。②细致深刻地观察。如，进行科学工作必须勤于考察和思索。

考查：指用一定的标准来检查衡量（行为、活动），带有考核、检查的意思。常用于上级对下级，老师对学生等等。如，考查干部的工作成绩，考查学生的学业成绩。

观察：指仔细察看事物的现象、动向等。如，观察实验现象。

---

①本文发表于《中小学课程教材研究》2013年第5期。

2. 实验、试验

实验：①为了检验某种科学理论或假设而进行某种操作或从事某种活动。如，普通高中新课程实验在我国已全面实施。②指实验的工作，一般做名词。如，物理实验、科学实验。

试验：为了察看某事的结果或某物的性能而从事某种活动。如，新办法要经过试验然后推广。

3. 他、它

他：①第三人称，一般指男性，有时泛指所有的人或男女性别不明的人。②别的，如他人、他乡、其他。③人称代词。虚指（用在动词和数量词之间）。如，睡他一觉，干他一场。

它：泛指人以外的事物。如，动物、植物、食物、工具、事物等。其它同其他。

4. 粘、黏

粘：音 zhān。（1）用黏性物把东西连接起来；（2）黏性物附着在别的物体上或者物体之间互相附着在一起。"粘"字一般做动词用。

黏：音 nián。具有把一种东西粘连在另一种东西上的性质，做形容词和动词用。如黏稠、黏糊、黏土、黏液等。

5. 退色、褪色

褪色：指脱色。"褪色"从偏旁看指布匹、衣服等的颜色逐渐变淡。

退色：从褪色简化而来，退色同褪色。

"退色"除了指衣物一类的物质颜色发生变化外，还可以指思想、热情一类的抽象的事物发生了变化，可以不具体化。如，随着时间的推移，很多历史习俗在岁月的洗涤下退色了。如果是描述实验现象，一般用"褪色"。

6. 成份、成分

成份同成分。①指构成事物的各种不同的物质或因素，如化学成分。②指个人早先的主要经历和职业。

7. 氨、胺、铵

氨：音 ān。指氮的气态氢化物，即氨气，分子组成为 NH_3。氨分子去掉一个氢原子剩余部分称为氨基，即 $-NH_2$，含有氨基与羧基（$-COOH$）的一类化合物称为氨基酸。

胺：音 àn。指烃基与氨基相连的一类有机化合物，结构为 $R-NH_2$。常会错读成平声。

铵：音 ǎn。指含 NH_4^+ 的一类盐。常会错读成平声。

8. 混合物、混和物

混合物：由两种或两种以上的单质或化合物混合而成的物质。

混合物写成混和物，其中"和"是错别字。

9. 脂、酯

脂：动植物所含的油脂，是高级脂肪酸的甘油酯，属酯的一类。

酯：符合 $R-COO-R'$ 结构的一类有机化合物。

10. 拭、试

拭：小心地擦。如，拭泪，拭去附着在皮肤表面的污物。

试：①按照预定的想法非正式地做。如，试车、试问、尝试。②考，测验。如，试场、试卷、笔试、考试。

11. 碳、炭

碳：泛指元素。

炭：一般用于称谓由碳元素组成的单质，如，木炭、活性炭等。

12. 反映、反应

反映：①反照，比喻把客观事物的实质表现出来。②把客观情况或意见等告诉上级或有关部门。

反应：化学上指物质发生化学变化的过程。

13.锥形瓶、锥型瓶、U形管、U型管

形：形状。以上化学仪器均应用"形"。

型：①模型，如砂模。②类型，如脸型、血型。

14.守恒、平衡

恒：持久、不变、经常的；守恒：指不变。

衡：泛指"称"（量器），也有反复思索做出决定或对等之意。平衡：指相对的静止状态。

15.气化、汽化

气化：指通过化学变化将固态物质直接转化为气体物质的过程。如煤的气化。

汽化：指物质由液体变为气体的物理变化的过程。

16.配制、配置

配制：配合制造（颜料、药剂等）。如，配制溶液。

配置：配备布置。如，配置兵力、配置设备。

17.硫磺、硫黄、磺铁矿、黄铁矿

硫黄：硫元素单质俗称硫黄。

黄铁矿：主要成分为 FeS_2 的矿石。

"硫磺""磺铁矿"为旧称，现统称为"硫黄""黄铁矿"。

18.储气、贮气

储：音chǔ。储备、存放。①更多是保存，流动的暂存，不做长期保存计划，如，把（钱或物）储存起来。②为未来需求而积累的物资。

贮：音zhù。意同储。强调放置、存放的过程，隐含了"可能长期不动"的意思。如，贮藏蔬菜；化学上贮气瓶一般用"贮"。

19.激烈、剧烈

激烈：动作、言论等表现强烈，形容战斗、争论。如，争论激烈。

剧烈：力量、气势、反应表现强烈，形容运动、疼痛、变化。如，反应剧烈。

20.只、支

只：①量词，多用于人体或动物身上的某些成对器官中的一个。如，一只手，两只耳朵。②量词，多用于动物，多指飞禽、走兽。如，一只鸡，两只鸭。

支：管状或分支事物的计量单位，如，一支笔、一支枪、一支试管、一支队伍、一支歌曲等。"一支试管"容易错写成"一只试管"。

21.作、做

作：作为动词，有很多用法，其中一种是充当、当作之意。如，作为氧化剂。

做：进行某种工作或活动。如，做实验。

22.拆、撤

拆：音chāi。把合在一起的弄开。如，拆开实验装置。

撤：音chè。除去、去掉、移开之意。如，撤去酒精灯。

23.震动、振荡

"震"和"振"字音相同义相近，都有摇动、抖动、颤动的意思。区别在于：

（1）"震"比"振"的程度剧烈。如，震撼、震动、震天动地。

（2）"震动"指颤动或使颤动。"振荡"指物体通过一个中心位置，不断做往复运动，多指摇动、挥动。如，振荡盛液体的试管。

24.制定、制订

"制定"和"制订"相同之处在于都是动词，都有表示创制、拟定的意思。区别是"制定"是动补型，"制订"是联合型。

"制定"偏重于做出最后决定，多强调行为的结果。"制定"常与政策、法令等搭配，可以与"了"连用。

"制订"偏重于从无到有的创制、草拟而后的订立，多强调行为的过程。"制订"常与计划、方案等搭配，一般不能和"了"连用。

25. 必须，必需

必需：是指应该有或必须有的意思，侧重一般要具备。如，空气和水是生命活动所必需的。

必须：是指一定要有，语气肯定。如，必须遵守实验操作规则。

26. 应用、运用

应用：意为使用，做动词，如，应用新技术；也可做名词，如，应用科学。

运用：根据事物的特性加以利用，做动词。如，运用化学原理解释现象。

谈中学化学教学中物理量及其单位符号的规范应用[①]

（甘肃省兰州第一中学，金东升）

中学化学教学中，很多化学老师对于物理量及其单位符号的运用很混乱，主要表现在以下几个方面：（1）物理量的符号混用，如密度 ρ 和压强 p 不加区分，相对分子质量 Mr 和摩尔质量 M 不加区分，阿伏伽德罗常数 N_A 与分子或其他基本单元数 N 不加区分；（2）物理量的符号正体与斜体不加区分，如，焓变 ΔH（斜体）与 ΔH（正体）、水的离子积常数 K_w（斜体）与 Kw（正体）不加区分；（3）物理量和物理量的单位不区分大写体和小写体，如物质的量浓度 c 写成 C，气体压强 p 写成 P，体积单位 L 写成 l，或 mL 写成 ml，焓变单位 kJ·mol^{-1} 写成 KJ·mol^{-1}，质量单位 kg 写成 Kg；（4）计算过程有些带物理量的单位，有些不带单位，等等。化学是科学课程的一部分，物理量及其单位的符号有规范统一的要求，不能随意使用，以免引起混乱，作为教师，要以身示范，成为规范表达的践行者和示范者，才能让学生养成规范表达的习惯，形成化学学科的一种基本素养。

一、关于物理量及其单位的符号（如表1、表2）

表1　常用物理量及其单位的符号

物理量	物理量符号	单位符号	物理量	物理量符号	单位符号
质量	m	kg（化学上常用g）	基本单元数	N	1
相对分子质量	M_r	1	摩尔质量	M	kg·mol^{-1}
相对原子质量	A_r	1	物质的量	n	mol
物质的量浓度	c	mol·L^{-1}	溶质的质量分数	ω	1
气体摩尔体积	V_m	m^3·mol^{-1}	体积	V	m^3（化学上常用L或mL）
B的摩尔分数	x_B	1	B的质量分数	w_B	1
密度	ρ	kg·m^{-3}（化学上常用 g·mL^{-1}）	相对密度	d	1
时间	t	s（min或h）	化学反应速度	v（希腊字母）	m·s^{-1}

[①] 本文为2011年7月甘肃省化学会第二十七届年会暨第九届中学化学教学经验交流会报告。

续表1

物理量	物理量符号	单位符号	物理量	物理量符号	单位符号
反应进度	ξ	mol	化学计量数	ν	1
压强	p	Pa 或 kPa、MPa	B 的分压力	p_B	Pa 或 kPa、MPa
热力学温度	T	K	摄氏温度	t	℃
面积	A	m^2	晶格能	U	$kJ \cdot mol^{-1}$
电荷[量]	Q	C	离子半径	r	m 或 nm
离子积	Q_C	不定或1（用活度表示）	转化率	α	1
电压	V	V	活化能	E	$kJ \cdot mol^{-1}$
电极电势	$E(\varphi)$	V	电动势	ε	V
熵	S	$J \cdot K^{-1}$	熵变	ΔS	$J \cdot mol^{-1} \cdot K^{-1}$ 或 $kJ \cdot mol^{-1} \cdot K^{-1}$
焓	H	J	焓变	ΔH	$J \cdot mol^{-1}$ 或 $kJ \cdot mol^{-1}$

表2　常用物理常数及其单位符号

物理常数	常数符号	单位符号	物理常数	常数符号	单位符号
阿伏伽德罗常数	N_A	mol^{-1}	摩尔气体常数	R	$J \cdot K^{-1} \cdot mol^{-1}$
平衡常数	K	1（活度表示）	电离常数	K_a 或 K_b	1（活度表示）
溶度积常数	K_{SP}	1（活度表示）	水的离子积常数	K_W	1（活度表示）

注意：

（1）化学上一般提倡使用国际单位，有些约定俗成的旧制单位仍然使用。

（2）有些物理量的单位并没有区别，时间、摄氏温度符号均为 t（斜体）；体积、电压符号均为 V（斜体）。

（3）K、$K_a(K_b)$、K_{SP}、K_W 等常数若用组分或离子活度表示时，其单位为1，若用浓度表示时，其单位取决于幂指数差值。如，以反应 $bB + dD = gG + hH$ 为例，$\Delta\nu = g+h-b-d$，K 的单位为 $(mol \cdot L^{-1})^{\Delta\nu}$。

（4）有些物理量的符号在现行三种版本课程标准实验教科书[1-3]中并未得到统一，以化学反应原理为例，物理量的符号如表3。

表3　三种版本课程标准教科书对于物理量表述的差异

物理量	物理量符号		
	人教版	苏教版	鲁教版
电离平衡常数	K	K_a 或 K_b	K_a 或 K_b
化学反应速率	ν（希腊字母）	ν（英文字母）	υ（希腊字母）
平衡转化率	—	α	α
反应热	—	—	Q
化学平衡常数表达式	$K = \dfrac{c^p(C)c^q(D)}{c^m(A)c^n(B)}$	$K = \dfrac{c^c(C)c^d(D)}{c^a(A)c^b(B)}$	$K = \dfrac{[C]^c[D]^d}{[A]^a[B]^b}$

二、关于物理量的单位符号在化学计算的算式中不规范表达的分析

例题：计算 250mL 2mol·L⁻¹ 盐酸中溶质的物质的量。物理量的单位符号在下列算式的应用可见一斑：

教师甲：$n(HCl) = 2mol·L^{-1} \times 0.25L = 0.5mol$

教师乙：$n(HCl) = 2 \times 0.25mol = 0.5mol$

教师丙：$n(HCl) = 2 \times 0.25 = 0.5(mol)$

教师甲所列算式是现行教科书要求的表述形式，笔者针对这种表述形式，在 2008 级本人所带班级进行了长达两年的实验，通过课堂师范、作业讲评、个别指导等措施进行了有意识地规范和纠正，但收效甚微，只有约 40% 的学生能够在算式中规范地表达。笔者百思不得其解，为什么一个简单的表达习惯问题纠正过来这么难呢？

回顾和思考中学化学教科书中相关内容编写的变化，查阅高一人教版物理教科书[4]，并走访物理老师，有了清晰的答案。

归因一：20 世纪 80 年代，人教版初中化学全一册[5]对于化学计算的算式按教师丙表达的形式表述，即计算过程只带数据，不带单位，计算结果中打括号写出单位，这是化学老师形成表达习惯的根源。由于表达习惯往往以"师传弟"的形式影响学生，导致目前有些学生仍沿用这种表述方式。

1990 年国家教育委员会制订的《全日制中学化学教学大纲（修订本）》[6]颁布后，人民教育出版社各种版本教科书中，化学计算的算式中物理量都带单位，并且《高级中学课本化学必修第一册和第二册、选修第三册》[7]对于物理量的单位开始使用国际单位制（SI）符号。但是很多老师仍然视而不见，继续延续着传统表达习惯。

归因二：同为科学教育教科书，物理教科书和化学教科书对算式中物理量是否带单位的要求不一致，导致了学生的表达习惯单靠化学老师难于纠正，强行纠正也没有硬道理。化学教材中算式表达带单位，且只有示范性，没有规定性；物理教材中学习"力学单位制"之前算式表达带单位，学习"力学单位制"之后规定："在统一已知量的单位后，（算式中）就不必一一写出各个（物理）量的单位，在数字后面写出正确的单位就可以了。"究竟按哪个学科的要求表达？看来不是学生的问题，而是教科书的统一性问题。

归因三：如果按化学教科书的要求（姑且视为要求）表达，有些冗长算式带单位计算的确很烦琐。如：在标准状况下，89.6L HCl 气体用 250mL 水吸收，所得溶液的密度为 1.18g/cm³，计算所得溶液中溶质的物质的量浓度。

$$c(HCl) = \cfrac{\dfrac{89.6L}{22.4L/mol}}{\cfrac{\dfrac{89.6L}{22.4L/mol} \times 36.5g/mol + 250cm^3 \times 1g/cm^3}{1.18g/cm^3 \div 10^{-3}L/cm^3}} = 11.3mol/L$$

究竟有没有必要在计算题的算式中带单位？人教版 1982 年版初中化学全一册教科书为什么不要求计算过程带单位？现行中学化学教科书为什么要求计算过程带单位？笔者分析，物理教材之所以规定计算过程中物理量不带单位，是因为已知量都已统一为国际单位制，计算结果也是国际单位制，所以计算过程不带单位。化学计算中有些物理量并不使用国际单位制（SI），如溶液体积在实际应用中从计量方便考虑，通常用"升"或"毫升"，为了防止单位不统一而造成计算结果的错误，同时也为了在计算过程中发现单位不统一问题，所以要求计算过程带单位。

以上分析表明，计算过程带或不带单位利弊共存，关键是物理教材和化学教材的要求应该统一，这样才不会引起混乱，也不会引起过多的争论，因为带或不带单位的核心问题是单位的统一问题，并不影响科学的本质。至于化学教科书中有些物理量的单位不是国际单位，按照概念的表达式（或公式）规定的单位仍然可以统一，复杂的问题变简单了，何不为之？

三、几点建议

（一）对教材编写部门的建议

建议教材编写部门要考虑科学概念及其表述的统一性问题，不同学科如物理、化学等教科书，同一学科不同版本教科书要统一物理量及其单位的使用要求。化学教科书中计算题的算式表达过程应与物理教科书的要求一致，即"在统一已知量的单位后，（算式中）就不必一一写出各个（物理）量的单位，只在数字后面写出正确的单位就可以了"。

（二）对教师的建议

1.要提高对规范性表述的认识

建议老师要研究科学概念及其表述的规范性问题。化学是科学，科学要求严谨。教学的功能是知识的传承与能力的培养，其中，知识传承要求准确，而不能随意。

2.规范性表述的途径

（1）对物理量及其单位的符号表述要给学生提出规范性要求，如果没有要求，随意表述在所难免；（2）在教学中，教师要给学生进行规范表述的"师范"，学生才能逐步形成规范表述的良好习惯。规范性表述的培养还需要打持久战，一个良好的习惯不是一朝一夕就能养成的。

参考文献

［1］人民教育出版社，课程教材研究所，化学课程教材研究开发中心.化学反应原理［M］.北京：人民教育出版社，2004.

［2］王祖浩.化学反应原理［M］.南京：江苏教育出版社，2009.

［3］王明召，高盘良，王磊.化学反应原理［M］.济南：山东科学技术出版社，2007.

［4］人民教育出版社，课程教材研究所，化学课程教材研究开发中心.物理必修1［M］.2版.北京：人民教育出版社，2006.

［5］人民教育出版社.初级中学课本化学全一册［M］.北京：人民教育出版社，1982.

［6］中华人民共和国国家教育委员会.全日制中学化学教学大纲（修订本）［M］.北京：人民教育出版社，1990.

［7］人民教育出版社，课程教材研究所，化学课程教材研究开发中心.高级中学课本化学必修第一册，第二册，选修第三册［M］.北京：人民教育出版社，1990.

第五节　教学设计反思评价

从一节高三化学复习课的观课看教学设计①

（甘肃省兰州第一中学，金东升）

本人应邀参加了某县组织的一次高考研讨会，会议安排了观课议课活动，课题为"化学反应与能量"，是一节高三复习课，教学时长40分钟。作为参加全程活动的亲历者，笔者不能枉然评价这节课的好坏，因为所有的课总是存在不完美之处，只想通过个案中折射出的普遍性问题谈一些个人的看法，起到抛砖引玉的作用。

---

①本文荣获2016年甘肃省教育教学论文评选一等奖。

一、教学过程记录

表1　教学过程记录主要信息

程序	内容	手段	评价
考纲要求	略	PPT展示	形式化,无具体教学任务,无视觉停留,首尾不呼应
真题链接	题1:涉及能量转化判断(略) 题2:涉及能量概念判断(略)	PPT展示,师问生答	
知识点一	反应热、燃烧热、中和热 1.反应热:符号、单位 2.放热反应与吸热反应的比较(略) 3.反应过程中能量变化图示(略) 例题:A+B→X,X→C;A+B→C。能量变化如图1所示。(文字有删减) 图1　能量变化示意图 ΔH与$\sum E(A+B)$、$\sum E(X)$、$\sum E(C)$的关系是什么? 4.放热反应与吸热反应的类型 5.燃烧热和中和热的区别 例题(略)	PPT展示,师问生答;教师解读	(1)简单问题要求学生回答没有意义,如反应热的单位、符号;燃烧热对于反应物的量的要求 (2)E与ΔH的关系思维训练薄弱(获取信息、计算与推理) (3)表述欠缺,如,"反应热的量""生成物的量"
知识点二	热化学方程式 概念(略) 练习:101kPa,1g CH_3OH完全燃烧生成CO_2和$H_2O(l)$,放热22.68kJ,热化学方程式为_____。	学生版演,老师讲解	学生会做的重复讲解,如,写热化学方程式时,学生板演无问题,教师重复讲解

放热反应与吸热反应的类型表:

放热反应	吸热放应
多数化合反应;	多数分解反应;
燃烧;	水解;
中和;	$Ba(OH)_2+NH_4Cl$;
金属与酸反应	CO_2+C;$C+H_2O$

燃烧热和中和热的区别表:

	燃烧热	中和热
含义		
条件		
反应物的量		
生成物的量		

续表1

程序	内容	手段	评价
知识点三	反应热的计算方法 1.盖斯定律 2.盖斯定律应用注意事项 (1)若多步完成的反应与一步完成的反应在起点和终点相同时,可以通过多步反应的热化学方程式叠加找出一步反应中能量变化关系; (2)叠加时注意数值与符号; (3)反应物和生成物要标明具体的状态。 练习:$H_2O(g) = H_2O(l)$　　　　$\Delta H = Q_1$ 　　　　$C_2H_5OH(g) = C_2H_5OH(l)$　　$\Delta H = Q_2$ 　　　　$C_2H_5OH(g) + 3O_2 = 2CO_2(g) + 3H_2O(g)$　　$\Delta H = Q_3$ 　　　　$C_2H_5OH(l) + 3O_2 = 2CO_2(g) + 3H_2O(l)$　　$\Delta H = Q$ 　　　　$Q = $＿＿＿＿＿＿＿　(文字有删减)	PPT展示,师问生答;教师解读	注意事项中原表述不精炼

观课说明:

（1）做课教师教学技能娴熟,能熟练驾驭课堂。

（2）复习资料:《状元之路》,北京教育出版社,2013年版。

（3）教学内容与复习资料中的内容基本一致,做课教师按照现有资料所提供的栏目组织教学,讲练结合,属于"资料解读式"教学法。

（4）本节课共完成了三个知识点的复习,其中包括12道习题的讨论与练习。

（5）做课教师没有提供教案。

二、观课思考

（一）考纲要求是否需要呈现

呈现考纲要求的目的无非是让学生知道哪些内容是考点,要求到哪个层次（了解、理解、掌握）。设计者以考纲要求代替学习目标,想通过目标引领形成有意义学习,有针对性地解决问题,但是,像过电影一样呈现考纲要求,学生记不住,也无法对照检查,是一种形式主义。

课堂教学要从"学什么、学到什么程度、学会了没有"去考量,其中,"学会了没有"要从怎样教、怎样学去考量。而考纲要求呈现的是"学什么,学到什么程度"。落实考纲要求有两种途径:一种是从教师教的角度去学习和领悟,然后落实到教学的过程中,这是一种对教师内隐的要求,不需要在课堂上呈现;一种是从学生学的角度明确学习要求,必须要在课堂上呈现。是否呈现考纲要求,要从空间与时间考虑。从学习空间上说,自主学习教学模式更适合呈现考纲要求,学生可以在目标引领和任务驱动下投入学习。从时间上说,考纲要求要便于学生在学习过程中随时对照检查学习任务完成情况,在学习结束后对照考纲要求检查学习目标达成情况。因此,考纲要求的呈现要有视觉停留,首尾呼应,从开始提出要求,到结束时对照目标检查达成情况,这样呈现考纲要求才有价值。

（二）考纲要求能否代替教学目标

考纲对知识内容的要求层次从低到高分为了解、理解（掌握）、综合应用三个层次;教学目标要求针对具体的学习内容对"了解、理解（掌握）、综合应用"用更为具体的行为动词表述,以便于测评目标的达成情况。同时,还需要从学科核心素养的视角整体设计教学目标,不能只考虑学科概念原理与技能目标,还要考虑思维方法和科学方法目标,也要兼顾情感态度与价值观目标。针对不同的教学内容,学科核心素养目标的几个维度不是均衡设计,对于总复习而言,学科概念原理与技能、思维方法和科学方法目标更为突出一些。因此,考纲要求转化为教学目标不仅必要,而且十分重要。

（三）如何把控教学重点和难点

《普通高中化学课程标准》[1]和《普通高等学校招生全国统一考试大纲》[2]对"化学反应与能量"的要求如表2。

表2　"化学反应与能量"在课程标准和考试大纲中的要求

课程标准		考试大纲
必修	选修	
知道化学键断裂和形成是化学反应中能量变化的主要原因；通过生产、生活中的实例了解化学能与热能的相互转化	了解化学反应中能量转化的原因，能说出常见的能量转化形式；能举例说明化学能与热能的相互转化，了解反应热与焓变的含义，能用盖斯定律进行有关反应热的简单计算	了解化学反应中能量转化的原因及常见的能量转化形式；了解化学能与热能的相互转化，了解吸热反应、放热反应、反应热等概念；了解热化学方程式的含义，能正确书写热化学方程式；了解焓变(ΔH)与反应热的含义；理解盖斯定律，能运用盖斯定律进行有关焓变的计算

由以上文献可知：（1）选修要求是必修要求的进一步拓展和提升，考试大纲要求是必修和选修要求的综合；（2）燃烧热和中和热的概念在课程标准和考试大纲中没有提出具体要求。

关于燃烧热和中和热的概念在文献资料中的表述如表3。

表3　燃烧热和中和热的概念在文献资料中的表述

文献＼概念	中和热	燃烧热
人教版课标教材	酸和碱发生中和反应生成1mol H_2O时所释放出的能量称为中和热[3]	25℃、101kPa时，1mol纯物质完全燃烧生成稳定的化合物时所放出的热量，叫作该物质的燃烧热[6]
人教版大纲教材	在稀溶液中，酸和碱发生中和反应生成1mol H_2O，这时的反应热叫作中和热[4]	在101kPa时，1mol物质完全燃烧生成稳定的氧化物时所放出的热量，叫作该物质的燃烧热[7]
苏教版课标教材	不呈现	在101kPa下，1mol物质完全燃烧的反应热，叫作该物质的标准燃烧热[8]
鲁教版课标教材	不呈现	不呈现
其他文献	在一定的温度、压力和浓度下，1mol H^+和1mol OH^-中和放出的热量叫作中和热[5]	指1mol有机化合物在标准压力下，完全燃烧所放出的热量[9]

由以上文献可知，中和热和燃烧热的定义，在人教版教材中均有介绍，在苏教版教材中只介绍燃烧热，在鲁教版教材中均没有介绍，在各种文献资料中的表述不甚统一。

中和热解读：酸和碱发生中和反应生成1mol H_2O时所释放出的能量称为中和热，这是一个规定的绝对值，中和热的测定值因温度、压强、溶液浓度、酸或碱的强弱等的不同而不同，在常温常压下稀溶液中，1mol H^+和1mol OH^-中和放出的热量约为57.3kJ·mol^{-1}。中和热与中和热的测定值类似于阿伏伽德罗常数与阿伏伽德罗常数的测定值的关系，因此不能将中和热和中和热的测定值混为一谈。

燃烧热解读：化学热力学通常将反应热等同于反应焓，反应焓又分为等容反应焓和等压反应焓，由于化学反应中通常伴随体积功，因此，我们常说的反应焓是指等压反应焓。燃烧热是指1mol物质完全燃烧时的热效应，标准燃烧热是指标准状态下（101kP的压强下），1mol物质完全燃烧时的热效应，习惯上将298K、101kP的压强下，1mol物质完全燃烧时的热效应，叫作该物质的标准摩尔燃烧热。各种资料中对燃烧热的定义不甚统一，主要集中在以下几个方面。（1）对温度是否限定：由于不同温度下，产物的状态不同，燃烧热也不同，如，常温下，氢气的燃烧热为-285.8kJ·mol^{-1}，120℃时氢气的燃烧热为-241.8kJ·mol^{-1}。为了便于统一，常限定温度为298K（25℃）；（2）对产物的稳定性是否限定："形成稳定的化合物"，说法不严谨，如氨气完全燃烧生成的稳定物质是N_2，而非化合物，这也是现行教科书对燃烧热定义的缺陷；（3）对产物是否为氧化物的限定：广义的燃烧不一定是可燃物在氧气中的燃烧，如，氢气在氯气中燃烧，因此，产物不能限定氧化物；（4）对燃烧程度是否限定：同一种物质，燃烧程度不同，反应放出的热量不同，如，碳在氧气中不完全燃烧生成一氧化碳，因此，要限定完全燃烧。

启示：燃烧热和中和热是反应热的一种形式，在现行教科书中只是一种知识的过渡，只需要了解反应热的概念，对燃烧热和中和热的概念只需要依据教科书中的表述解读（教科书中的表述一般是最新的表述），并将其渗透到热化学方程式的书写和判断之中，因为，热化学方程式书写和判断已涵盖了燃烧热和中和热概念，因此，教学重点之一是热化学方程式的书写和判断。对课程标准、考试大纲、教科书、教辅资料的关系处理不好，盲从复习资料，导致复习的针对性不强，浪费时间。

本节观摩课所涉及的教学内容中，反应热的表示、ΔH 与 $\sum E$ 的计算、盖斯定律的应用应是教学重点，也是教学难点，通过图示与图表获取能量变化的信息是学生思维的薄弱点。如果面面俱到，难免教学重点不突出，教学难点与薄弱点的把控顾此失彼。

（四）如何优化教学策略

1.表征策略

表征是指信息记载或表达的方式，是对信息进行分析加工的过程，其目的是使分散的信息集中化，抽象的信息直观化，深奥复杂的信息浅显化，事实材料条理化。表征的形式通常有文字表征、图式表征、符号表征、模型表征、实验表征等。

如，燃烧热的概念："25℃、101kPa时，1mol纯物质完全燃烧生成稳定的化合物时所放出的热量，叫作该物质的燃烧热。"可以通过关键词批注加解读方式表征如下：

①25℃、101kPa时，②1mol③纯物质完全燃烧生成稳定的化合物时所④放出的热量。
（条件）　　　（标准）　（3个限定）　　　　　　（能量形式）

2.表述策略

如，盖斯定律的应用注意事项：可以通过关键词表述如下：（1）叠加；（2）数值与符号……这样既能帮助学生领悟要点，又便于学生记忆。

3.结构化策略

总复习教学主要解决的问题是知识的整理与思维的训练，其中，知识的整理就是促进知识体系的结构化，通过"织网连线"使知识点串成线，形成面，厘清相互关系。织网连线由学生完成还是由教师完成，教师的主导作用与学生的主体作用的协同至关重要。

本节课教学的知识结构如图2所示，按照①②③④的组织顺序归纳总结知识要点与思维方法，然后建立结构化图示，再选择典型习题分析，并加以思维训练，将是提高教学效率的有效办法。

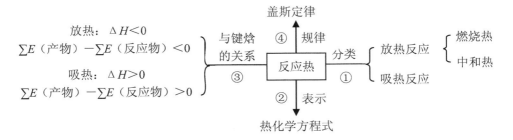

图2　化学反应与能量知识结构

4."三讲三不讲"与"三先三后"策略

三讲：讲问题，讲思路方法，讲规范。讲问题要深入浅出，简明扼要，让学生知其然还要知其所以然；讲思路方法要讲各问题要素之间的联系，思考问题的脉络与方法；讲规范要讲表述的规范性，学会了，表述规范了，才能获得应有的成绩。三不讲：学生已会的不讲，学生通过练习和推理能得出结论的内容不讲，超出课程标准要求及考试大纲要求的不讲。先思考后讲，先议后讲，先练后讲。先思考的过程就是让学生产生疑问，先议的过程就是聚焦问题的关键，先练的过程就是让学生锻炼思维能力，从而产生疑问。后讲就是有针对性地讲，重点地讲，启发性地讲。"三先三后"不仅可以让学生产生愤悱状态，从而调动学生主动学习的积极性，还可以提高学生自我察觉、自我监控、自我调整的元认知能力。

（五）提供教学设计对观摩教学的意义

本次观摩教学没有提供教案（教学设计），听课的老师只能感受课堂教学生成情况，无法获得预设情况。常态课的教学目标是否达成，由课程实施者自己把握、自己调整，公开课（观摩课、研讨课、比赛课）的教学目标达成情况往往由听课教师及专家来评价，因此，公开课提供教学设计是十分必要的。建议教师做公开课时要主动提供教学设计，使研讨的内容更加深入，研讨的质量更高，参与研讨的教师受益更大。

课堂教学暴露出的不足，反映出的是教学设计的问题，这也不是个案问题，而是带有普遍性的问题。精心设计课堂教学，没有最好，只有更好。

参考文献

［1］中华人民共和国教育部制订.普通高中化学课程标准（实验）［M］.北京：人民教育出版社，2003：12，23.

［2］教育部考试中心.2017年普通高等学校招生全国统一考试大纲（理科课程标准实验版）［M］.北京：高等教育出版社，2017：134.

［3］人民教育出版社，课程教材研究所.普通高中课程标准实验教科书化学2（必修）［M］.北京：人民教育出版社，2007：34.

［4］人民教育出版社化学室.全日制普通高级中学教科书（必修加选修）化学第三册［M］.北京：人民教育出版社，2003：42.

［5］王军.物理化学实验［M］.北京：化学工业出版社，2015：22.

［6］人民教育出版社，课程教材研究所.化学反应原理（选修）［M］.北京：人民教育出版社，2004：6，40.

［7］人民教育出版社化学室.全日制普通高级中学教科书（必修加选修）化学第三册［M］.北京：人民教育出版社，2003：37.

［8］王祖浩.普通高中课程标准实验教科书化学反应原理［M］.4版.南京：江苏教育出版社，2009：9.

［9］傅献彩，沈文霞.物理化学（上册）［M］.4版.北京：高等教育出版社，1990：70.

再谈高中化学课堂教学的有效设计

（甘肃省兰州第一中学，王顺）

本人受聘担任某次省级化学教学技能比赛的评委，观课19节。教学内容为人教版普通高中课程标准实验教科书化学必修1[1]和必修2[2]的内容，与比赛承办学校教学进度同步。其中，高一为"金属的化学性质"；高二为"化学能与电能"。纵观本次活动，参赛教师在领悟和践行课程理念、制订教学目标、整合课程资源、优化教学方法、转变学生学习方式等方面都有很多亮点，但也暴露出一些需要反思的问题。现结合本次赛课活动谈谈课堂教学有效设计的思考和体会，与同仁商榷。

一、课程资源整合要注重互补性

新课程理论认为：教科书不再是预先规定好等待学生去学习的教学内容，而是实现教学目标的一种教学资源。教师要根据课程目标深入分析，创造性地开发课程资源。教材的处理要遵循"趣味性、实效性、创新性"，做到"继承与发展、分散与整合、补充与舍弃"的有机结合。

（一）从教科书提供的信息中补充课程资源

教师在处理教材中的教学内容时不但要看到它的知识要求，而且也要看到它背后所蕴含的思想观点和方法，在阅读教材、分析教材的基础上，整合教材中的课程资源，全面落实课程目标。如，人教版课程标准实验教科书高中化学必修1的46页《交流与思考》栏目，它首先是初高中学习金属性质的衔接点，对新知识学习有承上启下的作用。其次它又是从物质分类角度认识金属性质落实学习方法的生长点，是探究金属性质、落实科学探究方法的探究点。此外，图片中美丽的实验现象又是激发学生积极情感的生长点。在教学中可利用教材中"铜树""银树"的图片诱导学生观察、发现知识并进行如下探究：①铁置换出铜、铜置换出银说明了什么？②通过这两个反应你能比较金属铁、铜、银的金属性强弱吗？③将少量的锌加入到硫酸亚铁、硫酸铜、硝酸银混合溶液中，会有什么现象？④将足量的锌加入到硫酸亚铁、硫酸铜、硝酸银混合溶液中，又会有什么现象？学生在这些问题的引导下，进行探究性思考，理解"一般情况下，活泼的金属可以把不活泼的金属从其盐溶液中置换出来""锌先与氧化性强的金属离子反应"等化学原理，既获得知识又获得方法。但有的教师对教材隐性资源挖掘不够，仅把它当作复习初中化学有关金属性质的素材，直接让学生动手书写相关化学方程式，通过板演反馈矫正就草率了结了。这也启发我们在今后的教学中要深入挖掘教材中隐性的课程资源，理解高中教材诸多栏目的编写意图，实现教学资源的充分利用。

（二）从社会化和生活化的动态中补充课程资源

要重视重现知识的发现发展过程，淡化纯理论的知识和学生难以接受的知识，不宜过分追求教学内容的完整性而随意拓宽教学内容。要充分挖掘与教学内容相关的化学史，及时补充与化学相关的事件、研究成果、研究动态，以体现"化学有根，课堂有魂"；要理论联系实际，尽可能地将教学内容与日常生活、工农业生产紧密结合，体现"从生活走进化学，从化学走向社会"的课程理念。如在原电池的原理教学中有一位老师利用西红柿作为电解液，让学生探究原电池的形成条件，使学生感到化学就在身边，增进了学习科学的情感。又如在金属与水和酸反应的教学中，有一位老师通过新闻链接展示广东珠江水面惊现"水雷"素材，引导学生分析有关的现象，然后迁移到探究钠与水的反应现象与实质，使学生感受到化学与社会的密切关系，从而激发学生学习的积极性。但也有老师在教材处理中，照搬教材，唯材是教，不越雷池半步，课堂教学内容单调，缺乏活力。

（三）从化学实验的整合与拓展中补充课程资源

高中化学课程标准实验教科书通过《思考与讨论》《科学探究》《实践活动》等栏目加大了实验的比重，突出了实验在教学中的地位。实验资源的整合需思考：①这个实验的教学功能是什么，即实验对学生形成科学概念的意义建构、科学素养、情感与价值观的发展起到什么作用？②通过什么方式呈现？③如何创新和改进实验来服务教学目标的达成？通过优化实验的呈现方式、改进实验设计等途径，尽可能多地给学生亲自动手实验的机会，让实验成为激发学生学习兴趣的生长点，成为引发学生探究问题的源泉，成为学生获得化学知识原理的探究手段，成为学生体验科学探究过程、形成科学方法的工具。如在"金属的化学性质"教学中，有一位老师利用棉花包裹Na_2O_2"滴水点火"创设情境，激发兴趣，简约有效；有一位老师利用双通管做钠的燃烧实验，克服了传统上在石棉网上做钠的燃烧而不易观察到淡黄色物质的不足，实验现象明显。有一位老师使用矿泉水瓶做钠与水反应的实验，在验证气体产物时，突破传统的点燃方式而采用锥子刺破矿泉水瓶移近酒精灯检验氢气，现象明显，安全性高，富有创意。在"原电池"教学中，有一位老师利用废弃青霉素小药瓶和当地工厂找来的铜丝、锌丝和电流计组合成微型实验装置，通过学生分组实验探究原电池形成条件，实验设计绿色环保，节约成本，学生参与面广，动手的机会多，有推广使用价值。但也有的老师继续沿用诸如石棉网做钠的燃烧、用铝箔包住钠块后放在水中收集氢气这样一些存在一定缺陷的演示实验，缺乏对实验资源的优化整合。

（四）从整合教学媒体补充课程资源

随着新课程改革的深入进行，多媒体教学日趋常态化。但我们要始终清醒地认识到多媒体在教学中的从属地位，适时、适度地使用多媒体可以激发学生学习兴趣，增大课堂信息容量，加快课堂教学节奏，帮助理解抽象概念。课件要提高其针对性，要富有启发性和教育性，要发挥其不可替代性，切忌简单重复、盲目滥用，造成"人灌"变为"电灌"。在观摩评比活动中，大多数执教老师能正确处理黑板、实验、投影之间的关系，如，有的老师利用 flash 动画展示原电池反应原理，实现了微观结构宏观化，形象直观，揭示了反应的实质。又如，有一位老师利用实物展台演示钠与水、铁与水蒸气反应的实验，放大了实验现象，克服了演示实验学生观察面小的不足。还有几位老师通过视频播放原电池在日常生活中的应用，情景生动有趣，拉近了学科知识与生活的距离。但也有些老师将有条件完成的探究实验用模拟动画实验代替，用课件代替板书，偏离了使用多媒体的轨道。还有的老师过分依赖多媒体，忙碌于电脑的操作之中，使自己成为电脑的操作工和解说员，影响了教师主导作用的发挥。

（五）从课堂生成的问题补充教学资源

再完美的教学设计与课堂实施之间必然存在一定的差距，教师在落实教学设计时要充分发挥教学机智，做到"心中有案、行中无案"。寓有形的预设于无形的、动态的教学实施中，随时把握课堂教学中闪烁的亮点，不断捕捉、判断、重组课堂教学中涌现的信息资源，利用教学机智生成新的教学方案。教师和学生在课堂教学的双向交流的思维碰撞中迸发的火花，往往使教学富有灵性，充满生机；教师对生成性资源处理的效果，往往彰显着教师的智慧，也能反映出教师的专业素养。但也有的老师过分重视执行教学预设，缺乏教学机智，面对课堂出现的变化无所适从。如，在观摩评比活动中有一位老师指导学生探究原电池形成的条件时，发现铜、锌插入饱和食盐水时产生电流，与老师的预设不一致，老师认为不应该产生电流。由于预设欠缺经验，且知识储备不足，只能牵强附会，自圆其说，结果浪费了课程资源，建立了错误概念。

二、教学方法的选择要注重有效性

（一）重视教学情境的创设，激发学生的学习兴趣

教学情境是指在教学过程中教师有目的地创设的具有情绪色彩的、生动具体的、激发学生思维的、引发学生共鸣的、激活课堂气氛的场景。教学情境包括实验情境、虚拟情境、故事情境、问题情境、生活情境等形式。教学情境的创设应"紧扣主题、简约有效"。情境创设的主要方法有：①通过"说文解字"破题，转入学习主题；②通过提问、板演等形式创设问题情境，使学生产生意义建构需求；③通过讲故事、表演、游戏等形式渗透寓意，制造认知冲突，引领学习活动方向；④利用现代多媒体手段展现与教学内容相关的文字材料（包括图表、数据、史料）、图片材料、视频材料和音频材料等，聚焦问题，使学生身临其境，兴趣盎然，跃跃欲试；⑤以实验为载体引出研究课题，引发学生思考，激发学生的探究兴趣。在"金属的化学性质"教学中，有的老师利用棉花包裹 Na_2O_2 "滴水点火"创设情境；有的老师以新闻链接"广东珠江水雷事件"创设情境；在"化学能与电能"教学中，有的老师利用西红柿电池带动音乐贺卡等创设情境，有的教师通过"格林太太的假牙"的故事创设情境。大多数老师创设的情境有趣、简约、有效，接近生活，收到了异曲同工之效，可谓同课不同构（同课异构）。还有的老师注意首尾呼应，使学生产生意犹未尽的感受。但也有的老师创设的教学情境素材过于陈旧，缺乏新鲜感，导致效果差；有的跟主题关系不大，没有意义；有的情境素材太多，导致耗时多，影响整个课堂的教学节奏。

（二）突出科学探究的要素，培养学生科学素养

以科学探究为主的多样化教学方式改变着学生的学习方式，是课堂教学改革的亮点。常见的探究活动形式有：（1）以实验为手段的探究活动；（2）以交流讨论为手段的探究活动；（3）以社会实践调查为手段的探究活动。科学探究活动的设计要突出以下五个要素：（1）要探究有价值的问题（真问题）；（2）要围绕问题的假设和预测探究；（3）要有解决问题或寻找支持或否定假设的实证过程；（4）要有交流和评价的过程（获得哪些结论，学会哪些方法，发现哪些新的问题等）；（5）要注意探究的问题设计的深广度以及过程的开放程度。如有一位老师在原电池反应原理教学中，通过观察实验提出"在 $Zn|H_2SO_4|Cu$ 形成的原电池中是锌失电子还是铜失去电子？"教师引导学生积极猜想：（1）若锌失电子，则锌的质量会减

少；（2）若铜失电子，则铜的质量会减少；（3）若铜失电子，则溶液会变蓝……然后引导学生收集事实依据，验证猜想，得出结论。这种探究过程问题真实，过程完整，方法科学，体现了科学探究的思想。

（三）改变单一的学习方式，实现学习方式的转变

新课程倡导自主学习、探究学习、合作学习，力图改变单一的学习方式，为学生获得终身学习能力奠定基础。自主学习适用于学生能通过相关的信息经独立思考完成的学习内容，主要用于学生的前端学习（如预习）和课堂阅读自学等，自主学习设计要强调学生学习的主动性、独立性、自控性（规划性）。探究性学习主要适用于能体现科学认识方法的内容，学习活动的设计强调探究性、开放性、过程性。合作学习适用于需要学生相互协作和交流才能解决的学习内容，强调"观点碰撞→交流评价→获得体验和感受"的过程。自主学习、探究学习、合作学习等不同学习方式不存在孰优孰劣，它们是相互补充的关系，学习方式的选择要考虑具体的学习内容和学生的实际学习能力，在教学中只有将它们有机结合，才能相得益彰。但有的教师对学习方式的选择"形式化"，为探究而"探究"，为合作而"合作"，为自主而"自主"，甚至把"不讲""少讲"作为落实教学新理念的要求而走过场，降低了学习效果。

结束语：教学设计的核心是体现教学思想，关键是挖掘教学资源和选择教学策略。教学设计的形式可以体现个性化的风格，详略因人而异；时下有三种类型的老师：（1）设计得不好，叙写得不好，实施得不好，反映教师的专业素养低下；（2）实施得好，设计得好，叙写得不好，反映出教师的经验成分多一些；（3）设计得好，叙写得好，实施得好，反映教师理论与实践结合得好，有目的、有意识地设计思想明确一些，"做有依据"。我们应该做哪一种类型的老师？这是我们必须面对和思考的问题。

参考文献

［1］人民教育出版社，课程研究所.普通高中课程标准实验教科书化必修学1［M］.3版.北京：人民教育出版社，2007.

［2］人民教育出版社，课程研究所.普通高中课程标准实验教科书化学必修2［M］.3版.北京：人民教育出版社，2007.

"中和反应反应热的测定" 观课随想

（甘肃省课程教材中心，邵建军）

本人参加了一次甘肃省化学教学专业委员会组织的"同课异构"研讨活动，教学内容为人教版普通高中课程标准实验教科书选修4"化学反应与能量变化"第3课时：中和反应的反应热及测定，想谈一些观课随想，与大家分享。

一、观课预备

（一）教材中化学反应与能量变化的内容安排（如表1）

表1　人教版教材中"化学反应与能量"内容安排

教材内容安排	主题	核心内容
九年级化学第四章	"化学变化的基本特征"	化学变化伴随能量变化
九年级化学第五章	"化学与能源和资源的利用"	燃烧、缓慢氧化、爆炸
高中化学必修2第二章	"化学能与热能"	化学键的断裂和形成是化学反应中能量的变化的主要原因；化学能与热能的相互转化（吸热反应与放热反应）；中和热的概念
高中化学选修4第一章	"化学反应与能量的变化"	反应热与焓变；热化学方程式；中和反应反应热的测定

（二）化学反应与能量变化知识结构（如图1所示）

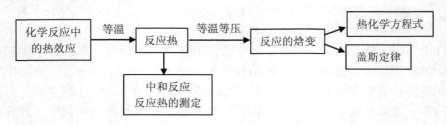

图1　化学反应与能量知识结构

（三）教学内容组织的逻辑顺序

化学变化伴随能量变化→能量变化由化学键的断裂和形成决定→反应热的大小由焓变计量→反应热可以测量（中和反应的反应热测定）→中和反应本质（H^+和OH^-反应放出热量）的印证→中和热（H^+和OH^-完全反应生成1mol水时放出的热量）。

（四）课程标准对"中和热"的要求与教材相关内容的安排（如表2）

表2　课程标准对"中和热"的要求与教材相关内容的安排

课程标准要求	教材中的相关内容安排
必修课程化学2在活动与探究建议中有"中和反应与中和热的测定"	人教版课标教材化学必修2提到了中和热的概念； 选修4安排了"中和反应反应热的测定"实验； 苏教版和鲁教版课标教材均不出现中和热的概念

课程标准对"中和热"的概念没有做要求；选修4安排实验表述为"中和反应反应热的测定"，而不是中和热的测定。

二、教学记录与随想（如表3）

表3　教学记录与随想

	教师甲	教师乙
教学环节	提问引入反应热（①你所知道的化学反应中有哪些是放热反应？②酸碱中和反应的反应热能否用实验的方法测量？）→中和热测定原理分析（$Q=mc\Delta t$）→中和热测定实验→实验结果讨论→中和热概念→课堂小结	生活中"烧水"图片引入反应热（①什么是反应热？②如何知道中和反应有热量放出？）→认识中和热→测定中和反应的反应热（设计实验装置、完成实验、数据处理）→实验改进创新设计→课堂小结（我学到了什么？）
亮点	1."实验原理分析及实验装置的设计"由教师提出问题，师生共同讨论解决问题的教学方式提高了实验操作的针对性，避免了学生做实验的盲目性，提高了课堂教学效率。问题设计如下： （1）如何测量反应放出的热量？ $Q=mc\Delta t$ （2）如何测定中和热？ Q（中和热）$=Q/n(H_2O)$ （3）阅读课本实验设计，实验装置有什么特点？ 2.实验结果的讨论有利于提升学生对负偏差的认识。 （1）量取溶液体积有误差； （2）温度计读数有误差； （3）隔热效果有误差； （4）酸碱混合时动作缓慢	1.表征策略运用自然 $NaOH+HCl=NaCl+H_2O$ 　　　　　1mol　　　中和热 　　　　0.025mol　　　Q 2.问题设计有梯度 （1）$Q=mc\Delta t$，V（体积）如何转化为m（质量）？ （2）中和热与Q的关系是什么？ （3）怎样减少热量损失？ （4）怎样使酸碱充分反应？ 3.生成性资源的利用适时 三组学生汇报的终止温度：30℃、34℃、30.3℃，哪一组温度（离散程度大）可以筛除？ 4.创新实验设计拓展了学生思维 实验讨论：怎样改进实验装置以减少热量损失？（展示图片：泡沫隔热；保温杯隔热；精密量热器隔热）

续表 3

	教师甲	教师乙
	共性问题:化学思维方法不够突出。 (1)热量的外在表现形式? 根据 $Q=mc\Delta t$,如何控制变量? (2)如何减少热量损失?(保温容器;密闭;充分混合)	
不足 及争鸣	1.过于注重中和热概念的形成(教材呈现的题目为"中和反应反应热的测定"而非"中和热及其测定"),教学自始至终都围绕中和热开展教学,而不是围绕反应热组织教学。如,原理分析中:$H_2SO_4+2NaOH\rightarrow114.6kJ/mol$ $HCl+NaOH\rightarrow57.3kJ/mol$ 要求学生判断哪个数据是中和热。 又如,"中和热"概念的进一步讨论的总结:强酸、强碱的中和热为57.3kJ/mol;弱酸弱碱的中和热小于 57.3kJ/mol;有沉淀生成的中和热不等于57.3kJ/mol。 其中,将中和热与中和热的测定值概念相混淆。 2.预设的味道较浓,没有水到渠成的感觉。如,讨论环形玻璃搅棒的作用时,教师的总结与学生的答案呼应度不高,教师按照预设进行总结	1.引入情境与主题关联度不大,因为水加热过程吸热不是化学变化中的能量变化; 2.强调中和热的标准:生成1mol H_2O,但没有说明中和热的意义(不同种类的酸和碱、不同物质的量的酸和碱反应放出的热量不同,但生成1mol H_2O时放出的热量相同,即1mol H^+和1mol OH^-反应放出的热量相同); 3.前后表述不统一:"认识中和反应的反应热→测中和热→优化测定装置",前面表述为"反应热",后面表述为"中和热"

实践篇

第一章　初中化学教学设计案例

第二章　高中化学教学设计案例

第一章　初中化学教学设计案例

原子的结构

——以人教版义务教育教科书九年级化学为例

（兰州民族中学，曹先）

一、教学分析

（一）教材分析

"原子的结构"是人教版义务教育教科书九年级化学第三单元"物质构成的奥秘"课题2的学习内容，是继课题1"分子和原子"之后，对微观粒子的进一步探索。本节学习任务有三个方面：（1）原子的构成；（2）原子核外电子排布；（3）相对原子质量。其中，原子核外电子排布包含原子核外电子排布规律、原子核外电子排布与元素的性质、构成物质的另一种粒子——"离子"等内容，容量相对较大，因此，将本节内容分2课时，第一课时学习内容为原子的构成和相对原子质量，第二课时为原子核外电子排布。

（二）学情分析

通过本单元课题1"原子和分子"的学习，学生知道物质是由分子、原子等微观粒子构成，原子是化学变化中的最小粒子，但对于原子是否可以再分、原子结构与元素的性质等还有进一步认识的欲望。

二、教学目标

1.通过卢瑟福"用α粒子轰击金箔"实验及相关信息的分析讨论，知道原子由原子核和核外电子构成，原子核由质子、中子构成，能说出质子数、核外电子数与核电荷数之间的关系，体会现象与本质的关系。

2.通过质子、中子、电子的质量比较，知道原子的质量主要集中在原子核上；通过观察质子、中子质量的数量级，领悟引入相对原子质量的意义，能说出相对原子质量的概念。

3.通过知识拓展，知道认识事物的发展过程，矛盾的主要方面和次要方面；通过介绍张青莲院士测定原子量的科学成就，增进热爱科学的情感。

三、教学方法

任务驱动、启发引导、分析讨论、归纳总结。

四、教学过程

【创设情境】播放原子弹爆炸视频。

【引入】原子弹爆炸的威力很大，1964年10月，中国第一颗原子弹爆炸了。原子弹爆炸是通过铀（^{235}U）原子核的裂变产生的巨大能量而发生的，那么，原子有怎样的构成？今天，我们来认识原子的结构。

学习任务1：认识原子的构成

【提出问题】

（1）有人认为，可以通过让物质发生化学反应的方式观察原子的内部结构。你是否同意他的观点？为什么？

【归纳】原子很小，一个原子跟一个乒乓球体积之比，相当于乒乓球跟地球之比。

（2）用验电器测不出金属带电，请你猜想原子的带电情况。

【归纳】（1）金属原子中不存在电荷；（2）金属原子中的正负电荷相等。

【科学史话】α粒子散射实验

α粒子散射实验又称金箔实验，是"物理学最美实验"之一。如图1所示，在一个铅盒里放有少量的放射性物质钋（Po），它发出的α射线（α粒子能量很大，带正电荷）从铅盒的小孔射出，形成一束很细的射线射到金箔上。当α粒子穿过金箔后，射到荧光屏上产生一个个的闪光点，这些闪光点可用显微镜来观察。为了避免α粒子和空气中的原子碰撞而影响实验结果，整个装置放在一个抽成真空的容器内，带有荧光屏的显微镜能够围绕金箔在一个圆周上移动。

现象：（1）许多α粒子直接穿过；

（2）少数α粒子发生偏转；

（3）极少数的α粒子被弹回。

【结论】

（1）穿过——原子内有很大的空间，原子不是实心球体；（2）偏转——原子内有带正电的微粒；（3）弹回——这个带正电微粒体积很小，质量"很大"。

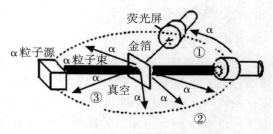

图1　α粒子散射实验示意图

【设问】通过上述材料，你认为原子由哪些微粒构成，它们具有怎样的性质？有什么依据？

【归纳】原子由原子核和核外电子构成，原子核带正电荷（α粒子发生偏转——同性电荷相斥），原子的质量主要集中在原子核上（少数的α粒子被弹回）。核外电子带负电荷（原子不显电性——原子核带正电，那么，核外电子必然带负电），核外电子的质量很小，占据的空间很大（高能量的α粒子直接穿过，不会被弹回）。

【信息分析】

科学数据：1个碳原子含有6个质子，1个质子的质量为1.6726×10^{-27}kg，质子的总质量为$6 \times 1.6726 \times 10^{-27}$kg=$1.0036 \times 10^{-26}$kg，测得1个碳原子的质量约为$1.0036 \times 10^{-26}$kg的2倍。

【设问】通过上述数据，你能获得什么信息？

【归纳】原子核内可能存在一种不带电的微观粒子。

【总结】原子的构成

$$
原子
\begin{cases}
核外电子 & 每个电子带1个单位负电荷 \\
原子核
\begin{cases}
质子 & 每个质子带1个单位正电荷 \\
中子 &
\end{cases}
\end{cases}
$$

【拓展】现代物质结构研究表明：质子、中子可由更小的微观粒子夸克构成。华裔科学家丁肇中因发现"J粒子"而获诺贝尔物理学奖。"J粒子"属于介子，由粲（语音càn）夸克和反粲夸克构成。

学习任务2：原子的核电荷数、质子数与电子数的关系

1.根据以上讨论所得结论，完成下表中的空白部分，并说明你的依据。

原子种类	原子核		核外电子数	核电荷数
	质子数	中子数		
氢	1	0		
锂	3	4		
碳	6			
氮	7	7		
氧	8	8		
钠	11	12		
氯	17	18		

2.你认为原子核所带的正电荷数（核电荷数）与质子数、核外电子数之间有什么关系？

【归纳】

（1）原子的核电荷数=质子数=核外电子数。

（2）原子核所带正电荷与核外电子所带负电荷数量相等，电性相反。因此，原子不显电性。

【设问】通过表格中的数据信息，你还能获得哪些新的信息？

【归纳】

（1）不是所有的原子核内都含有中子。

（2）不同的原子所含质子数目不同。

（3）原子中质子数与中子数不一定都相等。

学习任务3：探究原子的质量

【问题】观察下表构成原子的粒子的质量，你能获得哪些信息？

粒子种类	质子	中子	电子
质量/kg	1.6726×10^{-27}	1.6749×10^{-27}	9.3×10^{-31} 一个质子质量的1/1836

【归纳】

（1）原子、质子、中子的质量都很小，电子的质量更小。

（2）原子的质量主要集中在原子核上。

【讲解】由于原子的质量数值太小，书写和使用都不太方便，国际上采用相对质量。

碳12原子的质量为 1.993×10^{-26}kg，以这种碳原子质量的1/12作为标准，其他原子的质量与它相比较所得到的比，即为这种原子的相对原子质量，符号 A_r。

如，1个氢原子的质量为 1.6726×10^{-27}kg，则 $A_r(H) = 1.6726 \times 10^{-27}kg/(1.993 \times 10^{-26}kg\times 1/12)=1.007 \approx 1$。

【引导】请你计算1个铁原子和1个氢原子的质量之比，并查阅它们的相对原子质量，你能获得什么结论？（信息：1个铁原子的质量为 9.288×10^{-26}kg，1个氢原子的质量为 1.6726×10^{-27}kg）

【计算】氢原子与铁原子的质量比=9.288×10^{-26}kg$/1.6726 \times 10^{-27}$kg$\approx 56/1$。

【结论】原子的质量之比等于相对原子质量之比。

【归纳】使用相对原子质量的优点：数值简化，书写和使用方便。

【拓展】1个电子带1个单位的负电荷。1个单位的电荷也是相对电荷数，如，1个电子所带的电荷为 1.6×10^{-19}库伦，将其所带电荷作为1个单位。

【介绍】张青莲与相对原子质量的测定。

【课堂小结】

1.知识结构（兼板书）

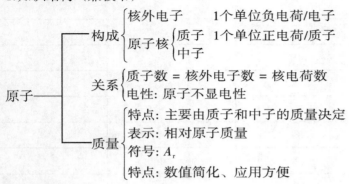

2.哲学思想

（1）人们对客观事物的认识总是不断发展的。

希腊人德谟克利特"万物皆由不可分的粒子构成"→道尔顿"原子是不可分的实心球体"→汤姆生"西瓜模型"（西瓜籽电子散布在一个均匀的正电荷西瓜之中）→卢瑟福"行星轨道式原子核壳模型"（用α粒子轰击金箔实验证实），体现了由浅入深的认识事物的过程。

（2）矛盾的主要方面和次要方面（原子的质量主要由质子和中子的质量决定，电子的质量很小）。

【反馈练习】

1.决定原子核电荷数的因素是_____；决定原子质量大小的主要因素是_____。

2.下表列出了几种原子的构成及相对原子质量的大小，其中电子的质量约为中子（或质子）质量的1/1836。

原子种类	质子数	中子数	核外电子数	相对原子质量（近似值）
氢		0	1	1
碳-12	6	6		12
碳13		7	6	13
钠	11	12		
镁			12	24

（1）填写表中空格。

（2）通过观察分析，可以总结出一些规律。请你总结出尽可能多的规律。

①在原子中，质子数等于核外电子数。

②_____。

③_____。

④_____。

⑤_____。

参考答案：原子核内不一定有中子　原子核内质子数不一定等于中子数　相对原子质量≈质子数+中子数　不同种原子的质子数不同

3.已知某原子的质量为$3.816×10^{-27}kg$，1个碳-12原子的质量为$1.673×10^{-27}kg$，则该原子的相对原子质量是多少？

参考答案：$A_r≈23$

【作业】略。

【课外阅读】电子的诉说

电子的诉说

我是微观世界中一个小小的粒子，
带负电荷能影响原子的性质，
我在原子内部很大的空间中运动，
却怎么也难挣脱原子核的控制。
科学揭开原子构成之谜，
原来原子由原子核和我相存相依，
原子核由中子和质子构成，
质子带正电深深地把我相吸。
原子核虽然占据原子中央很小的领地，
但原子的质量集中于此是事实，
质子和中子的质量都比我大很多，
我虽活跃却无能为力。

分子和原子（第一课时）

——以人教版义务教育教科书九年级化学为例

（兰州第四十六中学，郭媛）

一、教材分析

人教版义务教育课程标准实验教科书初中化学第三单元"物质构成的奥秘"是初中化学课程体系中理论性知识最集中的一个主题。其中课题1"分子和原子"是学生学习了空气、氧气和水等知识之后，从宏观的物质世界跨进微观的物质世界的第一课，对于指导学生学习物质的性质及解释生活和生产中的现象具有重要意义。本节内容的特点是：（1）比较抽象，由于微观粒子肉眼看不见，需要结合学生已有的经验和实验现象，证明分子和原子的真实存在及表现的一些性质；（2）蕴含丰富的辩证唯物主义思想，如，现象与本质、内因和外因、物质论（物质可分、物质运动、物质变化、变化规律），渗透这些哲学思想，有助于学生加深对分子和原子的认识。

二、教学目标

1.通过实验探究、教师解读、交流总结，认识分子、原子等粒子的真实存在，物质是由分子、原子等微粒构成的；能说出分子的特性（质量和体积很小、不停地运动、分子间有间隔），能用分子的观点解释生活和生产中的现象。

2.通过交流活动，认识化学与生活的密切联系。

3.通过物质构成、微粒特点、物质变化的影响因素的分析，体会蕴含在其中的辩证唯物主义思想。

三、重点和难点

重点：认识分子、原子的共性（很小——肉眼看不见；不停地运动；分子间有间隙）；利用分子的知识解释有关现象。

难点：宏观现象获得微观本质的认识。

四、教学准备

"香水"手绢、品红、药匙、蒸馏水（冷、热水）、烧杯、试管、大烧杯、20mL的注射器（2个）、浓氨水、酚酞试液、酒精。

五、教学方法

创设情境、合作探究、讨论交流、归纳总结。

六、教学过程

教学环节	教学内容与活动安排	设计意图
情境引入	【创设情境】拿着事先喷有香水的手绢绕教室一圈。 【设问】为什么手绢没有放在鼻孔前,就能闻到气味? 香水中的物质飘进鼻孔。 【设问】香水中飘进鼻孔的物质你能看见吗? 这个现象说明了什么? 【引入】物质可能由肉眼看不见的微观粒子(分子、原子)构成,分子在不停地运动。这节课我们学习分子和原子。	激发学生的学习兴趣。 感知宏观现象和微观物质的联系。
分子、原子真实存在	【学习活动1】分子、原子真实存在 【讲解】分子、原子真实存在。 科学技术的进步早已证明物质是由分子、原子等微小的粒子构成的。 通过先进的科学仪器不仅能直接观察到一些分子和原子(见课本图3-2扫描隧道显微镜获得的苯分子的图像),还能移动原子(见课本图3-3通过移动硅原子构成的文字),说明分子和原子是真实存在的。	通过信息获得分子、原子真实存在的结论。
物质的构成	【学习活动2】物质的构成 【讲解】 (1)宏观物质的构成 宏观物质都是由分子、原子等微观粒子构成的。有的物质由分子构成,如,氧气、氮气、二氧化碳、水、氧化汞等物质分别由氧分子、氮分子、二氧化碳分子、水分子、氧化汞分子构成;有的物质直接由原子构成,如,铁由铁原子构成,汞由汞原子构成,晶体硅由硅原子构成…… (2)分子的构成 分子是由原子构成的,如,1个水分子(H_2O)由1个氧原子和2个氢原子构成,1个氢分子(H_2)由2个氢原子构成,1个氧分子(O_2)由2个氧原子构成。	初步形成物质是由分子、原子等构成的观点。
分子很小	【学习活动3】分子的基本特点——分子的质量和体积很小。 【讲解】 (1)体积很小,肉眼看不见。 (2)质量很小,普通量器称不出。 1个水分子的质量约为3×10^{-26}kg,一滴水(以20滴水计为1mL)含有的分子数大约为1.67×10^{21}个。如果10亿人来数1滴水里的水分子,每人每分钟数100个,日夜不停,需要3万多年才能数完。 【拓展】原子的质量和体积也很小。 比喻:一个原子和乒乓球对比,就好像一个乒乓球和地球对比。	认识分子的质量和体积都很小。

续表

教学环节	教学内容与活动安排	设计意图
分子在运动	【学习活动4】分子的基本特点——分子在不停地运动 【趣味实验】 (1)氨水滴入酚酞溶液中,观察现象。(酚酞溶液由无色变红) (2)用毛笔蘸取酚酞试液在滤纸上画一个笑脸图案,将滤纸放在盛有氨水的瓶口,观察现象。(滤纸上出现红色笑脸图案) 将这张滤纸放在酒精灯火焰上方烘烤(防止点着),观察现象。(滤纸上的红色笑脸图案消失) 【解读】氨分子运动到滤纸上,遇到品红试液变红;烘烤后,滤纸上的氨分子运动到空气中,滤纸上的品红褪色。 【结论】氨分子在不停地运动。 【提问】分子既然在不断地运动之中,那么它运动得快慢与什么因素有关? 【分组实验】在2个100mL的烧杯中分别加入80mL冷水和热水,然后各加入少许品红,观察品红在冷水和热水中的扩散情况。 【结论】温度升高,分子的运动速率加快。 【解读】受热的情况下,分子的能量增大,运动速率加快。 【拓展】 (1)不同分子的运动速率不同。因为它们的大小和质量不同。如,相同条件下,氢气(H_2)分子比氧气(O_2)分子的运动速率快。 (2)由原子构成的物质,原子也在运动(移动、振动或转动等形式)。 【学生交流】解释下列现象: (1)湿衣服在阳光下比阴暗处易干。 (2)经过臭水沟闻到难闻的气味。 (3)放在衣柜里的樟脑丸变小甚至消失。	体会实验现象与微粒运动的联系。
分子间有间隔	【学习活动5】分子的基本特点——分子间有间隔 【创设情境】把方糖放入一杯水中,在液面处画线[V(总)=V(方糖)+V(水)],一段时间后液面[V(总)]下降。 【解读】液面下降(即总体积减小)的原因:构成方糖的蔗糖分子,不断运动扩散到水分子的间隔里,所以混合物体积减小。 【展示图片】苯分子图像中的黑色部分(参看课本图3-2)。 【实验探究1】取两支10mL的注射器,分别抽取等体积的空气和水(染色),用食指堵住注射孔,慢慢推动栓塞,哪支容易推入? 原因是什么? 【结论】分子间有间隔,不同状态的物质,分子间的间隔不同。气体分子间的间隔比液体分子间的间隔大,因此吸入注射器的空气易被压缩。 【模拟动画】固态、液态、气态三种状态的分子间间隔。 【实验探究2】10mL水与10mL酒精混合,所得混合液体的体积是否等于20mL? 【现象】10mL+10mL≠20mL,而是小于20mL。 【解读】水与酒精分子之间的间隔不同,混合时有的分子相互填充了间隔,使得混合液的总体积减小。 【结论】相同状态的不同物质,分子间的间隔不同。 【问题】两种不同的液体混合后总体积都小于分体积之和吗?	认识分子间有间隔,不同状态的物质分子间间隔不同。

续表

教学环节	教学内容与活动安排	设计意图
分子间有间隔	【资料】几种常见液体混合的体积变化 | 组分名称	溶液组成(X_1)	体积变化（ΔV） | |---|---|---|
乙醇+水	0.5	−1.14
苯+四氯化碳	0.378	+10.98
乙醇+丙醇	任意	$\Delta V \approx 0$
浓硫酸+水	任意	$\Delta V < 0$ | 【拓展】 (1)两种不同的液体混合后总体积视具体情况而定。 比喻:1盒乒乓球中倒入一定体积的沙子,总体积小于分体积之和,因为沙子钻到乒乓球的空隙之中;1框(约1立方米)篮球和1框足球混合后总体积大于两筐,因为有些空间被浪费。 (2)由原子直接构成的物质,原子间也有间隔。 (3)分子间间隔的改变导致物质热胀冷缩或三态变化。 【学生交流】解释下列生活中的现象: (1)篮球或车胎瘪了可以往里充入气体。 (2)体温计内液体物质可以指示温度。 【讨论】影响分子间间隔的因素(学生交流后总结。) 【归纳】 (1)内因:分子自身的大小。 (2)外因:压强不变,升高温度,分子间的间隔增大;温度不变,增大压强,分子间的间隔减小。	
课堂小结	【小结】 1.知识结构(见板书设计) 2.哲学思想:(1)现象与本质;(2)内因与外因;(3)物质论(世界是物质的,物质的构成是多样的,物质是有变化的,变化是有规律的)。	促进知识结构化,凝练出所蕴含的哲学思想。
检测反馈	【课堂检测】 1.下列说法中错误的是(　　) A.分子运动,原子不运动 B.分子间有间隔,原子间没有间隔 C.相同条件下所有分子的运动速率都相同 D.气体物质比液体物质的分子间隔大 2.下列说法中错误的是(　　) A.氧气是由两个氧原子构成的 B.水蒸发过程中,分子没有发生变化 C.分子能构成物质,原子也可以直接构成物质 D.分子的质量总是大于原子的质量 3.氧气的密度比空气大,能否将氧气保存在敞口容器中?	巩固知识,学会用所学知识解释问题。

七、板书设计

课题2 分子和原子

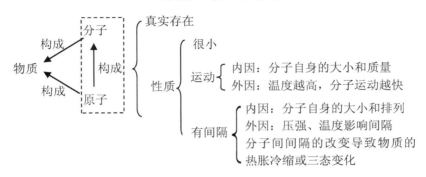

水的净化

——以人教版义务教育教科书九年级化学为例

（兰州第六十二中学，刘希晨）

一、教学分析

（一）教材分析

"水的净化"是人教版义务教育课程标准（2011版）实验教科书九年级化学第三单元"自然界的水"第三节的内容，是继第二单元介绍"我们周围的空气"之后认识的一种生活中常见的物质，教材内容的呈现有两个特点：（1）按水的组成、水分子的构成（分子和原子）、水的净化、爱护水资源呈现"自然界的水"，让学生从宏观到微观，从基本操作再到情感态度，形成对水的立体认识；（2）化学实验基本操作分层推进，第一单元"走进化学世界"介绍了药品的取用、物质的加热、洗涤仪器，本单元以水的成分及混合物分离原理为载体介绍过滤和蒸馏操作。通过本节课的学习，既能知道纯水和自然水、软水和硬水的区别，还拓展了化学实验基本操作的范围，同时，还能提高学生的动手实践能力，促进学生的思维发展，为化学启蒙教育打下良好的基础。

（二）学情分析

1.学生在生活的体验中，知道自然界的水不是纯水，河水常呈混浊状态，井水、矿泉水通常含有矿物质；在第一单元通过"空气的组成"的学习，知道纯净物和混合物的概念，在第二单元通过"分子和原子"的学习，进一步提升了对纯净物和混合物概念的认识，但对水的成分还不够明确，对制备净化水的方法和原理还不清楚。

2.在第一单元已经学习了药品的取用、物质的加热、洗涤仪器等基本操作，但对过滤、蒸馏等基本操作还不熟悉。

二、教学目标

1.通过对蒸馏水、浊水、矿泉水成分的分析，能说出纯水与自然水的区别。通过对城市自来水厂净水和农村用明矾净水方法的讨论，知道净水的方法有沉淀、吸附、过滤。

2.通过对过滤、吸附、蒸馏等净水方法的探究与讨论，知道其净水的原理，初步学会过滤的操作方法。

3.通过对自然水经沉淀、吸附、过滤等方法处理后的成分的分析，知道硬水与软水的区别及检验方法，知道硬水的危害及硬水软化的必要性。

三、学习重点和难点

重点：吸附、沉淀、过滤和蒸馏等净水的方法。
难点：培养学生动手实验的能力。

四、教学思路

按照"五环节交叉循环"教学模式组织教学，"五环节"即将课堂分为小组讨论（合作探究）、学生交流、教师答疑、精题精讲、教学反馈等五个环节，"循环交叉"即完成一个学习任务的小组讨论、学生交流（合作探究）、教师答疑后，第二个学习任务又循环前一个流程。其中，小组讨论环节，教师的智慧在于知识问题化、问题活动化的设计以及课堂讨论中筛选的疑难问题整理。学生交流环节，是针对问题的交流，教师的智慧在于对不同层次学生的及时评价和鼓励，基础性问题由"学困生"回答，思路性问题由"学中生"回答，总结性问题和挑战性问题由"学优生"回答。教师答疑环节，教师的智慧在于对课堂生成性问题的解答，主要解答小组讨论和学生交流中学生回答不了的问题，语言要简练，针对性要强，忌讳啰唆和重复。精题精讲环节，教师的智慧在于课前对精题的设计，要选取最能覆盖本学段知识点和能力点的精题，精讲是讲出道理，发展学生的思维能力。教学反馈包含学生的课堂小结和课堂检测，教师的智慧在于课前对检测题的合理分类及分层设计。"学困生"做知识再现题，"学中生"做知识再现题和例题翻新题，"学优生"做例题翻新题和思维拓展题。

教学流程如下：

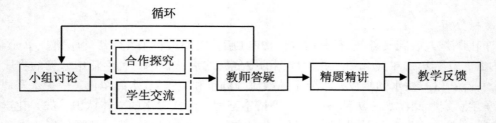

五、教学过程

【问题情境】出示一杯混浊的河水、一瓶矿泉水、一瓶蒸馏水。从物质分类的角度看，这三种水属于哪一类物质？为什么？

【导入】水是生命活动及生产、生活中不可缺少的物质，人们常说，水是"生命之水""生存之水""动力之水""载物之水""变化之水"，而自然界的水（河水、湖水、井水、海水）都不是纯净的水，含有许多可溶性的和不溶性的杂质，大多需要净化。

问题一：如何把河水变成生活用水呢？

第一环节：小组讨论

结合教科书图3-15自来水厂净水过程示意图讨论。

第二环节：学生交流

（1）自来水厂的净水过程：取水→沉淀→过滤→吸附→消毒→配水。

（2）农村（无自来水）净水过程：取水→沉淀→吸附（加入明矾或活性炭）→二次沉淀→取水使用。

第三环节：教师答疑（略）

问题二：现有一杯浊水，如何变成清水？

第一环节（循环）：小组讨论与合作探究

小组讨论

1.你所知道的分离混合物的方法有哪些？

2.如果进行过滤，操作要点有哪些？

3.如何制作过滤器？（参看教科书图3-16过滤器的准备）

4.过滤后，滤液仍然混浊，可能的原因有哪些？

合作探究

1.现有一杯浊水，你打算如何净化？

方案一：过滤

方案二：吸附

2.按照方案一设计要求进行过滤操作，看看哪一组处理后的水最干净。

3.在浊水中加入一药匙明矾，搅拌，静置，有什么现象？

4.用活性炭如何净水？（参看教科书图3-18活性炭净水示意图）

第二环节（循环）：学生交流（略）

第三环节（循环）：教师答疑

1.解释过滤操作"一贴、二低、三靠"的要求及玻璃棒的作用。

2.如何除去水中的不溶性杂质？

（1）自然沉淀分离；（2）过滤分离；（3）活性炭吸附分离。

3.吸附净水既能除去不溶性杂质，也能除去可溶性杂质。

4.自来水厂净水一般采用联合净水方法。（参看教科书图3-15自来水厂净水过程示意图）

问题三：过滤及吸附后的水是纯净水吗？

第一环节（循环）：小组讨论与实验探究

1.过滤后的水除去了哪些杂质？可能含有哪些杂质？

2.自来水加热后为什么会产生水垢？（出示热水瓶中的水垢）

3.什么是硬水和软水？如何区分硬水和软水？

（学生实验、观察现象）

4.硬水有哪些危害？（播放硬水的危害视频）

5.采用什么办法可以使硬水变成软水？

第二环节（循环）：学生交流（略）

第三环节（循环）：教师答疑

1.难溶性物质：碳酸钙、碳酸镁；可溶性物质：碳酸氢钙、碳酸氢镁。

2.可溶性钙、镁化合物的硬水特性：遇到肥皂水产生沉淀或变混浊。

3.硬水软化的方法：（1）生活——加入煮沸；（2）工业——加入软化剂（阳离子交换树脂）；（3）蒸馏。

4.蒸馏时在烧瓶中加入沸石（或碎瓷片）的目的是防止爆沸。

问题四：如何得到净化程度更高的水？

第一环节（循环）：小组讨论与实验探究

视频播放：蒸馏过程。

1.蒸馏能除去哪些杂质？

2.实验室制蒸馏水时，为什么要在蒸馏烧瓶中加入几粒碎瓷片？

3.蒸馏原理是什么？

第二环节：学生交流（略）

第三环节：教师答疑

1.蒸馏原理：根据水和杂质的沸点差异，将水变成蒸汽与杂质分离，再将蒸汽冷却可得较纯净的水。

2.蒸馏水是净化程度较高的水。

3.蒸馏不仅可以除去不溶性的杂质，也可以除去可溶性的杂质。

第四环节：精题精讲

1.以下是净水的操作，进行单一操作时，相对净化程度由低到高的排列顺序正确的是（　　　）

①静置沉淀　②过滤　③吸附过滤　④蒸馏

A.①②③④　　　　B.①④②③　　C.①③②④　　D.③①②④

2.下列不属于净化水的措施是（　　　）

A.吸附　　　　　　B.过滤　　　　C.电解　　　D.蒸馏

3.许多天然水常呈混浊状，是什么原因引起的?

4.在某些乡村，可以采用明矾净水，请简述明矾净水的原理。

第五环节：教学反馈

1.课堂小结（兼板书）

（1）本节课你学会了哪些知识和方法?

（边问边归纳）

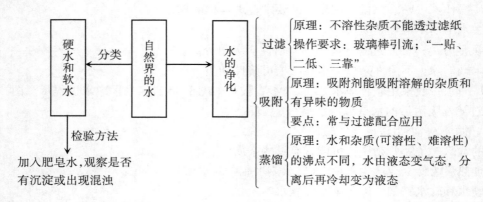

2.当堂检测

（1）叙述常用分离混合物的方法。

（2）指出右图中的错误：

（3）要除去水中的下列杂质，应该采用什么方法：

①水中的泥沙＿＿＿＿＿＿＿＿＿＿＿＿＿＿＿＿＿＿＿＿；

②水中的有色、有味物质＿＿＿＿＿＿＿＿＿＿＿＿＿＿；

③水中酒精＿＿＿＿＿＿＿＿＿＿＿＿＿＿＿＿＿＿＿＿＿。

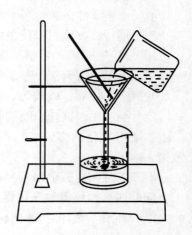

布置作业：

1.教科书习题。

2.假设家中没有滤纸和漏斗，请设计简易净水器，画出净水器示意图。

如何正确书写化学方程式

——以人教版义务教育教科书九年级化学为例

（兰州第三十二中学，王忠骞）

一、教学分析

（一）教材分析

元素符号、化学式、化学方程式是九年级化学入门的三种重要化学用语，是学习化学的重要工具。本节课是继第五单元课题1"质量守恒定律"之后，应用质量守恒定律进行符号表征的内容，主要介绍化学方程式的书写原则和书写步骤。完成本节课的学习，学生不仅学会利用化学式来表示物质之间的化学变化，还为化学方程式的计算打下了基础。

（二）学情分析

第四单元"构成物质的奥秘"的学习中，学生已经学习了元素、分子、原子、化学式、化合价等相关知识，学会了书写元素符号、化学式，知道元素符号、化学式所表达的含义；在本单元课题1"质量守恒定律"学习中，学生知道质量守恒的根本原因是反应前后原子种类不变，原子个数不变。这为本节课学习书写化学方程式奠定了基础。

二、设计理念

通过创设"我尝试""我体验""我挑战""我展示""我反思""我归纳"等多种活动，让学生动手、动口、动脑，增强他们的参与意识，感悟符号表征的意义。

三、教学目标

1.通过文字表达式和符号表达式的对比，知道化学方程式的意义。

2.在讨论的基础上，能总结出从化学方程式中获得的信息，进一步理解化学方程式的含义。

3.在归纳书写化学方程式的步骤（写、配、标、等）的基础上，知道书写化学方程式应遵循的两个原则（以客观事实为依据；遵守质量守恒定律），能正确书写简单的化学方程式。

四、教学重难点

重点：正确书写化学方程式。

难点：化学方程式的配平方法。

五、教学方法

讨论、总结、练习。

六、教学准备

1.用品或用具：木炭、氧气、集气瓶、镊子、火柴、玻璃片等。

2.多媒体投影设备。

七、教学过程

教学环节	教学内容及活动安排	设计意图
引入新课	演示:木炭在氧气中燃烧。 要求:写出木炭在氧气中燃烧的文字表达式。	化学符号反映客观事实,不是主观臆造。
我尝试	将文字表达式改写为化学方程式。 问题: (1)什么是化学方程式。 (2)用化学方程式表示化学反应有什么优点? 【我归纳】 (1)若将反应物、生成物改写成相应的化学式,箭头改为等号,反应条件写在等号的上方(有催化剂时其他条件写在下方),这种用化学式来表示化学反应的式子叫作化学方程式。 (2)化学方程式表示化学反应简明,是国际通用语言。	1.从文字表达式到化学方程式的转化,建立新、旧知识的联系。 2.感悟化学方程式表示化学反应的优点。
我体验	活动一:写出下列化学反应的方程式: 1.铁丝在氧气中燃烧; 2.红磷在氧气中燃烧。 【我归纳】 (1)书写化学方程式的原则:①以事实为依据;②遵守质量守恒定律。 (2)配平的基本方法——最小公倍数法。	1.让学生体验配平的目的和方法。 2.领会书写化学方程式的原则。
我挑战	活动二:写出下列反应的化学方程式,并总结出书写化学方程式的步骤。 1.用过氧化氢溶液和二氧化锰来制取氧气。 2.水通直流电生成氢气和氧气。 【我归纳】书写化学方程式的步骤: (1)写:用化学式表示反应物和生成物; (2)配:用最小公倍数法配平化学方程式; (3)表明反应条件和与原物质不同的状态; (4)等:将短线改为等号。	感悟化学方程式书写的过程并总结书写步骤。
我展示	活动三:完成学案中的第一、二组练习。 小组之间相互讨论,教师利用投影,组织交流。	在练习、讨论、纠错的过程中,锻炼正确书写化学方程式的能力。
我反思	活动四:从化学方程式:$C+O_2 \xrightarrow{\text{点燃}} CO_2$ 中,你能获得哪些信息? 学生讨论交流,教师补充。 【我归纳】化学方程式的含义: (1)碳和氧气在点燃条件下生成二氧化碳——反应物质变化关系; (2)1个碳原子与1个氧分子生成1个二氧化碳分子——反应微粒个数关系; (3)每12份质量的碳跟32份质量的氧气完全反应生成44份质量的二氧化碳——反应物与生成物各物质之间的质量关系。 既反映质的关系,又反映量的关系。宏观上质量守恒,微观上原子种类与个数守恒。	全面、准确地理解化学方程式所表达的含义,为以后运用这些含义来解决具体问题打下基础。
我总结	见板书设计。	促进知识结构化。

八、板书设计

正确书写化学方程式
{
书写化学方程式的意义：简明、国际通用
正确书写化学方程式的原则：(1)依据客观事实；(2)遵守质量守恒
书写化学方程式的步骤：写、配、标、等
化学方程式的含义：既反映质的关系,又反映量的关系
}

附：学案

第一组练习：写出下列化学反应的方程式。

1.实验室加热高锰酸钾制取氧气；

2.实验室加热氯酸钾和二氧化锰的混合物制取氧气。

第二组练习：通过以下信息写出相关的化学方程式。

1."长征三号"火箭用液氢和液氧做燃料，写出其燃烧的化学方程式；

2.甲烷（天然气的主要成分）在空气中燃烧后生成的是二氧化碳和水；

3.锌与稀盐酸反应，生成氯化锌和氢气；

4.将二氧化碳通入澄清石灰水中，生成碳酸钙和水。

二氧化碳和一氧化碳（第一课时）

——以人教版义务教育教科书九年级化学为例

（兰州十九中教育集团，陆星）

一、指导思想

新课程倡导化学课堂教学是以学生为中心，以学生的发展为目标，开展"自主、合作、探究"等多样化的学习方式。本节课以科学探究作为突破口，搭建多样化的学习平台，激发学生的学习主动性和创新意识，使学生获得化学知识和技能的同时，领悟化学在生产、生活中发挥的作用，形成科学的价值观。

二、教学分析

1.教学内容分析：本课题内容是人教版义务教育教科书九年级化学（上册）第六单元的第3个课题。二氧化碳与生命活动、生产、生活及环境有着密切的联系，是继氧气之后的另一非常重要的气体物质。本节课的知识点有：（1）二氧化碳的物理性质（密度、凝固点等）；（2）化学性质（二氧化碳与水反应、与石灰水反应的原理等）。通过学习的过程，不仅对二氧化碳有一个系统的认识，还能应用二氧化碳的有关知识解释生产、生活中的现象。

2.学生学习情况分析：学生已经初步认识了氧气，对于研究物质的物理性质、化学性质以及性质决定用途的思路有了一定的认知基础。对于二氧化碳的相关知识学生已有所了解，在小学自然中已经知道二氧化碳参与光合作用、能引发温室效应、可以充入饮料、可以灭火等；在九年级化学第二章学习氧气时已经知道用石灰水可以检验二氧化碳等。

3.教学任务分析：本节课在深入学习二氧化碳性质的基础上，通过实验探究，培养学生的创新意识，应用知识解决实际问题的能力。

三、教学目标

1.通过二氧化碳性质的探究过程，能说出二氧化碳的性质（与水反应，与石灰水反应），能写出有关的化学方程式，能描述实验现象，能解释生产、生活中的现象（石灰浆抹墙出汗、可乐瓶摇晃冒泡等），能解决生产、生活中的实际问题（二氧化碳的检验，菜窖中二氧化碳的检验），激发社会责任感和使命感。

2.通过解决问题，学会问题解决的方法，体会由现象到本质、性质决定用途的辩证关系，感受学习的乐趣。

四、教学重点和难点

重点：CO_2的化学性质。

难点：化学原理的分析。

五、教学方法

实验探究性教学法。

六、学习方法

1.探究学习法：通过对二氧化碳的物理及化学性质实验探究，提升学生的观察能力、语言表达能力及分析问题的能力。

2.自主学习法：利用资料和教材的阅读材料，能找出关键词及关键句，并归纳出要义，提高自主学习能力。

3.合作学习法：利用学生分组实验和小组讨论，在合作中获取知识，在交流中发展沟通能力。

七、教学过程设计

教学程序	教学内容与教学手段			设计意图
创设情境	创设情境：小组代表一句话发言："我认识的二氧化碳。" 播放视频：二氧化碳的光合作用、死狗洞之谜 引入：为什么科学家波漫尔认为：屠狗妖是二氧化碳。二氧化碳具有哪些性质？如何证明？让我们一起探究。			创设情境，激发学习欲望。
问题探究	**二氧化碳的物理性质探究** ［实验探究一］二氧化碳与空气密度比较 <table><tr><td>实验设计</td><td>实验现象</td><td>实验结论</td></tr><tr><td>将等大的、球皮质量相等的氢气球、二氧化碳气球、空气球同时抛向空中,观察气球的飘浮情况。 </td><td>氢气球向上运动。 空气球缓慢向下运动。 二氧化碳气球向下较快运动。</td><td>二氧化碳的密度比空气的密度大。</td></tr></table>			通过实验探究认识二氧化碳的物理性质与化学性质。

续表

教学程序	教学内容与教学手段	设计意图
问题探究	[实验探究二]二氧化碳溶解性 **二氧化碳的化学性质探究** 设疑:二氧化碳溶于水的过程,是否发生化学变化? [实验探究三]二氧化碳与水反应 [实验探究四]二氧化碳的稳定性 加热变红的小花,观察现象。现象:小红花褪色。 原因: $H_2CO_3 \xlongequal{\triangle} H_2O + CO_2\uparrow$ [实验探究五]二氧化碳与石灰水的反应 向澄清石灰水中呼气,观察现象。 现象:二氧化碳使澄清石灰水变混浊 分析:生成不溶于水的碳酸钙。 $Ca(OH)_2+CO_2 \rightarrow CaCO_3\downarrow + H_2O$(检验二氧化碳)	

[实验探究二]二氧化碳溶解性

实验设计	实验现象及分析	实验结论
1.向集满二氧化碳的矿泉水瓶中倒入约1/2体积的水。 2.立即旋紧瓶盖。 3.振荡。 	矿泉水瓶的外形变瘪。 原因:矿泉水瓶内压变小。	二氧化碳能溶于水。

[实验探究三]二氧化碳与水反应

实验设计	实验现象	实验结论
1.取两支试管,分别加入2mL紫色石蕊试液。 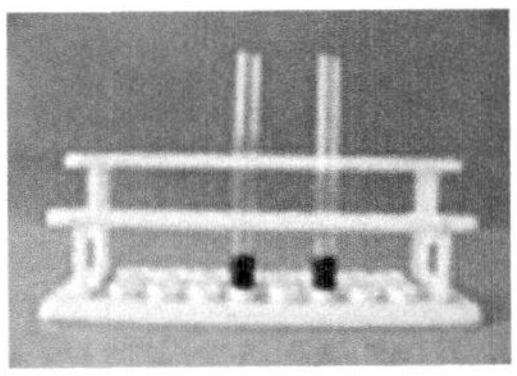 2.向其中的一支试管中加入塑料瓶中溶有二氧化碳的液体约2mL,对比观察液体的颜色。 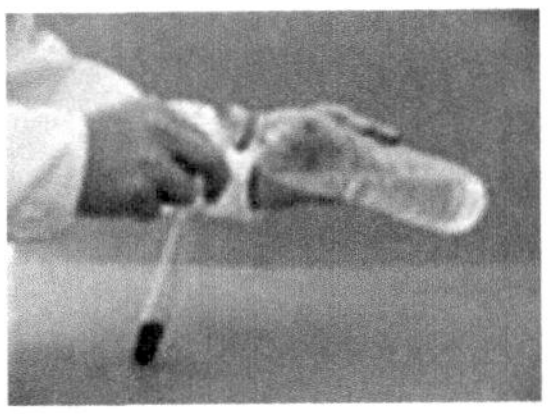	溶有二氧化碳的液体能使紫色石蕊试液变红色。 小资料:紫色石蕊是一种色素,遇酸变成红色。	二氧化碳和水反应生成酸,化学方程式为: $CO_2+H_2O = H_2CO_3$

续表

教学程序	教学内容与教学手段	设计意图
应用知识	1.解释"死狗洞之谜"。 学生回答: 2.久未开启的菜窖、干涸的枯井,也常发生安全事故。怎样做才更安全呢? 模拟菜窖实验视频:灯火实验。 3.解释"石灰浆刷白墙,搬来炉火墙出汗"。 4.设计实验检验可乐或啤酒中溶有二氧化碳。 小组讨论:评价二氧化碳的"功"与"过"。小组代表发言。	提高应用化学知识解决实际问题的能力和表达思想、观点的能力。
拓展提高	过渡:对于二氧化碳还有许多未攻克的难题。 视频:温室效应。 结束语:对于二氧化碳探究,不应局限于这节课的内容,希望同学们继续查阅资料学习,掌握更多的指导生产、生活的知识与技能。 作业: 1.查阅资料,撰写《二氧化碳的功与过》论文,准备演讲比赛。 2.以"二氧化碳的功与过"为主题,设计一期本班的板报。	为学生进一步学习做好铺垫。

八、板书设计

课题3　二氧化碳和一氧化碳

一、自然界中二氧化碳的循环
二、二氧化碳的性质
1.CO_2的物理性质
2.CO_2的化学性质
(1) CO_2与水反应
$CO_2+H_2O = H_2CO_3$
$H_2CO_3 \xrightarrow{\triangle} CO_2\uparrow +H_2O$
(2) CO_2与石灰水的反应
$Ca(OH)_2+CO_2 = CaCO_3\downarrow +H_2$
三、二氧化碳的用途
四、二氧化碳与人体健康

燃烧和灭火（第一课时）

——以人教版义务教育教科书九年级化学为例

（兰州第三十二中学，陈洁）

一、教学目标

通过合作交流、实验探究、归纳总结等学习活动，能说出燃烧的条件和灭火的原理，能应用所学知识解释和解决问题，发展证据推理能力，提高合作的意识，体验活动的乐趣，感受成功的喜悦。

二、教学重点和难点

难点：探究燃烧的条件和灭火的原理。

重点：探究燃烧的条件。

三、教学思路

通过小魔术、图片、视频等素材激发学生的好奇心；将教材中的演示实验进行改进，达到直观、环保、便捷的目的；通过问题引导，调动学生主动参与学习的积极性，体现学生的主体地位；通过有效使用微课，提高学习效率；通过推理归纳等方法，体会感性认识到理性认识的学习过程。

四、教学过程

教学环节	教学内容与活动安排
情境激凝	【小魔术】 (1)魔棒点灯:用蘸浓硫酸的玻璃棒点燃酒精灯; (2)煽风点火:用白磷的二硫化碳溶液浸湿的滤纸在空气中煽动。 【展示图片】铁丝在氧气中燃烧,木炭在氧气中燃烧,天然气在氧气中燃烧,酒精在氧气中燃烧等的图片。 【讨论】请大家通过讨论找出燃烧的共同点,归纳出燃烧的概念。 【归纳】燃烧的相同点:都与氧气反应,都发光、放热等。 燃烧的概念:燃烧是可燃物与氧气发生的发光、发热的剧烈的氧化反应。
燃烧的条件	【提出问题】燃烧需要什么条件? 【交流互动】猜想燃烧所应具备的条件。 【归纳】燃烧条件:(1)可燃物;(2)与氧气接触;(3)达到一定温度。 【探究活动】利用以下实验设计(课本实验的改进)探究燃烧所需的条件。 【演示】 气球　空气　热水　红磷　白磷 【交流和讨论】 (1)为什么热水中接触氧气的白磷燃烧,而接触氧气的红磷不燃烧? (2)为什么热水中的白磷不燃烧,而接触空气的白磷燃烧? 【归纳】 燃烧具备的三个条件同时满足,缺一不可。 着火点:燃烧所需的最低温度。

续表

教学环节	教学内容与活动安排
灭火原理 和方法	【视频】微课:火给人类带来的灾难(原创视频)。 【讨论】灭火的方法有哪些? 【归纳】(1)浇水;(2)沙土覆盖;(3)灭火器喷二氧化碳泡沫。 【讨论】灭火原理是什么?(交流后抢答) 【归纳】灭火原理:(1)清除或移走可燃物;(2)将可燃物与氧气隔绝;(3)把温度降低到可燃物的着火点以下。 【知识应用】点燃的蜡烛用哪些方法使火焰熄灭?(各组同学进行PK,想出尽可能多的方法,点评学生的回答,并补充学生没想到的方法) 【视频】微课:熄灭蜡烛燃烧的方法和原理(原创视频)。
课堂小结	【问题解释】小魔术原理。 【总结】请你说出本节课的收获(学生发言,补充梳理)。
课堂检测	1.一个小小的烟头就能引起一场大火,烟头在火灾中所起的作用是(　　) 　A.提供可燃物　　　　B.使可燃物的温度达到着火点 　C.提供氧气　　　　　D.升高可燃物的着火点 2.据报道,某地一个装白磷的储罐因交通事故发生白磷泄漏而迅速引发大火,现场白烟弥漫。消防人员马上用水冷却罐体,再用沙土围堰填埋的方式灭火,火势很快得到控制。请根据以上信息回答: (1)写出白磷(P_4)燃烧的化学方程式＿＿＿＿＿＿＿＿＿＿＿＿＿＿＿＿＿＿＿； (2)简述消防人员灭火方法的原理＿＿＿＿＿＿＿＿＿＿＿＿＿＿＿＿＿＿＿。
布置作业	(1)课本第135页习题;(2)尝试自制灭火器。

燃烧和灭火

——以人教版义务教育教科书九年级化学为例

(兰州第三十二中学,滕立玲)

一、教学目标

1.通过"燃烧的条件"和"灭火的原理和方法"的探究、讨论、总结,能说出灭火的条件,能解释生活中的自燃现象;能说明灭火的原理和方法,知道火灾的急救措施和逃生方法。

2.通过实验探究和问题讨论,提高证据推理能力和归纳总结能力。

3.通过情境素材和知识应用,体会科学的价值,增进热爱科学的情感。

二、教学思路

1.在学习知识的同时,渗透学法指导,如,根据燃烧条件的实验如何进行证据推理,如何从一般现象中抽象出结论等。

2.应用实验探究、问题讨论的教学方法,调动学生主动思考的积极性,锻炼学生的动手实验能力,提高学生的思维能力。

3.利用现代教育技术（视频、实物展台），既增加课堂容量，又提高学习效率。

4.通过情境素材，渗透"从生活到化学，从化学到社会"的理念，激发学生学习的兴趣。

三、教学过程

（一）新课导入

【视频播放】播放一段燃烧的画面，激发学生学习的兴趣。

【提问】关于燃烧，你知道哪些知识？（学生回答）

（二）新课教学

1.燃烧的条件

【视频播放】"神九飞天"（将神九飞天视频放慢速度播放，利于学生观察）。

【提问】神九飞天的动力是什么？你的依据是什么？

（学生分析思考并回答，教师总结。）

"神九飞天"的动力是燃料燃烧释放出的巨大能量，反作用于神九，使神九产生前进的动力。

【提问】你能不能举出一些生活中有关燃烧的例子？

（学生举例，感受燃烧现象。）

【提问】谁能用自己的话说一说什么是燃烧？

（学生思考并回答，教师引导提示。）

燃烧是可燃物与氧气发生的一种发光、发热的剧烈的氧化反应。

【设问】要发生燃烧需要具备哪些条件呢？

【活动与探究】

学生猜想：（1）有能与氧气反应的物质（可燃物）；（2）可燃物与空气或氧气接触；（3）提供一定的温度。

【教师演示】实物展台展示。

实验1：在500mL烧杯中注入400mL热水，按图1所示装置实验，观察现象。

实验2：在500mL烧杯中注入400mL热水（温度约80℃），底部放一个金属盖，将白磷置于金属盖中（防止白磷游动），如图2所示，观察现象；再将一个大试管扣在白磷的上方，观察现象。

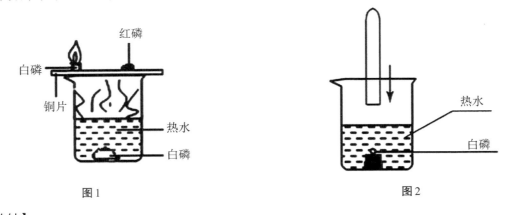

图1   图2

【现象总结】

实验1：发现铜片上的白磷燃烧，而红磷没有燃烧，热水中的白磷也没有燃烧。

实验2：热水中的白磷没有燃烧，扣上大试管后白磷在大试管中燃烧。

【问题】请根据实验1和实验2的现象，并结合课本表7-1在通常状况下一些常见物质的着火点数据，你能获得哪些结论？说明依据。

【问题解释】

（1）同是白磷，铜片上的白磷燃烧，水中的白磷不燃烧，说明白磷燃烧需要接触氧气；同是磷元素形成的单质，白磷燃烧，而红磷不燃烧，说明白磷和红磷的着火点（燃烧所需的最低温度）不同。

（2）进一步说明白磷接触氧气并达到着火点才能燃烧。

【获得结论】燃烧的条件（如图3）

（1）有可燃物和助燃物（氧气）；

（2）可燃物与氧气（或空气）接触；

（3）温度要达到着火点。

【问题】白磷在不加热的条件下能否与空气反应？

【趣味实验】白磷的自燃

（1）在一支试管中加入1mL二硫化碳（CS_2），再加入一小块白磷，振荡，得到溶液。

图3

（2）将滤纸条用二硫化碳的白磷溶液浸湿，用镊子或坩埚钳夹住滤纸条在空气中煽动。（说明：二硫化碳易挥发）

【现象】滤纸条燃烧。

【结论】白磷可以自燃（白磷自燃后引起滤纸条燃烧）。

【问题】白磷自燃是否达到着火点？所需的温度如何产生？

【解释】白磷在空气中缓慢氧化放热，当热量聚集达到着火点后就能燃烧。

【拓展】自然界中经常发生自燃现象，如，坟墓附近夜晚常看到荧光（民间称"鬼火"），草堆突然起火（民间称"天火"），老百姓没有相关的科学知识时，总是将这与迷信联系在一起。当我们学习了燃烧的条件后知道：科学才是战胜迷信的最好武器。

2. 灭火的原理和方法

【引导】如果破坏了燃烧的条件，使燃烧反应停止，就可以达到灭火的目的。

【讨论与交流】

（1）你如何熄灭燃烧的蜡烛？为什么？

（2）炒菜时油锅中的油不慎着火，如何处理？为什么？

（3）堆放杂物的纸箱着火了，如何处理？为什么？

（4）扑灭森林火灾的有效方法之一是将大火蔓延线路前的一片树木砍掉，为什么？

（5）解释成语"釜底抽薪""杯水车薪"的意思，说明其中蕴含的灭火道理。

【交流结果】

（1）用嘴使劲吹气——降低温度，可燃物达不到着火点；罩一个玻璃杯——隔绝空气。

（2）盖上锅盖——隔绝空气。

（3）用水浇灭——降低温度，可燃物达不到着火点。

（4）消除大火蔓延线路前的可燃物。

（5）釜底抽薪——清除可燃物。原意为抽去锅底的柴草，现比喻从根本上解决问题。

杯水车薪——一杯水不足以降低可燃物的着火点。原意为用一杯水去救一车着了火的柴草。现比喻力量太小，解决不了问题。

【演示实验】灭火的原理

简易灭火装置如图4所示。

按如下操作步骤进行：

（1）在饮料瓶中注入碳酸钠溶液，小试管中加入浓盐酸。

（2）盖上并拧紧带孔瓶盖，将饮料瓶倒转过来。

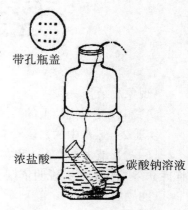

带孔瓶盖

浓盐酸

碳酸钠溶液

图4

【原理分析】

喷射出的液体可降温；二氧化碳不燃烧，密度比空气大，能隔绝空气。

【视频播放】Flash动画：面对火灾时如何进行灭火和逃生。

【总结】

（1）灭火的根本就是要破坏燃烧的条件。

（2）火灾自救逃生措施：①火势较小，自己采取措施灭火。②火势较大，要向逆风的方向逃生，如果火源在自己所在的楼层，应该向楼下逃生。在逃生时要随手关上通道上的门窗，防止浓烟蔓延。③逃生时遇到浓烟区，一定要用湿毛巾蒙鼻，匍匐前进，避免吸入浓烟。④如果大火及身，披裹湿被寻找通道逃生。⑤如果逃生通道被火势阻挡，可以将床单、被罩或窗帘等撕成条，搓成绳，系在窗栏上，握紧绳子滑下。⑥如果火势太大不能逃生，应该寻找避难场所，最好是在有水源的地方，如卫生间，关闭门窗，用湿棉被，湿毛巾堵住门窗缝隙，防止浓烟侵入。⑦如果火势、浓烟太大，而自己已经失去自救的能力，一定要努力滚到墙边或门口，因为消防员在救人时是靠墙行走的。⑧逃生时莫入电梯。

学习防火自救常识，防患于未然，让我们学会生存，懂得在突如其来的危险面前如何学会自我保护。

（三）课堂练习

1.一个烟头可引起一场大火，烟头在火灾中的"罪状"是（　　　）

A.使可燃物达到燃烧的温度　　　　B.提供氧气　　　　C.提供可燃物　　　　D.降低可燃物的着火点

2.居室内起火时，为何打开门窗，火反而会燃烧得更旺？

3.一旦发现煤气泄漏，首先应该做的是什么？应采取哪些应急措施？

请学生在电子白板上写下答案，教师组织学生评价。

（四）课堂小结

你能谈一谈本节课有什么收获？（学生谈收获）

（五）布置作业

谈一谈燃烧对生活的"利"与"弊"？

燃料的合理利用与开发
——以人教版义务教育教科书九年级化学为例
（兰州华侨实验学校，马小小）

一、教学分析

（一）教材分析

本课题是人教版义务教育课程标准实验教科书第七单元"燃料及其利用"的内容，教材从实验活动引出化学反应中伴随着能量的变化，引入生产、生活中最常见的获得能量的方式——燃料的燃烧，由此介绍现阶段使用最为广泛的三大化石燃料的来历及综合利用，从化石燃料的不可再生性认识能源危机，理解合理的开发和利用化石燃料以及开发利用新能源的重要意义。本节内容安排1课时完成。

（二）学情分析

学生通过第二单元"我们周围的空气"、第三单元"自然界的水"、第五单元"化学方程式"、第六单元"碳和碳的氧化物"等内容的学习，知道常见的化学反应，且绝大多数化学反应都放出热量；通过本章课题1"燃烧和灭火"的学习，知道有关燃烧的现象和条件、灭火的原理和方法及易燃易爆的安全知识。这些都是本节课学习的基础。

二、教学目标

1.通过实验探究和问题讨论，知道化学反应有放热反应和吸热反应，且大多数化学反应是放热反应。能说出燃料充分燃烧的条件和意义，树立节约资源的意识。

2.通过问题讨论、学生阅读和归纳总结，知道化石燃料是人类重要的自然资源，能说出石油和煤的成因，知道煤和石油综合利用可以提高利用率，能说出提高煤和石油综合利用的方法，认识合理开采使用化石燃料的重要性。

3.通过问题讨论、实验探究，能说出甲烷的存在、物理性质和化学性质，以及与生产、生活的密切联系。

4.通过化石燃料存在的危机的讨论和新能源的介绍，知道开发和使用新能源的意义，增强社会责任感。

三、教学重点和难点

重点：化学反应中的能量变化、化石燃料的综合利用及甲烷的性质。

难点：煤和石油的综合利用的原理及燃料充分燃烧的条件和意义。

四、教学策略

应用课前预习、活动探究、学生阅读、思考讨论、归纳总结等学习方式，培养学生主动学习的能力，以体现学生是学习主体的理念。以角色扮演、图片展示、视频播放等多种教学形式，增强课堂的趣味性，激发学生学习的积极性。通过煤和石油的综合利用、化石燃料存在的危机等教学素材，让学生体会物尽其用、资源利用效率最大化和开发新能源的意义，增强学生的社会责任感。

五、课前准备

教学课件、视频素材、试管、小烧杯、导管、储有甲烷的储气瓶、石灰水、酒精灯等。

六、教学过程

教学环节	教学内容与活动安排	设计意图
化石燃料知多少	【预习反馈】 1.角色扮演:假设你是煤、石油、天然气中的其中一种,请简单描述你自己。 2.请回答:你知道的新型能源有哪些?	展示预习成果。
	【新课引入】 视频播放:"中国原油期货正式挂牌交易"新闻。 人们之所以对石油问题给予高度关注,主要是因为石油是当今生产、生活的重要能源。与石油一样,煤、天然气也是重要的能源。所以人们形象地称石油是工业的血液,煤是工业的粮食。	引导学生关注能源国情。

续表

教学环节	教学内容与活动安排	设计意图
化学反应中的能量变化及其利用	【问题】 化学反应在生成新物质的同时,还伴随着能量的变化。(1)请举例说明哪些化学反应放出热量?(2)是不是所有化学反应都放出热量呢? 【实验视频】(1)$CaO+H_2O$—;(2)$Al+HCl$— 【归纳】 (1)大多数化学反应放出热量,如,$C+O_2$—;$CaO+H_2O$—;$Al+HCl$—… (2)化学反应分为放热反应与吸热反应 $C + O_2 \xrightarrow{\text{点燃}} CO_2$(放热反应) $CO_2 + C \xrightarrow{\text{高温}} 2CO$(吸热反应)	了解化学反应中的能量变化,包括缓慢氧化、氧化钙与水的反应等。
	【问题】 人类在生产、生活中是如何利用能源的呢?[讨论] 【归纳】 (1)生活燃料如天然气、碳等,用于做饭、取暖等。 (2)煤燃烧用于发电,氢气燃烧用于发射火箭等。 (3)汽油、煤油、柴油燃烧用于提供飞机、汽车、轮船、拖拉机的动力。 (4)炸药爆炸用于开山炸石、拆除危旧建筑等。 (5)食物在体内缓慢氧化用于提供生命活动所需的能量。 (6)焦炭燃烧用于冶炼金属。	思考并整理能源的利用。
煤和石油的综合利用	【问题】 (1)化石燃料有哪些? (2)化石燃料是如何形成的? (3)化石燃料是可再生能源吗? (4)煤和石油为什么要综合利用? (5)用什么方法可以使煤和石油得到综合利用? [学生阅读]化石燃料。 【归纳】 (1)化石燃料包括煤、石油和天然气,它们都属于混合物。 (2)古代生物遗骸经一系列复杂变化而形成。 (3)化石燃料是不可再生能源。 (4)防止资源浪费,物尽其用。 (5)煤的干馏和石油的分馏(炼制) 煤:干馏——焦炭、煤焦油、煤气; 石油:炼制——汽油、煤油、柴油、润滑油、石蜡、沥青等。 【视频播放】煤的形成、石油的形成过程。 【看图解读】 煤 $\xrightarrow[\text{强热(化学变化)}]{\text{隔绝空气}}$ { 煤气——重要的燃料 煤焦油——化工原料 煤炭——冶炼金属 } 石油炼制:溶剂油、汽油、航空煤油、煤油、柴油、润滑油、石蜡、沥青	认识化石燃料的种类、形成过程、再生性、煤和石油的综合利用及加工手段。

续表

教学环节	教学内容与活动安排	设计意图
认识天然气	【引导】在有石油的地方,一般都有天然气存在。 【问题】 (1)天然气的成分是什么?(2)甲烷是怎样存在的? 【归纳】(1)天然气的主要成分是甲烷,甲烷是由碳和氢元素组成的气态碳氢化合物(CH_4)。 (2)自然界——存在于池沼中;人工——沼气池。 【问题】甲烷有哪些性质? [实验7-4]甲烷的颜色、状态及燃烧现象 【归纳】 (1)甲烷的物理性质 表1 (2)甲烷的燃烧 表2 注意:点燃甲烷前要检验纯度。 【知识拓展】 (1)煤矿的矿井生产为什么要严禁烟火? (2)农村利用沼气池产生沼气有什么好处? (3)人工产生的沼气能否再生? (4)要提高燃料燃烧的利用率应采取哪些措施? 【归纳】 (1)煤矿的矿井坑道中含有瓦斯气(主要含甲烷),遇到明火容易爆炸,即"瓦斯爆炸"。 (2)解决生活用燃料;改善卫生环境。 (3)可以再生,甲烷燃烧生成二氧化碳和水,二氧化碳和水可以转化为绿色植物,绿色植物发酵又可以产生沼气。 (4)空气足够多;燃料与空气的接触面足够大。	应用所学有关甲烷的性质(颜色、状态、在水中的溶解性、密度大小,燃烧及其产物)。 应用所学甲烷的知识解决问题。
化石燃料面临的危机	【引导】化石燃料要经过数百万年才能形成,随着人类对能源的需求量日益增长,化石燃料等不可再生能源面临枯竭的危险。 【讨论】 (1)根据课本表7-3我国1998年化石燃料储量及年产量提供的信息,请你估算我国石油、煤、天然气多少年后将被耗尽? (2)被科学家发现的新能源有哪些? 开发利用前景如何? 【归纳】 (1)估算结果:石油约29年,天然气约63年,煤约92年。(2)可燃冰、页岩气、乙醇汽油等。 【视频播放】可燃冰、页岩气。	认识化石燃料的危机及开发新能源的意义。

表1:

颜色	气味	状态	密度	水溶性
无色	无味	气体	比空气小	极难溶于水

表2:

	实验现象	解释
点燃甲烷	产生蓝色火焰	$CH_4+2O_2 \xrightarrow{\text{点燃}} 2H_2O+CO_2$
火焰上方罩干冷的烧杯	烧杯内壁出现水珠	甲烷燃烧生成水(说明甲烷中含有H元素)
烧杯倒过来,注入少量澄清石灰水	石灰水变混浊	甲烷燃烧生成二氧化碳(说明甲烷中含有C元素)

续表

教学环节	教学内容与活动安排	设计意图
课堂练习	1.下列说法正确的是(　　) A.天然气就是甲烷,所以它是纯净物 B.将石油分馏可以得到汽油、煤油等产品 C.煤不可再生,而石油可再生 D.天然气的主要成分是甲烷 2.下列关于石油的叙述,不正确的是(　　) A.石油是一种化工产品 B.石油是一种混合物 C.可利用石油产品发电 D.将石油分馏可得到多种产品 3.下列变化中存在化学能转化为热能的是(　　) A.灯泡通电发光 B.镁条在空气中燃烧 C.植物的光合作用 D.电解水 4.人类大规模使用燃料的大致顺序:木柴→木炭→煤→石油→天然气。 (1)上述燃料中属于化石燃料的是_____。这些化石燃料属于_____(填"纯净物"或"混合物"),通常被称为"清洁能源"的是_____。 (2)天然气(主要成分为 CH_4)完全燃烧的化学方程式为:_____。 (3)石油的炼制得到很多产品,下列不属于石油炼制产品的是(填序号)_____。 ①汽油　②柴油　③食用酒精	巩固概念。
课堂小结	【梳理】教师问,学生答。 见板书设计	梳理本节课知识内容

七、板书设计

课题2　燃料的合理利用与开发

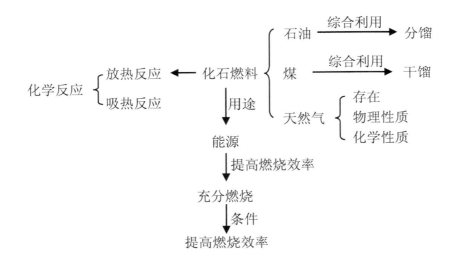

洁净的燃料——氢气
——以科教版义务教育教科书九年级化学为例

（甘肃省秦安县王窑中学，王晓鹏）

一、教学分析

（一）教材分析

"洁净的燃料——氢气"是科学教育出版社义务教育教科书九年级化学第五章"燃料"第一节的内容。教材以燃料为主题，以氢气的燃烧为主线安排教学内容，不仅涉及知识，还涉及技能方法以及情感态度价值观。主要的知识点有：氢气的密度小，极难溶于水，可以燃烧，不纯的氢气燃烧会爆炸，氢气是高能清洁燃料。主要的技能方法有：气体验纯，实验现象分析，性质决定用途的认识。价值观内容有：安全意识，燃料的价值；从认识方式看，体现从感性到理性的认识思想。

（二）学情分析

学生已具备的知识有：（1）燃烧的条件（第三章）；（2）电解水可以得到氢气（第四章）。学生已具备的经验有：了解生活中的燃烧现象及安全事故。本节教材内容的学习，可以帮助学生认识氢气燃烧原理及其应用价值，同时辩证地看待氢气在生产、生活中的功与过。

（三）教学任务与教学手段

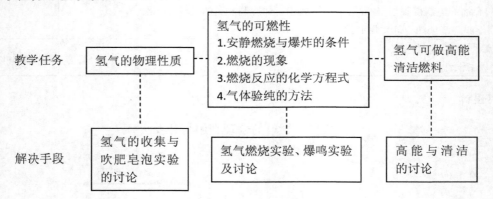

二、教学设计

（一）教学设计思路

通过问题驱动和实验探究，帮助学生认识氢气的性质，通过交流讨论，辩证地看待氢气的功与过，以此发展学生的学科核心素养。

（二）教学环节

情境引入→实验探究→交流讨论→课堂小结→课堂训练。

（三）教学目标

1.通过氢气吹肥皂泡实验，能描述氢气的物理性质。

2.通过氢气燃烧实验，知道氢气具有可燃性，能描述氢气燃烧的现象，能说出氢气燃烧的产物，能写出氢气燃烧的化学方程式。

3.通过氢气验纯实验，知道不纯的氢气点燃时会发生爆炸，体会量变引起质变的思想，体会安全操作的意义，知道如何检验氢气的纯度。

4.通过氢气是一种高能洁净燃料的问题讨论，能解释"高能、洁净"的原因，体会性质决定用途的思想。

（四）教学重点和难点

重点：氢气的物理性质及可燃性、氢气的检纯。

难点：点燃氢气之前必须检纯的原因和方法。

（五）教学用具

多媒体。

（六）教学方法

自主学习、合作探究。

（七）课时安排

1课时。

三、教学过程

【引言】同学们，根据你的生活经验，你知道燃料有哪些？

【学生】思考并回答。

【教师】燃料有很多种，如，煤、石油和天然气等，但是这些都是化石燃料，它们燃烧后产生污染性气体或温室气体，今天我们要学习一种洁净的能源——氢气。既然氢气是重要的燃料，那么，你知道它的燃烧原理吗？

【学生】学生思考，产生愤悱状态。

【PPT展示】现代社会的生产、生活中，氢气发挥着重要的作用，如，氢气可做火箭推进剂，利用氢气燃烧放出的热量可以切割金属……

1.氢气有哪些物理性质？

【实验探究一】（1）排水收集一试管氢气，观察现象；（2）用氢气流吹肥皂泡，观察现象。

实验现象：（1）氢气无色，试管内收集的气体难溶于水；（2）肥皂泡向上运动。

【结论】氢气是无色无味气体，比空气的密度小（是最轻的气体），极难溶于水。

【问题扩展】还有哪些方法可以判断氢气和空气的相对密度大小？

（教师提问，学生讨论，教师总结）

2.氢气的化学性质——燃烧

（1）氢气可以燃烧吗？需要什么条件？有何现象？反应生成什么产物？

【实验探究二】点燃导管导出的氢气（已验纯），火焰上方罩一个干而冷的烧杯，观察现象，用手触摸烧杯。

实验现象：氢气在点燃条件下可以安静燃烧，火焰呈淡蓝色，杯内壁有水雾，用手触摸，烧杯发烫。

【结论】常温下化学性质稳定，点燃时燃烧：$2H_2+O_2 \xrightarrow{\text{点燃}} 2H_2O$。

热值：$143×10^{-3}kJ/kg$。

（2）为什么氢气点燃必须要求气体纯净？

【播放视频】氢气的爆鸣：易拉罐底部钻一小孔，并用木条塞住，然后将易拉罐开口朝下收集一罐氢气，去掉木条点燃。观察现象。

实验现象：易拉罐弹起，发出强烈的爆鸣声。

【讨论】爆鸣声是如何产生的？

结合燃烧与灭火原理，复习爆炸的化学解释。

热量在短时间内和有限的空间聚集，使气体体积急剧膨胀，发生爆炸。发出的声音称为爆鸣。

【学生阅读】氢气的爆炸极限：4.0%～75.6%（体积浓度）。

【结论】氢气与空气混合后点燃，发生爆炸。

（3）怎样检验氢气的纯度？

【实验探究三】收集一试管氢气，用拇指堵住试管口，使试管口稍向下倾斜，接近酒精灯火焰，再移开拇指点火。

若听到"噗"的一声，说明氢气已纯净。

若听到尖锐的爆鸣声，则表明氢气不纯。

【问题讨论】甲、乙两位同学氢气验纯的操作是否正确？为什么？

甲同学用小试管收集氢气并将试管管口向下移近酒精灯火焰，结果听到尖锐的爆鸣声，他未经任何操作便马上用同一只试管去收集氢气，准备再一次验纯；

乙同学将收集了氢气的试管管口向上移近酒精灯火焰，没有听到爆鸣声，他判决氢气已纯。

（学生回答，教师总结）

（4）为什么说氢气是洁净的高能燃料？

【讨论并总结】洁净：燃烧产物是水，无污染；高能燃料：氢气的热值是汽油的3.1倍。（氢气的热值：$143 \times 10^{-3} kJ/kg$，汽油的热值：$46 \times 10^{-3} kJ/kg$）

3.氢气有哪些用途？依据是什么？

（学生阅读课本并通过分析找出依据）

【总结】（1）充气球——密度比空气小；做洁净高能燃料（火箭推进剂）——燃烧，热值高，无污染；（3）燃烧火焰切割金属——燃烧放出大量的热。

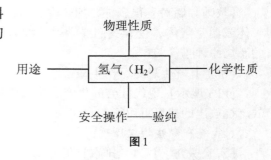

图1

【课堂小结】

1.知识结构：（师生共同总结）如图1所示。

2.氢气的"功与过"。

功：如用途。

过：易燃易爆，存在安全隐患。

【板书设计】

5.1 洁净的燃料——氢气

一、氢气的物理性质

无色，密度很小，极难溶于水。

二、氢气的化学性质

1.可燃性

$$2H_2 + O_2 \xrightarrow{\text{点燃}} 2H_2O$$

点燃纯净的氢气，安静燃烧，淡蓝色火焰，放出大量的热。

点燃氢气与空气的混合物，发生爆炸。

2.安全操作——验纯

三、氢气的用途

做燃料：高能、洁净

【作业】略

酸和碱的中和反应（第一课时）

——以人教版义务教育教科书九年级化学为例

（兰州第三十二中学，陈晓玲）

一、教学目标

1.通过活动与探究，认识酸和碱之间能够发生中和反应，能从物质分类的角度说出中和反应的定义及其反应规律，体会"从个别现象到一般"的认识事物的方法。能从酸和碱的粒子构成角度说出酸和碱中和的实质，能写出常见的酸和碱发生反应的化学方程式。

2.通过中和反应在日常生活和工农业生产中的应用的阅读和讨论，体会应用中和反应知识解决实际问题的重要意义。

二、教学重点和难点

重点：中和反应的概念及其应用。
难点：中和反应的微观实质。

三、教学方法

实验探究、分组讨论、归纳总结。

四、教学准备

多媒体投影设备、酸碱中和反应的有关仪器和药品。

五、教学过程

环节	教学内容与活动安排	设计意图
导入新课	【创设情境】 1.介绍浓硫酸罐车泄漏事件,用大量的熟石灰紧急处理的新闻。 【提问】 1.为什么可以用熟石灰与浓硫酸反应来处理泄漏的硫酸呢? 2.猜测其他的酸和碱是否也能发生反应。	激发学习欲望。
中和反应的概念与规律	【教师演示1】稀盐酸和氢氧化钠溶液混合,观察现象。 【提问】这个反应无明显现象,你能设计一个有明显现象的实验证明稀盐酸和氢氧化钠溶液发生反应吗? 【讨论】分组讨论并设计实验方案。 【总结】(1)应用酚酞试液证明;(2)应用石蕊试液证明。 【教师演示2】(1)先取氢氧化钠溶液,滴加几滴酚酞试液,再逐滴滴加稀盐酸,溶液红色消失,证明酸和碱之间能发生反应;(2)先取氢氧化钠溶液,滴加几滴石蕊试液,再逐滴滴加稀盐酸,溶液由黄色变为红色,证明酸和碱之间能发生反应。	

续表

环节	教学内容与活动安排	设计意图
中和反应的概念与规律	【结论】酸和碱能发生反应。 【提问】酸和碱反应生成什么物质？请写出反应的化学方程式。 【教师演示3】取2滴上述（1）反应后的无色溶液滴在玻璃片上,使液体蒸发,观察玻璃片的现象。 【讨论】玻璃片上的物质是氢氧化钠吗？ 【教师演示4】将玻璃片上的物质溶解后滴入酚酞试液,观察现象。 【结论】盐酸和氢氧化钠反应生成了新的物质。 【引导】氢氧化钠（NaOH）和盐酸（HCl）中含有哪些离子？离子重新组合后生成什么物质？ 【结论】盐酸和氢氧化钠反应生成氯化钠和水。反应的化学方程式为：$NaOH+HCl=\!\!=\!\!=NaCl+H_2O$。 【拓展】其他的酸和碱也能发生类似的反应吗？ 【教师】实验证明,其他的酸和碱也能发生类似的反应。 【练习】请写出下列反应的化学方程式： （1）氢氧化钠与硫酸； （2）氢氧化钙与硫酸； （3）氢氧化钙与盐酸。 （检查纠错并整理） $2NaOH+H_2SO_4=\!\!=\!\!=Na_2SO_4+2H_2O$ $Ca(OH)_2+H_2SO_4=\!\!=\!\!=CaSO_4+2H_2O$ $Ca(OH)_2+2HCl=\!\!=\!\!=CaCl_2+2H_2O$ 【提问】 1.这4个化学反应的生成物构成有什么共同特点？ 2.从反应物和生成物的分类角度看,这些反应有什么共同特点？ 【学生讨论】 【归纳结论】 1.由金属离子和酸根离子构成的化合物叫作盐。 2.酸和碱作用生成盐和水的反应叫作中和反应。	应用实验探究、分析讨论、归纳总结的方法认识中和反应及其规律,培养学生"由个别到一般"的认识事物的方法。
中和反应的实质	【提问】 1.以氢氧化钠溶液和稀盐酸发生的中和反应为例,说明酸和碱反应为什么生成盐和水？ 【图片展示】 氢氧化钠溶液和稀盐酸中和反应的微观过程。 【归纳结论】 中和反应的实质就是：$H^+ + OH^- = H_2O$	认识中和反应的微观本质。
概念辨析	【提问】以下反应是中和反应吗？为什么？ $CO_2+Ca(OH)_2=CaCO_3\downarrow +H_2O$ $Fe_2O_3+6HCl=2FeCl_3+3H_2O$ 【归纳结论】酸和碱反应生成盐和水,但生成盐和水的反应物不一定是酸和碱。 【提问】所有的酸和碱之间的中和反应都没有明显现象吗？	

续表

环节	教学内容与活动安排	设计意图
概念辨析	【教师例证】 $Cu(OH)_2+H_2SO_4=CuSO_4+2H_2O$ $Ba(OH)_2+H_2SO_4=BaSO_4\downarrow+2H_2O$ 【归纳】 (1)难溶于水的碱和酸反应伴随着固体逐渐溶解的现象。 (2)有些酸和碱反应会产生白色沉淀,如,稀硫酸与氢氧化钡溶液的反应。	促进学生对中和反应的深度认识。
中和反应的应用	【提问】酸碱中和反应在日常生活和工农业生产中有哪些应用? 【指导阅读】 【归纳总结】中和反应的应用 1.利用中和反应可以调节土壤的酸碱性,如,熟石灰可以改良酸性土壤。 2.利用中和反应可以处理工业废水,如,工厂排放酸性废水可以用熟石灰进行处理。 3.利用中和反应可以医治疾病,如,胃酸过多,可以服用某些含有碱性物质[如$Al(OH)_3$]的药物。又如,夏天被蚊虫叮咬之后,涂一些含有碱性物质(如$NH_3\cdot H_2O$)的药物减轻痛痒。	认识中和反应在日常生活和工农业生产中的应用。 提升概括信息的能力。
归纳总结	学完本课你有什么收获? 学生谈体会,教师梳理,见板书设计。 关键词:中和反应的定义、规律、实质、应用。	梳理概念及应用。
达标反馈	1.下列反应中属于中和反应的是(　　) A.$Zn+2HCl=ZnCl_2+H_2\uparrow$ B.$CuO+2HCl=CuCl_2+H_2O$ C.$Ba(OH)_2+H_2SO_4=BaSO_4\downarrow+2H_2O$ D.$AgNO_3+HCl=AgCl\downarrow+HNO_3$ 2.物质的分类是学习化学的重要方法。下列按酸、碱、盐的顺序排列的一组是(　　) A.H_2SO_4、Na_2CO_3、$NaCl$ B.$Ca(OH)_2$、HCl、Na_2SO_4 C.$NaOH$、H_2CO_3、$NaCl$ D.H_2SO_4、$NaOH$、Na_2CO_3 3.小松同学在进行酸碱中和反应的实验时,向烧杯中的氢氧化钠溶液中滴加稀盐酸一会儿后,发现忘记了滴加指示剂。为了确定盐酸与氢氧化钠是否恰好完全反应,小松同学从烧杯中取少量反应后的溶液于一支试管中,并向试管中滴加几滴无色酚酞试液,振荡,观察到酚酞试液不变色。于是他得出"两种物质已恰好完全中和"的结论。 (1)你认为他得出的结论是否正确_____,理由是_____。 (2)请你另设计一个实验,探究上述烧杯中的溶液是否恰好完全反应。	巩固知识。
布置作业	1.写出下列反应的化学方程式。 (1)用熟石灰改良酸性土壤(含硫酸); (2)用$Al(OH)_3$治疗胃酸(含盐酸)过多。 2.松花蛋是一种美食,吃起来有涩味(含有$NaOH$),蘸少量的食醋[CH_3COOH],涩味消失,请加以解释。 3.预习"溶液酸碱度的表示法——pH"。	

六、板书设计

课题2　酸和碱的中和反应

一、中和反应

1.定义：酸和碱作用生成盐和水的反应。

$NaOH+HCl=NaCl+H_2O$

2.规律：碱+酸=盐+水

3.实质：$H^++OH^-=H_2O$

二、中和反应的应用

1.农业：改变土壤的酸碱性（熟石灰）。

2.工业：处理硫酸厂的废水（熟石灰）。

$Ca(OH)_2+H_2SO_4=CaSO_4+2H_2O$

3.医药：中和胃酸过多。

$3HCl+Al(OH)_3=AlCl_3+3H_2O$

有关氢氧化钠变质的探究

（兰州华侨碧桂园学校，马晓红）

一、学习目标

通过氢氧化钠是否变质的实验探究，知道变质原理，学会检验$NaOH$和Na_2CO_3的方法，进一步巩固对$NaOH$和Na_2CO_3的化学性质的认识，提升运用知识解决实际问题的能力与实验探究的能力。

二、重点和难点

重点：氢氧化钠的变质原因及OH^-、CO_3^{2-}离子的检验方法。

难点：混合物除杂的方法。

具体讲，有碳酸钠存在的条件下，氢氧化钠的检验是难点，因为碳酸钠的存在对氢氧化钠的检验带来干扰。因此，检验氢氧化钠时必须除去碳酸钠。

三、教学方法

实验探究法。

四、教学设想

氢氧化钠溶液露置于空气中常会变质，本节课围绕氢氧化钠溶液变质的问题，从三个层面引导学生进行探究：（1）如何检验氢氧化钠溶液是否变质？（2）如何检验氢氧化钠溶液是部分变质还是全部变质？（3）如何除去氢氧化钠溶液中的碳酸钠？通过这些真实问题的解决，在巩固基础知识的同时，提升应用知识分析问题和解决问题的能力。

五、教学过程

【复习提问】

实验室现在有两瓶无色溶液，分别是氢氧化钠溶液和碳酸钠溶液，用什么方法可以将他们区别开？

请说出化学原理，并写出化学方程式。

讨论结果：

方法一：分别取氢氧化钠溶液和碳酸钠溶液于试管中，然后分别滴入氯化钙（$CaCl_2$）溶液或氯化钡（$BaCl_2$）溶液，产生沉淀的是碳酸钠溶液，无现象的是氢氧化钠溶液。

方法二：分别取氢氧化钠溶液和碳酸钠溶液于试管中，然后分别加入盐酸，有气泡产生的是碳酸钠溶液，无明显现象的是氢氧化钠溶液。

【提出问题】（出示图1）

实验室现有一批久置的氢氧化钠溶液，并且瓶口出现了白色粉末，老师对该氢氧化钠溶液的成分产生了怀疑，该溶液是否变质？如果变质，那么变质到什么程度？让我们开始今天的探究之旅！

图1

【实验探究1】：氢氧化钠溶液变质了吗？

1.引导：氢氧化钠变质的原因是什么？

$$2NaOH + CO_2 = Na_2CO_3 + H_2O$$

2.猜想与假设及依据？（同学回答）

归纳：（1）变质——有 Na_2CO_3 存在；（2）未变质——没有 Na_2CO_3 存在。

3.设计实验方案

几种供选择的试剂：盐酸、石灰水、氯化钙溶液、氯化钡溶液、石蕊试液、酚酞试液等。

小组汇报设计方案后教师给予点评。

4.进行实验

小组各派1名代表按设计方案进行操作。

5.交流讨论

汇报实验现象和结论，并完成实验报告：

实验方案	所选试剂	实验现象	实验结论及化学方程式
（1）			
（2）			
（3）			

【实验探究2】氢氧化钠的变质程度如何？

1.引导：既然氢氧化钠溶液已变质，那么是完全变质，还是部分变质呢？

2.猜想和假设及依据？

归纳：（1）完全变质——全部生成 Na_2CO_3，无 NaOH；（2）部分变质——既有 NaOH，又有 Na_2CO_3。

3.设计实验方案

讨论：

（1）证明猜想和假设的核心是解决什么问题？

总结：证明有无氢氧化钠存在。

（2）直接用酚酞检验氢氧化钠的存在是否可行？

总结：碳酸钠溶液也能使酚酞变红。

（3）用什么办法除去溶液中的碳酸钠？

几种供选择的试剂：盐酸、石灰水、氯化钙溶液、氯化钡溶液。

总结：（1）盐酸既能除去碳酸钠，也能除去（中和）氢氧化钠，不可行；（2）石灰水能除去碳酸钠，但会引入碱[$Na_2CO_3 + Ca(OH)_2 = CaCO_3\downarrow + 2NaOH$]，后续检验时，不能证明氢氧化钠是原溶液中存在的，不可行；（3）氯化钙溶液、氯化钡溶液均能除去碳酸钠（$Na_2CO_3 + CaCl_2 = CaCO_3\downarrow + 2NaCl$；$Na_2CO_3 + BaCl_2 = BaCO_3\downarrow + 2NaCl$），且生成的NaCl以及过量的氯化钙溶液、氯化钡溶液不影响氢氧化钠（NaOH）的检验。

（4）怎样证明溶液中的碳酸钠已除净？

总结：逐滴加入氯化钙溶液或氯化钡溶液，至不再产生沉淀为止。

（5）除去溶液中的碳酸钠后，用什么方法检验氢氧化钠呢？

供选择的试剂及用品：$Ca(OH)_2$溶液、$CaCl_2$溶液、$FeCl_3$溶液、NH_4Cl溶液、HCl溶液、酚酞试液、石蕊试液、红色石蕊试纸。

小组汇报设计方案后教师给予点评。

总结：检验溶液中氢氧根离子的试剂：指示剂、铵盐、$FeCl_3$溶液等。

4.进行实验

请你设计实验方案来验证以上猜想。

小组各派1名代表按设计方案进行操作。

5.交流展示

汇报实验步骤、操作、现象和结论，并完成实验报告：

实验步骤	实验现象及化学方程式	实验结论

【提出问题】如果该瓶氢氧化钠溶液已经变质了，那它还有没有使用价值？并说明理由。

总结：（1）当氢氧化钠溶液全部变质时，可做碳酸钠溶液使用；（2）当氢氧化钠溶液部分变质时，只要想办法除去其中的碳酸钠，就可以继续使用。

【实验探究3】如何除去氢氧化钠溶液中的碳酸钠？

1.设计实验方案

供选择的试剂：酚酞、$Ca(OH)_2$溶液、$CuCl_2$溶液、HCl溶液、$CaCl_2$溶液。

学生讨论，教师点评并总结。

选用试剂	评价及理由
盐酸	
石灰水	
氯化钙溶液	

总结：

（1）滴加适量氢氧化钙溶液，然后过滤，就得到氢氧化钠溶液，再蒸发，就得到氢氧化钠固体。反应的化学方程式为：$Na_2CO_3 + Ca(OH)_2 = CaCO_3\downarrow + 2NaOH$。

（2）不能选用盐酸或硫酸等酸溶液，因为酸与碳酸钠反应除去CO_3^{2-}的同时，也会与氢氧化钠反应，生成NaCl或Na_2SO_4，引入了新的杂质。

（3）不能用氯化钙等盐溶液，因为它们与碳酸钠反应除去CO_3^{2-}的同时，生成了NaCl，引入了新的杂质。

2.进行实验

视频播放：NaOH的提纯（混有Na_2CO_3）。

3.讨论

除杂的基本原则：不变、不引、易分离。即加入除杂试剂或进行操作时，被提纯的物质保持不变，不引入新的杂质，被提纯的物质与转化生成的物质易于分离。

【课堂小结】兼板书设计

$$氢氧化钠是否变质的探究\begin{cases}(1)是否变质 \to Na_2CO_3的检验\\(2)变质的程度 \to NaOH的检验\\(3)除去杂质 \to Na_2CO_3\end{cases}$$

【随堂检测】

小丽在实验室意外地发现实验桌上有瓶敞口放置已久的NaOH溶液，由此，激发了她的探究欲望。

【提出问题】这瓶NaOH溶液一定变质了，其变质程度如何呢?

【提出猜想】小丽的猜想：NaOH溶液部分变质。你的新猜想：_____。

【实验探究】小丽设计如下实验来验证自己的猜想，根据表中内容填写小丽进行实验时的现象。

实验步骤	现象	结论
取少量NaOH溶液样品于试管中,先滴加足量的$CaCl_2$溶液,然后再滴加酚酞试液。		NaOH溶液部分变质

假设你的猜想正确，并按小丽的实验方案进行实验，则你观察到的实验现象是_____。

【实验反思】

（1）下列物质：①$BaCl_2$溶液、②$Ca(NO_3)_2$溶液、③$Ca(OH)_2$溶液、④$Ba(OH)_2$溶液，不能替代小丽实验中$CaCl_2$溶液的是_____（填序号）。

（2）小丽第二次滴加的试剂除指示剂外，还可以用_____替代。

【拓展应用】保存NaOH溶液的方法是_____。

【布置作业】设计实验：用三种不同类别的物质验证氢氧化钠是否变质。

供选择的试剂：酚酞、$Ca(OH)_2$溶液、$CuCl_2$溶液、HCl溶液、$CaCl_2$溶液。

所选试剂	实验现象	实验结论及化学方程式

第二章 高中化学教学设计案例

化学计量在实验中的应用
——以人教版普通高中课程标准实验教科书化学必修1为例

（甘肃省兰州第一中学，金东升）

一、教学分析

"物质的量"是化学计量中常用的物理量，是联系微观粒子数目与可称量的物质质量之间的桥梁。人教版普通高中课程标准实验教科书化学必修1第一章第二节"从实验学化学"安排了"化学计量在实验中的应用"，共有3项内容：（1）物质的量的单位——摩尔；（2）气体摩尔体积；（3）物质的量浓度。本节内容可分为3课时完成，这堂课是第一课时内容。

学生在初中学习阶段建立的化学计量的物理量主要是质量，而物质的量是一个比较抽象的物理量，既有物质属性，又有量的属性，即计量的物质属于微观粒子，微观粒子是集合量的多少进行计量。本节课主要解决4个问题：（1）为什么要引入"集合量"？（2）物质的量与粒子个数之间的关系；（3）物质的量与物质的质量之间的关系；（4）物质的量的意义。本节课涉及的学科核心素养主要是逻辑推理与模型认知。

二、教学目标

1.通过师生共同分析，领会引入"物质的量"的意义，知道"物质的量"是7个基本物理量之一。
2.能说出"摩尔"的计量标准和计量范畴。
3.通过推理，知道粒子数与物质的量的关系模型，并能进行相互换算。
4.通过推理，能说出摩尔质量与粒子的相对原子或相对分子质量的关系，以及物质的质量与物质的量之间的关系模型，并能进行相关计算。
5.知道物质的量是联系不可称量的微观粒子数与可称量的物质质量的桥梁和纽带，体会事物是相互联系的观点。

三、教学重点和难点

重点：粒子数、物质的量、物质的质量之间的相互换算。
难点：如何理解摩尔及摩尔质量。

四、教学策略

1.表征策略：物质的宏观计量与微观计量的关系通过表征使抽象信息直观化。
2.逻辑推理策略：按照"物质的量"的必要性→建立"物质的量"的必然性→"物质的量"及其单位的规定性→粒子数与物质的量的关系→物质的量（n）和质量（m）之间的关系→"物质的量"的意义的逻辑主线进行推理，建立认知模型。

五、教学过程

【创设情境】

建筑所用的沙子能否按"粒"来数，如何计量？（按立方米计量）

"立方米"是一个什么概念？是粒子的集合，简称"堆量"或"集合量"。

化学反应如 $2CO+O_2=2CO_2$ 进行时，能否称量2个CO分子进行反应？（分子质量很小，难以称量）

计量微观粒子多少需要引出一个新的物理量——"物质的量"。

【新课内容】

一、物质的量及其单位

1.物质的量：计量微观粒子数目多少的物理量，符号为n，是一个"集合体"。其单位是"摩尔"，符号为"mol"。

2.1mol是多少？国际上规定：$0.012kg\ ^{12}C$ 所含的碳原子数为1mol，该数目称为阿伏伽德罗常数，符号为 N_A，约为 6.02×10^{23}。

6.02×10^{23} 有多大？全世界80亿人同时数数字，1次/秒，要数238.6万年；1滴水含的水分子数约为 1.67×10^{21} 个。

3.粒子数与物质的量的关系

6.02×10^{23}——1mol

12.04×10^{23}——2mol

12.04×10^{23}——2mol

$n=N/N_A$

需要注意的问题：

（1）物质的量只能计量微观粒子（分子、原子、离子、电子及微观粒子的组合，如，OH^-、SO_4^{2-}等）。不适合计量宏观物质。

（2）物质的量的表示：$1mol\ Fe$、$1mol\ O_2$、$1mol\ Na^+$、$1mol\ SO_4^{2-}$。要素：数字+单位+粒子符号。

4.物质的量（n）与质量（m）之间的关系

用 M_D 表示相对原子质量，M 表示摩尔质量，即1mol物质的质量，则：

$M_D(C)=m(C)/[m(^{12}C)\times1/12]=12$

$M_D(S)=m(S)/[m(^{12}C)\times1/12]=32$

$M_D(C)/M_D(S)=m(C)/m(S)=12/32$

$N_Am(C)/N_Am(S)=m(C)/m(S)=12/32$

$M(C)/M(S)=12/32$

已知：$M(C)=12g$，即1mol ^{12}C 为12g，则 $M(S)=32g$。

结论：1mol任何粒子（物质）的质量以克为单位，数值等于该粒子的相对原子质量或相对分子质量。符号 M，单位为g/mol，或 $g\cdot mol^{-1}$。

$n=m/M$

5.物质的量的意义

是宏观计量与微观计量的"桥梁"。

$6.02×10^{23}$个————1molH_2O————18g

$2CO + O_2 = 2CO_2$

2个	1个	$2N_A$个
$2N_A$个	N_A个	$2N_A$个
2mol	1mol	2mol
56g	32g	88g

小结：

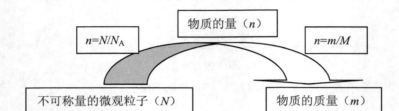

课堂练习

1.下列说法正确的是（　　　）

A.N_A的单位是1

B.N_A的近似值为$6.02×10^{23}$

C.O_2的摩尔质量是32g

D.1摩尔氧化铁可表示为1mol Fe_2O_3

2.$3.01×10^{23}$个SO_2的物质的量为_____mol，质量为_____g。

3.1.5mol SO_2含氧原子_____mol，含氧原子_____个O，氧原子的质量是_____g。

4.填写下表：

	1个O_2	1mol O_2	1g O_2
粒子数			
物质的量			
物质的质量			

物质的量浓度（第一课时）

——以人教版普通高中课程标准实验教科书化学必修1为例

（兰州民族中学，刘开云）

一、教学安排

第一课时：物质的量浓度的概念及其运算。

第二课时：（1）一定物质的量浓度溶液加水稀释的计算；（2）物质的量浓度与溶质质量分数的换算。

第三课时：配制一定物质的量浓度溶液的操作及误差分析。

二、教学目标

1.通过问题讨论，知道物质的量浓度的含义，感悟化学学科的魅力。

2.通过有关物质的量浓度的概念辨析与概念应用，学会运用物质的量浓度的概念进行简单计算的思路。

3.通过物质的量与其他相关物理量之间的换算关系的讨论，体会物质的量在化学计算中的桥梁作用。

三、教学重点和难点

重点：物质的量浓度的概念及有关物质的量浓度的简单计算。

难点：物质的量浓度的概念的建立，有关物质的量浓度的计算。

四、教学方法

问题讨论、归纳总结、练习巩固等。

五、设计思路

教学环节	明线	暗线
创设情境	感受不同浓度 $KMnO_4$ 溶液的浓度与现象	化学外在美:现象美、仪器美等
复习旧知	溶液的特征、组成,溶质的质量分数	模型认知
概念建立	物质的量浓度(定义、表达式、单位)	化学的内在美:概念的表述、数学模型等
概念辨析	物质的量浓度表示溶液组成注意的问题	由个别到一般的思维方式
概念应用	练习应用、巩固概念	思维发展——化学概念应用于解决问题
课堂小结	(1)两种表示溶液组成概念的区别 (2)以物质的量为中心的相关换算关系	知识结构化

六、教学过程

【创设情境】图片展示：容量瓶盛装不同浓度的 $KMnO_4$ 溶液，为什么溶液颜色有差异？

结论：溶液的组成不同。

【复习旧知】溶液的特征、组成，溶液中溶质的质量分数。

【问题讨论1】

溶液	10% NaOH 溶液 100g	1L 含 2mol NaOH 的溶液
问题	如何取用2.5g NaOH 溶液	如何取用含 0.5mol NaOH 的溶液
方法	用烧杯在托盘天平上称取	用 250mL 量筒量取
结论	操作烦琐	操作简单

【问题讨论2】

判断问题	100g10% 的 NaOH 溶液与 100g10% $MgCl_2$ 溶液反应,哪个过量？	1L 含 2mol NaOH 溶质的溶液与 1L 含 2mol $MgCl_2$ 溶质的溶液反应,哪个过量？
方法	根据化学方程式中质量的计量关系比较	根据化学方程式中物质的量计量关系比较
结论	数据处理烦琐,判断困难	数据处理简单,判断容易

$$MgCl_2 + 2NaOH = Mg(OH)_2\downarrow + 2NaCl$$

质量比   95g   80g

物质的量之比   1mol   2mol

【引入】既方便化学反应中各物质之间计量的判断，又方便溶液取用操作方便，能否用n/V（mol/L）表示溶液的组成呢？

【概念建立】

1.物质的量浓度的概念；

2.表达式：$C_B=n_B/V$。

3.单位：mol/L 或 mol·L^{-1}。

【概念辨析】

1.1g NaCl溶解在水中制成1L溶液，所得溶液的物质的量浓度为1mol/L。

2.1L 1mol/L的NaOH溶液中取出20mL，取出的溶液的物质的量浓度为1mol/L。

3.将1mol NaCl溶于1L水中，则c=1mol/L。

【归纳总结】

1.溶质是用物质的量而不是用质量表示。

2.体积是指溶液的体积，并非溶剂的体积。

3.从某溶液取出任意体积的溶液，其物质的量浓度都相同。（溶液是均一、稳定的）

【练习】

1.23.4g NaCl溶解在水中制成25mL溶液，所得溶液的物质的量浓度为_____。

2.5.6L（标准状况）HCl气体溶于水制成100mL溶液，所得溶液的物质的量浓度为_____。

3.配制500mL 0.1mol·L^{-1}的NaOH溶液，需NaOH的物质的量是多少？质量是多少？

【小结】

1.物质的量浓度与溶液中溶质的质量分数的区别

	物质的量浓度	溶质的质量分数
单位	mol/L	1
公式	$c_B = \dfrac{n_{(B)}}{V_{(aq)}}$	$w = \dfrac{m_{溶质}}{m_{溶液}} \times 100\%$
特点	溶液体积相同,物质的量浓度相同,所含溶质的物质的量_____,溶质质量_____。（填"相同""不同"或"不一定相同"）	溶液质量相同,溶质质量分数相同,溶质的质量_____,物质的量_____。（填"相同""不同"或"不一定相同"）

2.n、N、c_B、V、m之间的相互换算

【教学反馈】请你谈一谈通过这堂课的学习，你有哪些收获？

【布置作业】略。

【板书设计】

一、物质的量浓度

1.定义

2.公式

3.单位

4.注意

二、概念应用

物质的量浓度（第一课时）

——以人教版普通高中课程标准实验教科书化学必修1为例

（兰州第六十一中学，刘伟）

一、教学分析

（一）教材分析

物质的量是化学计量的重要物理量，贯穿在高中化学学习的自始至终。人教版课程标准实验教科书必修1第一章第二节"化学计量在实验中的应用"包含三部分内容：（1）物质的量及其单位；（2）气体摩尔体积；（3）物质的量浓度。其中，"物质的量浓度"可划分为2课时，第一课时为物质的量浓度的概念及其计算，第二课时为物质的量浓度溶液的配制及相关问题讨论。本节课是"物质的量浓度"第一课时，主要解决3个问题：（1）物质的量浓度的概念；（2）根据物质的量浓度的概念进行计算；（3）配制物质的量浓度的溶液的意义。通过本节课学习，建立表示溶液组成的新方法，构建以物质的量为中心的相关物理量的换算，为定量研究物质的化学性质打下良好的基础。

（二）学情分析

学生在初中化学的学习中，已经知道溶液的组成可以用溶液中溶质的质量分数、体积比浓度表示，但对溶液组成的其他表示方法还不清楚；在高中化学必修1第一章第二节"化学计量在实验中的应用"已经学习了物质的量及其单位、气体摩尔体积等概念，并能进行有关的计算，但对以溶液中溶质的物质的量反映溶液的组成的概念和意义还不明确。

二、教学目标

1.通过问题讨论，知道物质的量浓度是表示溶液组成的一种物理量及其意义，能说出物质的量浓度的概念，能写出物质的量浓度的数学表达式。

2.通过计算练习，初步学会应用物质的量浓度概念的简单计算。

3.通过物质的量浓度溶液售价的相关信息讨论，体会物质的量浓度溶液配制的价值。

三、教学重点和难点

重点：物质的量浓度概念及应用概念的计算。

难点：应用物质的量浓度概念的计算。

四、教学方法

问题讨论、归纳总结。

五、学习过程

【引入】

1.生活中接触到的溶液有哪些？

【归纳】食盐水、84消毒液（主要成分为NaClO）、洁厕灵（主要成分为HCl）、食醋、苏打饮料等。（认识溶液）

2.为什么很多化学反应在溶液中进行？（配制溶液的意义）

【归纳】溶液中反应物的接触面积大，反应比较充分。

3.溶液的组成如何表示？如何配置？

【归纳】

溶液组成	质量/质量	质量/体积	体积/体积
举例	10% NaOH	0.9%生理盐水	1:4的H_2SO_4溶液
配制方法	配制100g溶液： 10克NaOH加入90g水混合后摇匀。	配制100mL溶液： 称取0.9g氯化钠，溶解在少量蒸馏水中，稀释到100mL。	100mL浓硫酸与400mL水混合

4.溶液使用时，量体积方便还是称量溶液方便？

【归纳】量体积更方便。

5.化学反应中量取一定体积的溶液，如何知道溶液中所含溶质的物质的量？

【设计意图】引入"物质的量浓度"的必要性。

【概念的建立】

物质的量浓度

（1）定义：单位体积溶液里所含溶质B的物质的量，叫作溶质B的物质的量浓度。

（2）表达式：$c_B = \dfrac{n_{(B)}}{V_{(aq)}}$。

（3）单位：mol/L。

（4）意义：$n_B = c_B \cdot V$。

确定物质的量浓度后，量取一定体积的溶液，可以确定该溶液中溶质的物质的量。

【投影】1张体检化验单中的浓度数据。（说明：$1\text{mmol} = 10^{-3}\text{mol}$，$1\mu\text{mol} = 10^{-3}\text{mmol}$）

项目简称	项目全称	结果浓度	项目单位	结果描述	备注	参考范围
ALT	谷丙转氨酶	24.9	U/L	正常		10.0-50.0
AST	谷草转氨酶	22.0	U/L	正常		10.0-50.0
AST/ALT	转氨酶比	0.88		正常		<=1.00
TBIL	总胆红素	5.96	μmol/L	正常		1.71-10.26
DBIL	直接胆红素	1.04	μmol/L	正常		<=2.39
IBIL	间接胆红素	4.92	μmol/L	正常		1.00-17.00
ALP	碱性磷酸酶	26.6	U/L	正常		20.0-150.0
TP	总蛋白	87.9	g/L	↑	RFH	50.0-80.0
ALB	白蛋白	27.2	g/L	↓	RFL	28.0-40.0
GLB	球蛋白	60.7	g/L	↑	RFH	25.0-45.0
A/G	白球比	0.45		↓	RFL	1.05-2.50
LDH	乳酸脱氢酶	24.2	U/L	↓	RFL	50.0-495.0
GLU	葡萄糖	6.74	mmol/L	↑	RFH	3.33-6.11
CREA	肌酐	72.3	μmol/L	正常		50.0-180.0
UREA	尿素	3.17	mmol/L	↓	RFL	3.57-8.93
TC	总胆固醇	3.35	mmol/L	正常		2.60-6.89
TG	甘油三酯	0.54	mmol/L	↑	RFH	0.11-0.47
AMY	淀粉酶	739.6	U/L	↑		300.0-2000.0
Ca	钙	2.45	mmol/L	↓	RFL	2.57-2.97
P	磷	1.13	mmol/L	正常		0.80-1.60

【设计意图】认识物质的量浓度的概念，并知道概念应用。

【物质的量浓度的计算】

【任务】

1.计算下列溶液的物质的量浓度：

（1）将10.6g Na_2CO_3 固体溶于水配制成250mL溶液。

（2）标准状况下将5.6L HCl气体溶于水配制成500mL溶液。

2.配置下列溶液，根据要求计算：

（1）配制500mL 0.1mol/L NaOH溶液，需要NaOH的质量是多少？

（2）配制250mL 2 mol/L H_2SO_4 溶液，需要量取浓 H_2SO_4 的体积是多少？（浓 H_2SO_4 的质量分数为98%，密度1.84g/mL）

【设计意图】学会概念的应用。

【讨论】配置溶液有什么意义？

【资料】从下面给出的信息中你能获得哪些启示？

（1）固体氢氧化钠500g/瓶，市售5.5元/瓶；（2）0.1mol/L NaOH溶液500mL/瓶，市售60元/瓶。

【总结】配制溶液的意义

（1）生产、生活中有广泛应用。

（2）配制物质的量浓度溶液有经济效益。

【设计意图】明确配置溶液有什么意义。

【课堂小结】

1.物质的量的概念（见板书）。

2.以物质的量为核心的有关物理量的换算关系。

【小结】促进知识结构化。

【布置作业】略。

【板书设计】

一、物质的量浓度

1.定义：单位体积溶液里所含溶质B的物质的量，叫作溶质B的物质的量浓度。

2.表达式：$c_B = \dfrac{n_{(B)}}{V(aq)}$

3.单位：mol/L。

4.意义：略。

5.配置物质的量浓度的意义。

6.以物质的量为核心的关系：见关系图。

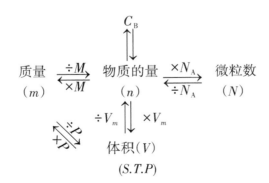

物质的量浓度（第一课时）

——以人教版普通高中课程标准实验教科书化学必修1为例

（兰州第六十三中学，谢丽冰）

一、教学目标

1.通过溶液组成的讨论，知道溶液的组成有多种表示，知道用物质的量浓度表示溶液组成的优点。

2.通过物质的量浓度概念的建立过程，知道物质的量浓度与溶液中溶质的物质的量的相互换算，并能运用概念进行简单计算。

3.通过对溶液中溶质质量分数与物质的量浓度的比较，能说出溶质的质量分数与物质的量浓度的联系与区别，体会"事物之间是相互联系的"辩证观点。

二、教学重点和难点

重点：物质的量浓度概念及有关计算。

难点：溶液中溶质质量分数与物质的量浓度之间的联系与区别。

三、教学方法

合作交流、演绎推理、类比总结、练习巩固。

四、教学过程

教学内容与活动安排	设计意图
【导入】 生活中常见溶液的组成如何表示？ [展示图片]"脉动"饮料（维生素C：20mg/100mL）；生理盐水（NaCl含量0.9%，即，0.9g/100mL）；红星二锅头（酒精度56%vol，vol是体积volume的缩写） [归纳]溶液的组成可以用质量比质量[m/m(g/g)]、质量比体积m/V(g/L)、体积比体积[V/V(mL/ mL)]等方式表示。 溶液的组成有无其他表示方法？	从溶液组成引入物质的量浓度。
【概念建立】 三、物质的量浓度 练习（多媒体投影） 1.在0.5L NaCl溶液中含有0.5mol NaCl，则1L NaCl溶液中含NaCl_____mol。 2.在2L NaCl溶液中含有4mol NaOH，则1L NaCl溶液中含有NaCl_____mol。 总结：引导学生归纳出物质的量浓度的概念、定义式、单位。 定义：略。 表达式：$c_B = \dfrac{n_{(B)}}{V(aq)}$。 单位：摩/升，符号mol/L。	归纳出用单位体积的溶液里所含溶质物质的量的多少表示溶液的组成及其意义。

续表

教学内容与活动安排	设计意图
【概念应用】(多媒体投影) [试一试] 1.将 1mol NaOH 配成 1L 溶液,其物质的量浓度为＿＿＿＿＿＿＿＿mol/L。 2.将 40g NaOH 配成 1L 溶液,其物质的量浓度为＿＿＿＿＿＿＿mol/L。 3.取 500mL 0.2mol/L KCl 溶液,其中含溶质 KCl＿＿＿＿＿＿＿mol。 [比一比] 1.实验室配置 1000mL 0.5mol/L NaOH 溶液,需要称取多少克 NaOH? 2.标准状况下 11.2L HCl 溶于水,形成 500mL 盐酸溶液,则该盐酸的物质的量浓度是多少? 3. 0.5mol/L H_2SO_4 溶液中,$c(H^+)=$＿＿＿＿＿＿＿＿,$c(SO_4^{2-})=$＿＿＿＿＿＿＿。 [想一想]下列判断是否正确? 1. 5.85g NaCl 溶解在 100mL 水中,所得溶液中 NaCl 的物质的量浓度为 1mol/L。 2. 10mL 1mol/L H_2SO_4 比 100mL 1mol/L H_2SO_4 溶液的浓度小。 3. 25g 胆矾($CuSO_4 \cdot H_2O$)溶于水配成 1L 溶液,所得溶液的物质的量浓度为 0.1 mol/L。	能应用物质的量浓度的概念进行简单计算与判断。

| 【概念比较】

[提问]物质的量浓度和溶质的质量分数都表示溶液组成,它们之间有什么不同呢?

二者又有什么联系呢?

练习:密度为 1.84g/cm³ 的 98% 的 H_2SO_4 溶液,其溶质的物质的量浓度为多少?

[总结]c 与 $w\%$ 的关系:$c(B)=1000\rho w\%/M(B)$ | 归纳总结溶质质量分数与物质的量浓度的含义、区别和联系。 |

		物质的量浓度	溶质的质量分数
同		都是表示溶液组成的物理量	
异	比量	溶质的物质的量比溶液的体积	溶质的质量比溶液的质量
	表达式	$c(B)=n(B)/V$	$\omega=m(B)/m(aq)$
	单位	mol/L	1
	标准	1L 溶液	100g 溶液
相互关系		$c(B)=1000\rho w\%/M(B)$	

| 【小结与反馈】

1.本节课你有哪些收获?

2.你还有哪些疑惑? | 反馈学习效果,提高学生的表达能力。 |
| 【布置作业】略 | 巩固本节课所学的概念。 |

五、板书设计

第二节　化学计量在实验中的应用

三、物质的量浓度

1.定义

2.表达式

3.单位

4.注意

5.c 与 $w\%$ 的关系

$$c = \frac{1000 \times \rho \cdot w\%}{M}$$

物质的分类（第一课时）

——以人教版普通高中课程标准实验教科书化学必修1为例

（甘肃省兰州第一中学，金东升）

一、教学背景分析

学科知识、学科能力、学科思想是学科教学体系的三个要素。分类思想对于指导生活、生产、科研及学习非常重要，应用也非常普遍。分类思想是化学学习中广泛应用的学习方法，而且贯穿于整个化学学习过程。初中化学学习中，物质的分类、化学反应的分类常常是促进知识结构化的重要手段，对于促进认知、形成知识体系具有十分重要的意义。但教科书往往是以知识的逻辑体系进行编排，受教科书篇幅的限制，隐形的思维方法往往被省略。以往大纲版教材中从不呈现思维方法，主要依靠教师在知识学习过程中渗透。而普通高中课程标准实验教科书首次将思维方法编入其中，对于指导今后的学习具有很重要的现实意义。本节课是人教版高中化学必修1第二章"化学物质及其变化"第一节第一课时的内容，涉及的新知识较少，主要凸显学科思想和学科方法，理解分类思想并初步学会分类的方法，可以为高中化学进一步的学习打下良好的基础，也是落实学科核心素养的必然要求。

二、教学设计思路

教学设计的主线以分类观思想的形成为核心，按照"观察感知（分类的意义）→加工整理（信息加工）→建立方法（确定标准）→拓展应用（思维训练）→总结提升（形成思想）"的思路，把知识问题化，问题情境化，通过探究与交流，初步学会分类方法的应用。

三、教学目标

1.通过对常见物质分类的讨论，知道分类是有标准的，事物的共性是分类的依据，同时知道分类的多样性，在此基础上，知道反映两种不同分类标准的物质分类之间的关联性分类方法——交叉分类法，反映多种不同分类标准分类的物种之间的层级关系分类方法——树状分类法，认识分类法在化学研究和化学学习中的重要作用。

2.通过对物质及其变化的分类练习与交流，初步学会用不同的分类方法对物质及变化进行简单分类，初步学会制作分类图，会运用观察、比较、归类等方法对信息进行加工，体验活动探究的乐趣。

四、教学重点和难点

重点：能根据物质的组成和性质对物质进行分类，建立分类思想。
难点：对分类法的理解和应用。

五、教学过程

【创设情境】结合生活和学习中常见的分类现象，如，超市中商品的陈列、图书馆中图书的陈列等，引出本节课的探究课题——物质的分类。

一、分类的方法及其表示

【探究1】请尝试对下列化学物质进行分类，并说明分类的依据。然后将你的分类结果与同学交流讨论，谈谈有些什么体会。

空气、乙醇、铜、碘、氢气、石墨、食盐水

分类结果：

1.根据通常的存在状态分类：

（1）气体：空气、氢气；（2）液体：乙醇、食盐水；（3）固体：铜、碘、石墨。

2.根据导电性分类：

（1）导体：铜、石墨、食盐水；（2）绝缘体：空气、乙醇、碘、氢气。

3.根据所含物质的种类分类：

（1）混合物：空气、食盐水；（2）纯净物：乙醇、铜、碘、氢气、石墨。

4.根据组成元素种类分类：

（1）单质：铜、碘、氢气、石墨；（2）化合物：乙醇。

5.将物质分为无机物和有机物：

（1）有机物：乙醇；（2）无机物：除乙醇外的其他物质。

分享体会：

（1）分类是有标准的（某种相同点是分类的标准），分类要在比较的基础上找相同点、找差异，有相同点的物质归为一组。

（2）同一事物可以有多种分类方法，按照不同的分类标准将事物进行分类时，会产生不同的分类结果。

（3）分类的定义：把大量的事物按照设定的标准归到一起的方法。

【探究2】观察下列化合物的组成，将下列化合物用连线的方法分类。

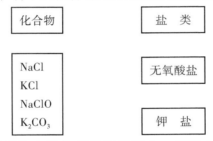

【探究3】请回顾初中化学中学过哪些有关物质类别的概念，用已有知识对这些概念进行分类，并用图示把这些概念的相互关系表示出来。然后将你的分类结果与同学交流讨论，谈谈有些什么体会。

分类结果：

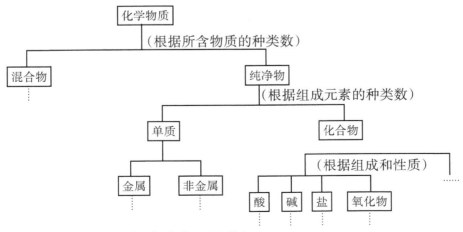

如果我们再继续分类的话，还可以怎么分？（选答）

酸可以分为一元酸、二元酸和多元酸，也可以分成含氧酸和无氧酸，还可以分成有机酸和无机酸等；碱可以分为强碱和弱碱，也可以分成可溶性碱和不溶性碱；盐可以分为正盐、酸式盐和碱式盐，也可以分成含氧酸盐和无氧酸盐；氧化物可以分为酸性氧化物、碱性氧化物、不成盐氧化物和两性氧化物，也可以分成金属氧化物和非金属氧化物等。

分享体会：

1.分类的方法：（1）单一标准分类法；（2）两种标准分类——交叉分类法，反映两种不同分类标准的物质之间的关联性；（3）多种标准分类——树状分类法，反映多种不同分类标准分类的物种之间的层级关系。

2.分类的表示

（1）交叉分类法是按照不同的分类标准，将同一事物归为不同的类别，常用连线的方法表示。

（2）树状分类法是在分类的标准确定之后，对同类事物进行逐层分类（再分类），常用层级关系图表示，就像是树在生长过程中的分叉现象，可以清楚地表示物质间的从属关系。

二、分类方法应用

【练习1】

下列每组物质都有一种物质与其他物质在分类上不同，将这种不同类的物质找出来，并说明你的理由。

（1）$NaCl$、KCl、$NaClO$、$BaCl_2$；

（2）$HClO_3$、$KClO_3$、Cl_2、$NaClO_3$；

（3）H_3PO_4、H_4SiO_4、HCl、H_2SO_4；

（4）盐酸、硫酸钾溶液、氢氧化钠溶液、硫酸铜溶液；

（5）空气、N_2、HCl、$CuSO_4 \cdot 5H_2O$；

（6）铜、金、汞、钠。

【练习2】观察物质组成，用交叉连线法对 Na_2CO_3、Na_2SO_4、K_2SO_4、K_2CO_3 进行分类。

【练习3】用树状分类法对 HCl、CO_2、CaO、$NaOH$、Na_2SO_4、$CaCO_3$、$Ca(OH)_2$、H_2SO_4 进行分类。

【练习4】在初中我们学习过四种基本化学反应类型，它们是按照什么标准进行分类的？化学反应又可以按照哪些不同的标准进行分类呢？

参考方案：

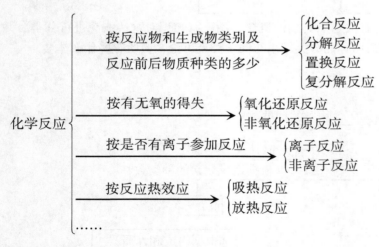

【课堂小结】

1.分类的方法与表示

（1）单一标准分类法——归类表示。

（2）两种标准分类——交叉分类法，反映两种不同分类标准的物质之间的关联性，常用连线的方法表示。

（3）多种标准分类——树状分类法，反映多种不同分类标准分类的物种之间的层级关系，常用连线的方法表示。

2.分类的一般步骤

确定分类标准→选择分类方法→得出正确的分类。

3.分类的价值

（1）分类法是人类认识事物、研究规律的科学方法。恰当运用分类法对所学知识及时分类整理，是提高化学学习的效率的有效途径。

（2）交叉分类法便于理解事物的共性和差别，树状分类法便于把握知识的体系，也便于记忆。

【课后实践与探究】

1.课后按照分类法的思想整理你的书包和书架。

2.查阅资料并与同学合作，为石油加工后的产品或用途制作一张树状分类图。

3.选择几种熟悉的物质，制作一张交叉分类图。

六、板书设计

物质的分类

1.分类的方法与表示

（1）单一标准分类法——归类表示。

（2）两种标准分类——交叉分类法，反映两种不同分类标准的物质之间的关联性，常用连线的方法表示。

（3）多种标准分类——树状分类法，反映多种不同分类标准分类的物种之间的层级关系，常用连线的方法表示。

2.分类的一般步骤

确定分类标准→选择分类方法→得出正确的分类。

离子反应

——以人教版普通高中课程标准实验教科书化学必修1为例

（甘肃省课程教材中心，邵建军）

教学思路：本节教学内容是复分解反应的进一步深化，属于化学反应原理的基础知识，可划分为2课时，第一课时内容为：（1）酸碱盐的电离及电解质与非电解质的概念；（2）电离方程式；（3）酸碱盐的电离特征；（4）电解质的分类。第二课时内容：（1）电解质在水溶液中发生的离子反应；（2）离子方程式的书写及其意义；（3）互换型离子反应发生的条件。具体教学内容涉及实验探究、概念抽象、符号表征、分类思想等核心素养，因此，教学中以问题为导向，在认识学科概念的同时，落实宏观辨识与微观探析、逻辑推理与模型认知等思维方法和实验探究、符号表征、物质分类等科学方法，提升学生的学科核心素养。

离子反应（第一课时）

一、教学目标

1.通过实验探究，认识酸碱盐的电离以及电离条件，能抽象出电解质与非电解质的概念，发展学生宏观辨识与微观探析的能力。

2.通过符号表征，知道酸碱盐的电离用电离方程式表示。

3.通过酸碱盐电离特征的分析，能概括出酸碱盐的定义。

4.通过物质分类的梳理,知道化合物分为电解质和非电解质,并能区分电解质和非电解质。

二、教学方法

问题导向、实验探究、分析讨论。

三、教学过程

教学程序	教学内容与活动安排	教学策略
创设情境	酸碱盐($NaCl$、KNO_3、$NaOH$、H_2SO_4、HCl)的水溶液及乙醇的导电情况。 问题1:导电的本质是什么? 带电离子的定向移动。	实验导入。
酸碱盐的电离	问题2:酸碱盐溶液中的自由离子是如何产生的? 碱和盐在熔融状态下的自由离子是如何产生的? 归纳: 以氯化钠溶液为例:固体与水相互作用的结果。 以氯化钠固体熔融为例:离子受热后的能量脱离晶体表面的结果。 问题3:电解质与非电解质的区别是什么? 电解质:在水溶液里或熔融状态下能导电的化合物。 要点:(1)条件:水溶液里或熔融状态("或"强调满足其一);(2)性质:能导电;(3)物质类别:化合物。 推理: 非电解质:在溶于水和熔融状态下都不能导电的化合物。	师生共同分析。
电离的表示	问题4:如何表示酸碱盐在水溶液中的电离? 离子方程式示例: $NaCl=Na^++Cl^-$ $Ba(OH)_2=Ba^{2+}+2OH^-$ 练习:写出 KNO_3、$NaOH$、HCl、H_2SO_4 的电离方程式。 $KNO_3=K^++NO_3^-$ $NaOH=Na^++OH^-$ $HCl=H^++Cl^-$ $H_2SO_4=2H^++SO_4^-$	符号表征、学生练习。
电离特征	问题5:酸碱盐的电离有什么特征? 通过酸碱盐的电离方程式总结电离特征。 酸都能电离出 H^+;碱都能电离出 OH^-;盐都能电离出金属离子(含 NH_4^+)和酸根离子。	小组讨论、获得结论。
酸碱盐的分类	问题6:物质分类有多种视角,从电解质与非电解质的角度如何给物质分类? 化合物分为电解质与非电解质。 说明:某些金属氧化物在熔融状态下也能发生电离,属于电解质。如,Na_2O、MgO。 树状分类如图1所示。	小组讨论、结果分享。
知识应用	有下列物质:Cu、MgO、CO_2、KNO_3、H_2SO_4、CH_3COOH、CH_3CH_2OH、$NaOH$,回答: (1)属于电解质的是_____;(2)属于非电解质的是_____;(3)熔融状态下能导电的是_____;(4)能导电,但既不是电解质,也不是非电解质的是_____;(5)水溶液能导电,但属于非电解质的是_____。	学生练习、点评总结。
归纳总结	知识要点及重要方法:条件、本质、特征、表示、分类。 现象与本质(导电是现象,本质是带电离子定向移动)。	组织学生谈收获

$$
\text{化合物}\begin{cases}
\text{无机化合物,如酸、碱、盐、金属氧化物}\\[2pt]
\text{有机化合物,如 } CH_4 \text{、} CH_3CH_2OH \text{、} CH_3COOH
\end{cases}\text{化合物}\begin{cases}
\text{电解质}\begin{cases}
\text{酸:如 } HCl \text{、} H_2SO_4 \text{、} CH_3COOH\\[2pt]
\text{碱:如 } NaOH \text{、} Mg(OH)_2 \text{、} Fe(OH)_3\\[2pt]
\text{盐:如 } NaCl \text{、} KNO_3 \text{、} BaSO_4\\[2pt]
\text{某些金属氧化物:如 } Na_2O \text{、} MgO
\end{cases}\\[2pt]
\text{非电解质: 如 } CH_3CH_2OH
\end{cases}
$$

图1

离子反应（第二课时）

一、教学目标

1.通过电解质在溶液中发生反应的离子存在形式和数量变化的分析，知道电解质在溶液中发生的反应是离子反应。

2.通过离子反应方程式的书写方法介绍和练习，会写离子互相交换成分型离子反应方程式，知道离子方程式的意义。

3.通过离子反应发生的条件的分析，知道离子反应发生的条件是生成沉淀、放出气体或生成水（难电离的物质）。

二、教学方法

问题导向、实验探究、分析讨论。

三、教学过程

教学程序	教学内容与活动安排	教学策略
复习引入	写出 $BaCl_2$、KNO_3、$Ba(NO_3)_2$、Na_2SO_4、H_2SO_4 的电离方程式。	学生板演、练习检查。
酸碱盐在溶液中发生的反应	下列各组物质哪些能反应？ (1)Na_2SO_4 与 KNO_3；(2)Na_2SO_4 与 $BaCl_2$；(3)Na_2SO_4 与 $Ba(NO_3)_2$；H_2SO_4 与 $BaCl_2$	实验探究。
反应的本质	微观探析:哪些物质主要以自由离子形式存在？反应前后哪些离子的数量发生了变化？ (1)$2Na^+ + SO_4^{2-} + K^+ + NO_3^-$； (2)$2Na^+ + SO_4^{2-} + Ba^{2+} + 2Cl^- \longrightarrow BaSO_4\downarrow + 2Na^+ + 2Cl^-$ (3)$2Na^+ + SO_4^{2-} + Ba^{2+} + 2NO_3^- \longrightarrow BaSO_4\downarrow + 2Na^+ + 2NO_3^-$ (4)$2H^+ + SO_4^{2-} + Ba^{2+} + 2Cl^- \longrightarrow BaSO_4\downarrow + 2H^+ + 2Cl^-$ 实际反应:$SO_4^{2-} + Ba^{2+} = BaSO_4\downarrow$ 即某些离子实际参加反应,某些离子不参加反应。	师生共同分析。
反应的表示	离子方程式:用实际参加反应的离子符号表示化学反应的式子。 练习:写出下列反应的离子方程式: (1)$NaOH$ 与 HCl 反应；(2)KOH 与 HCl；(3)$NaOH$ 与 H_2SO_4；(4)KOH 与 H_2SO_4。	总结、练习。
离子方程式的意义	(1)表示某一具体的化学反应(本质)；(2)表示同一类型的化学反应(本质)。	师生总结。
离子方程式书写步骤	"一写二拆三删四查" 写:写出化学方程式;拆:将易溶易电离的物质拆写成离子形式;删:删去方程式两边不参加反应的离子;查:查原子守恒、电荷守恒。	在纠错中总结。

续表

教学程序	教学内容与活动安排	教学策略
离子反应发生的条件	实验探究:下列各组物质的溶液,哪些能发生反应? 能发生反应的写出离子方程式。 (1)$CuSO_4$溶液与$NaOH$溶液; (2)$CuSO_4$溶液与KNO_3溶液; (32)$NaOH$溶液与稀HCl(酚酞试液指示); (4)Na_2CO_3溶液与稀HCl。 结论:离子互相交换成分型离子反应发生的条件:生成沉淀、放出气体或生成水(难电离的物质)。 常见的难溶物质:$AgCl$、$CaCO_3$、$BaSO_4$、$BaCO_3$、$Cu(OH)_2$、$Mg(OH)_2$、$Fe(OH)$等。 常见的难电离的物质:H_2O、$NH_3 \cdot H_2O$、CH_3COOH。	小组讨论、获得结论。
知识应用	写出下列反应的离子方程式: (1)$AgNO_3$溶液与稀HCl; (2)$MgCl_2$溶液与$NaOH$溶液; (3)CH_3COONa溶液与稀HCl; (4)Na_2CO_3溶液与稀H_2SO_4。	学生练习。
课堂小结	(1)有电解质参加的反应都是离子反应;(2)离子方程式及其书写;(3)离子方程式的意义;(4)常见难溶、难电离的物质。 离子反应知识结构如图1所示。	组织学生谈收获。

离子反应知识结构(兼板书):

离子反应 ⎰
前提:电解质在水溶液或熔融状态下发生反应。
表示:离子方程式。
离子方程式的意义 (略)。
离子方程式的书写:"一写二拆三删四查"。
离子互换型离子反应发生的条件: 生成沉淀、放出气体或生成水(难电离的物质)。

图1

氧化还原反应（第一课时）

——以人教版普通高中课程标准实验教科书化学必修1为例

（兰州第六中学，李实迪）

一、教材分析

氧化还原反应是人教版普通高中课程标准实验教科书化学必修1第二章"化学物质及其变化"第三节的内容,是继"物质的分类""离子反应"之后对"化学物质及其变化"的进一步深化。本节教材共有两个内容:(1)氧化还原反应;(2)氧化剂和还原剂。按原子或原子团的组合方式作为分类标准,化学反应可分为化合、分解、置换、复分解反应;按"得氧"或"失氧"标准、元素化合价是否有变化及是否有电子转移等标准,化学反应又可分为氧化还原反应和非氧化还原反应。"是否得氧或失氧""元素化合价是否有变化"是特征,比较直观,容易理解,而"是否有电子转移"是本质,需要通过特征与原子结构的关系来认识,即透过现象看本质。其中,"是否得氧或失氧"认识氧化还原反应具有局限性,因为很多氧化还原反应不存在"得氧"或"失氧"关系。

二、教学目标

1.通过常见化学反应中元素化合价的变化情况的分析，能判断氧化还原反应和非氧化还原反应。

2.通过氯化钠与氯化氢形成过程中元素化合价变化的本质分析，知道氧化还原反应的实质是电子转移，认识氧化还原反应的特征和本质关系，体会由表及里的逻辑推理方法。

3.通过化学反应分类的练习与讨论，能找到氧化还原反应与四种基本类型反应之间的关系，进一步体会分类方法对于化学学习的意义。

4.通过氧化还原反应的表征，学会用双桥式分析氧化还原反应，同时领会对立统一规律在化学变化中的体现。

三、教学重点和难点

重点：用化合价升降和电子转移的观点认识氧化还原反应。

难点：理解氧化还原反应的本质。

四、教学策略

1.教学方法：问题讨论、归纳总结法、练习反馈。

2.教学思路：

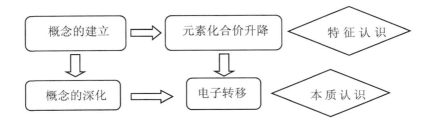

五、教学过程

【创设情境】形形色色的电池图片　　　　　感受熟悉的电池,激发学生学习兴趣。

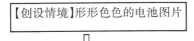

【练习讨论】请标出下列化学反应中反应前后各元素的化合价,你会发现什么?

①$C+O_2 \!=\!\!= CO_2$

②$2Na + Cl_2 \!=\!\!= 2NaCl$

③$2H_2O \!=\!\!= 2H_2\uparrow + O_2\uparrow$

④$Zn + H_2SO_4 \!=\!\!= ZnSO_4 + H_2\uparrow$

⑤$Fe + CuSO_4 \!=\!\!= FeSO_4 + Cu$

⑥$Fe_2O_3 + 3CO \!=\!\!= 2Fe + 3CO_2\uparrow$

⑦$CaO + H_2O \!=\!\!= Ca(OH)_2$

⑧$CaCO_3 \!=\!\!= CaO + CO_2\uparrow$

⑨$BaCl_2 + Na_2CO_3 \!=\!\!= BaCO_3\downarrow + 2NaCl$

⑩$H_2SO_4 + BaCl_2 \!=\!\!= BaSO_4\downarrow + 2HCl$

观察元素化合价发生变化的反应。

【概念建立】氧化还原反应的概念
以氧化铜与氢气的反应为例：

$$CuO + H_2 \stackrel{\triangle}{=\!=\!=} Cu + H_2O$$

特点：有得氧有失氧，元素化合价有升有降，同时存在，同时发生，对立统一。

从元素化合价变化的角度定义氧化还原反应。

【练习】根据元素化合价的变化判断下列反应是否属于氧化还原反应：

$$HCl+AgNO_3 =\!=\!= AgCl \downarrow +HNO_3$$

$$2KI+Cl_2 =\!=\!= 2KCl+I_2$$

$$NH_3+HCl =\!=\!= NH_4Cl$$

$$2Na+2H_2O =\!=\!= 2NaOH+H_2 \uparrow$$

概念的巩固。

【思考与交流1】以金属钠与氯气的反应为例，说明氧化还原反应中元素化合价为什么会发生变化？

深入探究元素化合价变化的本质。

【多媒体动画】
氯化钠的形成过程——电子得失
氯化氢的形成过程——电子对偏移

帮助理解氧化还原反应的微观本质。

【思考与交流2】以 Zn 和 $CuSO_4$ 溶液的反应为例，如何证明氧化还原反应中有电子转移？
【演示】$Zn|CuSO_4(aq)|Cu$
现象：电流计指针发生偏转。

感受氧化还原反应中，电子转移真实存在。

【思考与交流3】如何用简单明了的语言描述氧化还原反应？
介绍双桥式分析法：

得氧，被氧化，氧化反应
$$H_2 + CuO \stackrel{\triangle}{=\!=\!=} H_2O + Cu$$
失氧，被还原，还原反应

学会用简洁方法描述氧化还原反应。

【思考与交流4】下列反应属于哪种基本反应类型,与氧化还原反应之间的关系是什么?

① $C + O_2 == CO_2$

② $2Na + Cl_2 == 2NaCl$

③ $CaO + H_2O == Ca(OH)_2$

④ $2H_2O == 2H_2\uparrow + O_2\uparrow$

⑤ $CaCO_3 == CaO + CO_2\uparrow$

⑥ $Fe + CuSO_4 == FeSO_4 + Cu$

⑦ $Zn + H_2SO_4 == ZnSO_4 + H_2\uparrow$

⑧ $BaCl_2 + Na_2CO_3 == BaCO_3\downarrow + 2NaCl$

⑨ $H_2SO_4 + BaCl_2 == BaSO_4\downarrow + 2HCl$

应用分类方法构建氧化还原反应与四种基本类型反应之间的关系。

【课堂小结】

"氧化还原反应"定义、判断依据、特征、实质、分析方法(表征)、与四个基本反应之间的关系。

促进知识和方法的结构化水平。

【学习检测】

1.下列反应属于氧化还原反应的是(　　)

A. $CuO + 2HCl == CuCl_2 + H_2O$

B. $2Na_2O_2 + 2H_2O == 4NaOH + O_2$

C. $Zn + CuSO_4 == ZnSO_4 + Cu$

D. $Ca(OH)_2 + CO_2 == CaCO_3 + H_2O$

2.下列四种基本类型的反应中,一定是氧化还原反应的是(　　)

A.化合反应　　　B.分解反应

C.置换反应　　　D.复分解反应

3.下列叙述正确的是(　　)

A.在氧化还原反应中,失去电子的物质所含元素化合价降低

B.凡是有元素化合价升降的化学反应都是氧化还原反应

C.在氧化还原反应中所有的元素化合价都一定发生变化

D.氧化还原反应的本质是电子的转移(得失或偏移)

进一步巩固概念。

六、板书设计

第三节　氧化还原反应

一、氧化还原反应

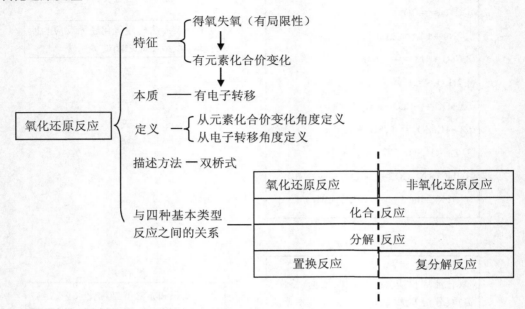

氧化还原反应（第一课时）

——以人教版普通高中课程标准实验教科书化学必修1为例
（甘肃省兰州第四中学，潘蓉）

一、教学分析

（一）教材分析

"氧化还原反应"在中学教材的知识体系中占有极其重要的地位，贯穿于中学化学教材的始终，是中学化学教学的重点和难点之一。许多重要元素及其化合物的知识，凡涉及元素价态变化的反应都是氧化还原反应，电化学知识也是氧化还原反应原理的应用，学生对本节教材内容学习的质量直接影响着以后对元素及其化合物性质、原电池及电解池相关内容的学习。初中教材中已经学习了基本反应类型及氧化反应、还原反应的知识，今后还要联系氧化还原反应知识深化对化学反应的认识。因此，本节教材是学习元素化合物知识、电化学知识及其应用的重要纽带，具有承前启后的作用。本节教材内容分两部分，一是认识氧化还原反应的概念，二是认识常见的氧化剂和还原剂及氧化还原反应的应用。本节教材内容计划分2课时完成，本节课是第一课时，主要是建立氧化还原反应知识体系。

（二）学情分析

1.学生在初中化学学习中已经接触了许多化学反应，知道化学反应按反应物和生成物的类别以及反应前后物质种类分为四种基本反应类型，按得氧或失氧关系将化学反应分为氧化反应和还原反应，同时，通过学习原子的构成、化学式与化合价知识，知道简单原子的构成，能根据化学式判断出元素的化合价，但并没有将得氧或失氧的反应与元素化合价的变化联系起来，即没有认识到具有广泛意义的氧化还原反应的特征，更没有将得氧或失氧与物质得失电子的本质联系起来。

2.学生在初中化学学习中，对氧化反应和还原反应还没有建立整体的联系，即孤立地看待氧化反应和还原反应，对氧化和还原这一对矛盾既相反又相依的关系还不够明确。

通过学习逐步提高对化学反应的认识，学会用正确的观点和方法认识化学反应。

3.学生在人教版实验教科书高中化学必修1第二章"物质的分类"学习中，已经知道物质分类的依据和意义，但对四种基本类型反应与氧化还原反应之间的关系还不明确。

二、教学目标

1.通过氧化还原反应由表及里的分析和讨论，知道氧化还原反应的特征是有元素化合价的变化，实质是发生电子转移，感知事物的表象与本质之间的关系。会用化合价的变化判断氧化还原反应，会利用"双线桥"分析氧化还原反应，逐步提高逻辑推理能力。

2.通过对化学反应类型的分类的练习与讨论，能对常见化学反应按照不同的分类标准进行分类，体会分类思想在化学学习中的意义。

3.通过"氧化""还原"矛盾的对立与统一的分析，感知对立统一规律在化学概念学习中的体现。

三、教学重点和难点

重点：氧化还原反应的特征和本质，简约分析方法。

难点：氧化还原反应的本质，不同分类标准下的化学反应的分类及其相互关系。

四、教学过程

教学环节	教学内容与活动安排	设计意图
新课引入	【思考与交流1】 1.初中阶段我们学过哪四种基本反应类型？ 2.下列反应属于哪种基本反应类型？ （1）$Mg+O_2 \xrightarrow{点燃} 2MgO$ （2）$2H_2+O_2 \xrightarrow{点燃} 2H_2O$ （3）$2CuO+C \xrightarrow{\triangle} Cu+CO_2\uparrow$ （4）$CuO+H_2 \xrightarrow{\triangle} Cu+H_2O$ （5）$2H_2O_2 \xrightarrow{MnO_2} 2H_2O+O_2\uparrow$ 3.以下反应是否属于四种基本反应类型？化学反应还有哪些分类？ （1）$Fe_2O_3+3CO \xrightarrow{高温} 2Fe+CO_2$ （2）$CH_4+2O_2 \xrightarrow{点燃} CO_2+2H_2O$ 【总结】物质得到氧的反应为氧化反应,物质失去氧的反应为还原反应。 $Mg+O_2 \xrightarrow{点燃} 2MgO$ $Fe_2O_3+3CO \xrightarrow{高温} 2Fe+CO_2$ $2H_2+O_2 \xrightarrow{点燃} 2H_2O$ $2CuO+C \xrightarrow{\triangle} Cu+CO_2\uparrow$ $CH_4+2O_2 \xrightarrow{点燃} 2CO_2+2H_2O$ $CuO+H_2 \xrightarrow{\triangle} Cu+H_2O$ 物质得到氧的反应 物质失去氧的反应 【提出问题】氧化反应和还原反应能分别独立进行吗？为什么？ 【总结】根据质量守恒定律,化学反应是原子的重新组合,有得到氧必定有失氧,物质得到氧的反应和物质失去氧的反应同时发生,所以这类反应称为氧化还原反应。如： $CuO+H_2 \xrightarrow{\triangle} Cu+H_2O$	复习初中化学反应的分类方法,发现基本分类方法的局限性,引出建立新的分类方法的必要性。

续表

教学环节	教学内容与活动安排	设计意图
从化合价角度认识氧化还原反应	【思考与交流2】氧化还原反应除了有"得氧""失氧"的变化之外,还有哪些特征? 【总结】讨论后总结 $CuO + H_2 \xlongequal{} Cu + H_2O$ $H_2O + C \xlongequal{} H_2 + CO$ 氧化反应:化合价升高的反应。 还原反应:化合价降低的反应。 凡是有元素化合价升降的反应称为氧化还原反应。 【提问】以下化学反应中哪些是氧化还原反应,为什么? $2Na + 2H_2O \xlongequal{} 2NaOH + H_2\uparrow$ $2Na + Cl_2 \xlongequal{} 2NaCl$ $NaOH + HCl \xlongequal{} NaCl + H_2O$ $H_2 + Cl_2 \xlongequal{} 2HCl$ 【提问】氧化还原反应是否一定要有氧的参与? 氧化还原反应具有广泛意义的特征是什么? 【总结】得氧或失氧判断氧化还原反应具有局限性,具有广泛意义的特征是"有元素化合价的升降"。	通过分析、比较,归纳出化合价升降是氧化还原反应具有广泛意义的外部特征。
从电子转移认识氧化还原反应	【思考与交流3】(1)以反应"$2Na+Cl_2 \xlongequal{} 2NaCl$"为例,说明元素化合价发生变化的本质原因是什么。 (2)以反应"$H_2 + Cl_2 \xlongequal{} 2HCl$"为例,说明元素化合价发生变化的本质原因是什么。 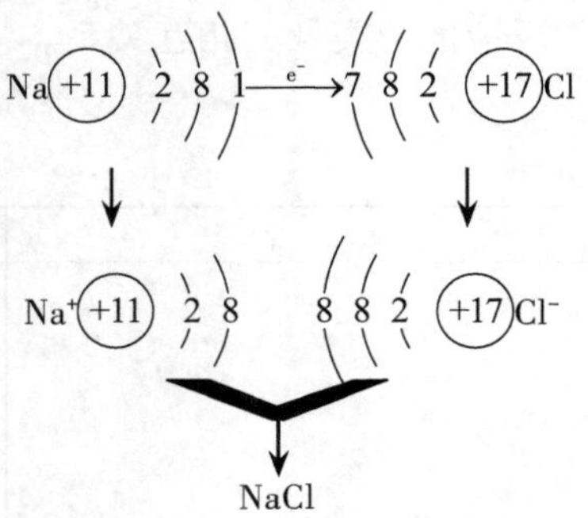 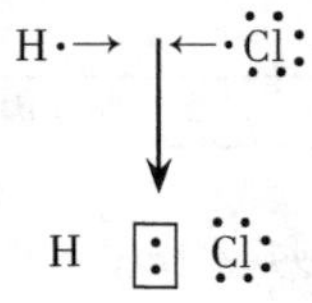 【总结】学生讨论后归纳。 本质:电子转移(电子的得失或电子对的偏移)。	从微观角度来认识氧化还原反应的实质。
氧化还原反应与四种基本反应类型的关系	【思考与交流4】判断下列化学反应哪些是氧化还原反应,哪些是非氧化还原反应。用图示的方法归纳氧化还原反应与四种基本反应类型的关系。 (1)$CaO + H_2O \xlongequal{} Ca(OH)_2$ (2)$C + O_2 \xlongequal{} CO_2$ (3)$CaCO_3 \xlongequal{} CaO + CO_2\uparrow$ (4)$2KMnO_4 \xlongequal{} K_2MnO_4 + MnO_2 + O_2\uparrow$ (5)$Zn + 2HCl \xlongequal{} ZnCl_2 + H_2\uparrow$ (6)$Fe + CuSO_4 \xlongequal{} FeSO_4 + Cu$ (7)$CuO + 2HCl \xlongequal{} CuCl_2 + H_2O$ (8)$NaOH + HCl \xlongequal{} NaCl + H_2O$ 【归纳总结】讨论后总结。 氧化还原反应与四种基本反应类型的关系 	归纳四大基本反应类型与氧化还原反应之间的相互关系,认识不同分类方法之间的关系。

续表

教学环节	教学内容与活动安排	设计意图

分析氧化还原反应的简约方法	【示例】
	以反应"$Fe_2O_3 + 3CO \xlongequal{\triangle} 2Fe + 3CO_2$"为例,介绍"双线桥"分析氧化还原反应的方法。
	
	得到$2\times 3e^-$,化合价降低,被还原
	$\overset{+3}{Fe_2}O_3 + 3\overset{+2}{C}O \xlongequal{\triangle} 2\overset{0}{Fe} + 3\overset{+4}{C}O_2$
	失去$3\times 2e^-$,化合价升高,被氧化
	
	【总结】
	(1)标出有变化的元素的化合价。
	(2)同一元素化合价变化用直线加箭头从反应物指向生成物(注意:箭头的起止一律对准对应的元素)。
	(3)"三标":化合价升降、得失电子数、"被氧化"或"被还原"(注意:电子得到或失去表示为$a\times be^-$,其中a表示发生氧化还原反应原子个数,b表示单位原子得失电子数,当a、b为1时可以省略不写)。
	【练习】用双线桥法分析下列氧化还原反应:
	    1.$Fe + CuSO_4 \xlongequal{} FeSO_4 + Cu$
	    2.$2NaBr + Cl_2 \xlongequal{} 2NaCl + Br_2$
		学会氧化还原反应简约分析方法,也为下一课时学习"单线桥法"的应用打下基础。

课堂小结	(1)氧化还原反应的认识历程【视频播放】 表格如下: (2)氧化还原反应的特征、本质、与四种基本反应类型的关系 (3)简约分析方法——"双桥式"法 要点: 升(价)——失(电子)——氧(化); 降(价)——得(电子)——还(原)。	巩固本堂课学习内容。

课堂小结表格:

年代	重大理论突破	氧化反应、还原反应	认识层次
18世纪末	发现氧气	失去氧和得到氧的反应	初步认识
19世纪中	定义了化合价	化合价有升高和降低的反应	特征认识
19世纪末	发现了电子	得失电子或电子对偏移的反应	本质认识

五、板书设计

第三节 氧化还原反应

一、氧化还原反应

1.概念:凡是有元素化合价升降的反应。

2.特征:元素化合价的变化。

3.实质:电子的转移(得失或偏移)。

4.规律:升—失—氧,降—得—还。

5.分析方法:双线桥法。

6.不同分类标准下的化学反应分类及其相互关系。

氧化还原反应（第一课时）

——以人教版普通高中课程标准实验教科书化学必修1为例

（兰州第三十三中学，谢丽冰）

一、教学分析

（一）教材分析

氧化还原反应在高中化学课程标准教科书中分三个阶段完成：（1）在高中化学必修1"化学物质及其变化"一章中从化合价升降和电子转移的观点介绍氧化还原反应及常见的氧化剂和还原剂等相关概念；（2）在高中化学必修2"化学反应与能量"一章中主要围绕着氧化还原反应的原理，介绍化学反应与电能之间相互转换；（3）在选修4"电化学基础"一章中介绍原电池和电解池的工作原理及其应用。通过不同阶段氧化还原反应知识的学习，对物质及其性质的认识逐步深入，分析问题的能力逐步提高。本节教学是高中化学必修1第二章第三节"氧化还原反应"的内容，可划分为2课时，第一课时为氧化还原反应的概念，包括特征、本质、分析表征方法等，第二课时为常见的氧化剂与还原剂。本节课是第一课时教学内容，通过学习，为学生全面认识化学物质及其变化打下良好的基础。

（二）学情分析

1.学生通过初中化学的学习，已经知道了四种基本反应类型，能够根据得氧和失氧的关系，把化学反应分为氧化反应和还原反应；对于常见元素组成的化合物，可以根据化学式标出元素的化合价。

2.高中化学必修1第二章第一节已经学过物质的分类等知识，知道根据不同的分类标准可将化学反应分为氧化反应和还原反应，化合反应、分解反应、置换反应、复分解反应等。以上都为本节课的学习奠定了基础。

二、教学设计思路

根据化学学科核心素养的内涵，以氧化还原反应的概念为载体，在创设情境中生成问题，激发学生学习的兴趣，在问题引导下分析和探究问题，在解决问题的过程中发展学生宏辩微探、逻辑推理、模型建构等核心素养。

三、教学目标

1.通过对常见氧化还原反应从物质角度（得氧失氧）、元素角度（化合价变化）、微粒角度（电子得失）的分析过程，认识氧化还原反应的特征和本质，体会认识发展的规律。

2.通过原电池反应实验探究，知道氧化还原反应中电子转移真实存在，氧化和还原反应同时发生，体会对立统一的辩证唯物主义思想。

3.通过常见化学反应的分类，能说出氧化还原反应与四大基本反应类型的关系。

4.通过氧化还原反应在生产、生活中的应用的介绍，感受化学与生产、生活的关系。

四、教学重点和难点

重点：用化合价升降和电子转移的观点认识氧化还原反应。

难点：理解氧化还原反应的本质是发生了电子转移。

五、教学方法

情境教学、探究教学、问题教学相结合。

六、教学辅助手段

多媒体，原电池实验装置及相应的试剂。

七、教学过程

温故知新

【导入】金属是生产、生活及国民经济发展中非常重要的材料，从古到今，化学在金属的冶炼中发挥了巨大的作用。汉代许多著作里就有"石胆能化铁为铜""以曾青涂铁，铁赤色如铜"（晋葛洪《抱朴子内篇·黄白》）的记载。考古研究还发现，中国在春秋时期就已出现冶铁技术，两汉时期就已经掌握了高炉炼铁技术。

【练习】写出湿法炼铜、氢气还原氧化铜、高炉炼铁的化学反应方程式。

$$Fe+CuSO_4=FeSO_4+Cu$$

$$H_2+CuO \xrightarrow{\triangle} H_2O+Cu$$

$$CO+Fe_2O_3 \xrightarrow{高温} CO_2+Fe$$

【提问】以上三个反应如何分类？分类的依据是什么？

【小结】从物质的元素组成的变化上看，湿法炼铜、氢气还原氧化铜属于置换反应；从物质得氧或失氧的变化看，氢气还原氧化铜、高炉炼铁的反应，物质发生氧化反应和还原反应。

设计意图：通过熟悉的化学反应分析，知道化学反应有不同的分类，四大基本反应类型反应分类有局限，不能穷尽所有化学反应。

【讨论】以上三个反应中还有什么共同变化特征？

【小结】（1）物质所含元素化合价升高的反应是氧化反应，物质所含元素化合价降低的反应是还原反应；（2）氧化反应和还原反应同时存在，同时发生；（3）氧化还原反应的特征是有元素化合价的变化。

设计意图：找到氧化还原反应的特征即元素化合价变化，同时感受氧化和还原的对立统一关系，为概念的发展做好铺垫。

宏辨微探

【资料卡片】工业上冶炼金属钠的原理。

【提问】

1.从宏观上分析元素的化合价发生了什么变化？

2.微观上分析微粒结构发生了什么变化？

分析：

$$Na^+ \xrightarrow{+e^-} Na \qquad Cl^- \xrightarrow{-e^-} Cl$$

【小结】元素化合价变化的本质是因为有电子的转移。

设计意图：根据金属钠冶炼原理的信息，从 Na^+ 与 Na、Cl^- 与 Cl 微观结构的比对，认识到化合价升降的原因是电子的转移，感悟宏观辨识与微观探析的思维方法。

【讨论】如何知道氧化还原反应中有电子的转移？什么样的装置可以让我们"看到"电子的移动？

【演示实验】$Fe \mid CuSO_4(aq) \mid C$ 原电池装置。

实验现象：灵敏电流计指针发生偏转。明确氧化还原反应的实质是电子转移。

【小结】氧化还原反应的实质是有电子的转移。

设计意图：通过实验探究直观感受氧化还原反应中电子转移确实存在。

模 型 建 构

【练习】判断下列反应是否为氧化还原反应

（1）$2Na+Cl_2=2NaCl$　　　　　　（2）$SO_3 + H_2O = H_2SO_4$

（3）$2KClO_3=2KCl + 3O_2\uparrow$　　　（4）$NH_4Cl = NH_3\uparrow + HCl\uparrow$

（5）$Zn + H_2SO_4 = ZnSO_4 + H_2\uparrow$　　（6）$2Na + 2H_2O = 2NaOH + H_2\uparrow$

（7）$KOH + HCl = KCl + H_2O$　　（8）$Na_2CO_3 + 2HCl = 2NaCl + H_2O + CO_2\uparrow$

【提问】氧化还原反应和四大基本反应类型之间有何关系？

【小结】讨论后小结。

（1）有单质参加的化合反应一定是氧化还原反应；

（2）有单质生成的分解反应一定是氧化还原反应；

（3）置换反应一定是氧化还原反应；

（4）复分解反应一定是非氧化还原反应。

设计意图：建立化学变化的分类模型。

【提问】如何分析氧化还原反应更简约？

【介绍】"双桥式"分析模型

要点：打"双桥"，明指向，"升""失""氧"，"降""得""还"。

化合价升高，失电子，被氧化
$$Zn + 2HCl = ZnCl_2 + H_2\uparrow$$
化合价降低，得电子，被还原

【练习】分析下列反应中元素化合价的变化：

$Zn + 2HCl = ZnCl_2 + H_2\uparrow$

$MnO_2 + 4HCl(浓) \xlongequal{\triangle} MnCl_2 + Cl_2\uparrow + 2H_2O$

$CuO + 2HCl = CuCl_2 + H_2O$

回答：

（1）哪些反应属于氧化还原反应？

（2）若是氧化还原反应，标出电子转移的情况。

（3）从3个反应的分析对比中，你能获得哪些结论（信息）？

设计意图：建立氧化还原反应分析模型，使表述简约化。

学 以 致 用

【图片展示】通过图片介绍氧化还原反应在生产、生活中的应用。

设计意图：知道氧化还原反应的学科价值。

总 结 提 升

【小结】

1.氧化还原反应的特征是得氧和失氧、元素化合价的变化，其中，元素化合价的变化具有普遍性，得氧和失氧具有局限性。

2.氧化还原反应的本质是电子转移，通过元素化合价变化可以帮助我们判断化学反应是否为氧化还原反应。

3.氧化还原反应是化学反应分类中的一种，与四大基本类型的反应存在集合关系。

设计意图：促进知识的结构化，深化学生对氧化还原反应的认识。

八、板书设计（主板）

第三节　氧化还原反应（第一课时）

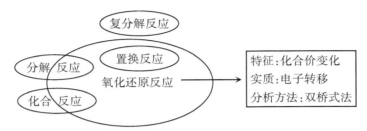

设计意图：促进知识结构化。

用途广泛的金属材料

——以人教版普通高中课程标准实验教科书化学必修1为例

（西北师范大学附属中学，彭亮）

一、教材分析

本节课是人教版普通高中课程标准实验教科书化学必修1第三章"金属及其化合物"第三节的内容，主要介绍了2个问题：（1）常见合金（铜合金和钢）的重要应用；（2）正确选用金属材料。教材特点：（1）教材所涉及的知识内容属于科普知识的范畴，对于指导生产、生活有着重要的价值；（2）教材中蕴含着丰富的历史人文知识和科技知识，对于情感态度价值观的发展有着重要作用。

二、课标要求

了解铝、铁、铜等金属的主要性质，能列举合金材料的重要应用。

三、学情分析

学生在九年级化学学习过程中已经认识了铁及其合金的知识，在本章第一节"金属的化学性质"学习中认识了常见几种金属的性质，同时，对生产、生活中接触到的很多金属的使用，具有一定的生活经验，为本节学习奠定了基础。

四、教学目标

1.通过对金属使用的讨论，知道铜器和铁器使用的历史、金属材料的分类、合金的性能、合金在现代社会的广泛应用及稀土金属的战略意义，增强爱国主义情怀。

2.通过对选用金属材料的讨论，知道正确选用金属材料的要点。

五、教学方法

创设情境、问题讨论。

六、教学思路

通过历史长河中的回眸——金属的古时之用，繁华世界中的探寻——金属的今日之用，华彩篇章中的畅想——金属的未来之用等三个关键句和创设丰富的教学情景，将金属使用的历史、金属的广泛应用、金属材料的选用等三个问题有机地结合起来，激发学生的兴趣，使简单的知识、枯燥的学习有趣、有效。

七、教学过程

历史长河中的回眸——金属的古时之用

【雅音共赏】编钟奏乐。

【想一想】

1.制造编钟所用的主要材料是什么？

青铜：Cu 84.8%，Sn11.6%，Pb2.8%

2.常见的铜合金有哪些？

黄铜：Cu（Zn，少量Sn、Pb、Al等）

白铜：Cu（Ni、Zn，少量Mn）

3.你了解"铜器时代"与"铁器时代"吗？

铜器时代

年代:始于尧舜禹传说时代

（距今4500～4000年）

鼎盛时期(中国青铜器时代)

夏、商、西周、春秋、战国早期

应用

"国之大事"，在祀及戎

铁器时代

年代:铜器时代之后

应用

春秋时期,中国农业、手工业广泛使用铁器

【图片展示】商代后期的祭祀鼎、周朝时期的钢刀、春秋时期的青铜宝剑。

趣说成语：金戈铁马，鸣金收兵，铜墙铁壁，珠箔银屏，千锤百炼，百炼成钢。

"千锤百炼""百炼成钢"与什么有关？（冶铁技术）

【图片展示】古代冶铁——木炭冶铁图。

繁华世界中的探寻——金属的今日之用

用量最大，用途最广——铁合金（钢）：餐具、工具、机床、钢轨等。

【资料卡片阅读】金属材料分类。

【师生共议】

1.金属材料如何分类

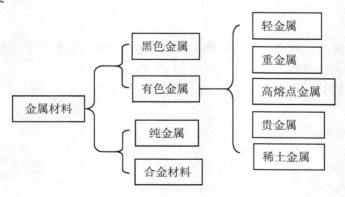

2.什么是合金？合金有哪些特点？

（1）合金是由两种或两种以上的金属或非金属熔合而成的具有金属特性的物质。

（2）合金的特点

熔点：比成分金属的熔点低。

机械性能：强度增大、硬度增强、耐磨。

化学性能：耐腐蚀。

改变原料的配比、改变生成合金的条件，可以得到具有不同性能的合金。

3.钢的分类及应用

$$
钢\begin{cases}碳素钢\begin{cases}低碳钢\\中碳钢\\高碳钢\end{cases}\\\\合金钢[在碳素钢中加入铬、锰、钨、镍、钼、钴等合金元素（如：不锈钢）]\end{cases}
$$

【图片展示】低碳钢丝、中碳齿轮、高碳钢刀剪、不锈钢餐具。

4.生活中为什么更多地使用合金？

合金比纯金属具有优良的性能，如，强度、硬度、耐腐蚀性。

【观察与分享】

身边的金属：教室中的金属，校园里的金属，生活中的金属。

【图片展示】生活中金属的用途：涉及衣食住行（眼镜架、汽车、拉链、易拉罐、门窗架构等）。

【问题交流】稀土金属为什么称为万能之土？

【科学视野阅读】用途广泛的稀土金属。

【交流总结】稀土元素广泛应用在石油化工、冶金工业（合金）、材料工业（电子材料、荧光材料、发光材料、永磁材料、超导材料、染色材料、纳米材料、引火材料和催化剂）等领域。稀土金属又称为"冶金工业维生素""战争金属"（隐身、耐高温等）。

【资料卡片】

稀土是我国以及世界各国最重要的战略资源之一，中国储量占全球的80%，主要分布在内蒙古地区，甘肃金昌也分布有稀土资源。美国的先进武器装备都对中国的稀土材料有严重依赖，美国军事专家认为，如果没有从中国采购的稀土材料，美国至少有80种主要武器系统根本无法工作。

邓小平南方谈话时说："中东有石油，中国有稀土。"科技发展离不开稀土资源，稀土资源是新材料的宝库。

华彩篇章中的畅想——金属的未来之用

【师生共议】请以铝合金为例，从以下几个方面谈谈金属材料的选用。

物理性质、化学性质、经济成本、加工难度、日常维护、对环境的影响……

课堂练习

1.合金与纯金属制成的金属材料相比，优点是

①合金的硬度一般比它的各成分金属的大；

②一般地，合金的熔点比它的各成分金属的低；

③合金比纯金属的导电性能更强；

④合金比纯金属的耐腐蚀性能强。

2.日常生活中常用铝制炊具，它质轻且坚固耐用，简述其原因。

3.钛的合金被誉为"21世纪最有发展前景的金属材料"，它们具有很多优良的性能，如熔点高、密度小、可塑性好、易于加工、耐腐蚀等，尤其是钛合金与人体器官具有很好的"生物相容性"。下列关于钛

合金的用途不切合实际的是（　　　）

A．用来做保险丝　　　　　　　　B．用于制造航天飞机

C．用来制造人造骨　　　　　　　D．用于家庭装修，做钛合金装饰门

八、板书设计

第三节　用途广泛的金属材料

一、金属材料使用的历史

金属使用历史悠久。

二、金属材料的分类和应用

（1）金属材料的分类；

（2）合金及其应用。

铁合金用量最大，用途最广；

合金是由两种或两种以上的金属或非金属熔合而成的具有金属特性的物质。

（3）稀土金属的价值及其应用

稀土金属是"冶金工业维生素"，广泛应用于各种性能的材料制作。

三、正确选用金属材料

性能要求、经济成本、日常维护等。

元素周期律（第二课时）

——以人教版普通高中课程标准实验教科书化学必修2为例

（兰州市教育科学研究所，王英）

一、教材分析

"元素周期律"是人教版课程标准实验教科书高中化学必修2第一章"物质结构　元素周期律"第二节的内容，包含原子核外电子排布、元素周期律、元素周期表和元素周期律的应用等三个方面的内容，可划分为3课时完成，本节课是第二课时的学习内容。本节课以原子结构理论为指导，以实验探究为手段，按照"个别到一般"的思维方式，概括出元素周期律。元素周期律包含元素的原子半径、元素的主要化合价、元素的金属性和非金属性等性质的周期性变化，元素性质的周期性变化的本质是元素原子结构的周期性变化。学习了元素周期律知识，既可以根据元素的原子结构推测它在周期表中的位置，也可以根据元素在周期表中的位置推测其原子结构和元素的性质，为进一步认识元素单质及其化合物的性质以及预测和发现新元素提供理论武器。

二、教学目标

1.通过"周期"的讨论，知道周期现象。

2.通过对1～18号元素原子核外电子排布、原子半径及元素化合价的探究过程，能说出其周期性的变化规律。通过对第三周期元素Na、Mg、Al、Si、P、S、Cl的金属性及非金属性的科学探究过程，能说出其金属性非金属性的递变规律。体会量变引起质变、现象与本质、由个别到一般再由一般到个别的哲学思想。

三、教学重点和难点

重点：1～18号元素性质的周期性变化规律及其本质。

难点：元素金属性、非金属性的科学探究。

四、教材处理方法

知识板块化、防止碎片化。

五、教学过程

【破题】周期：循环往复的现象，如，日升日落、365天循环、"月"的循环、单摆运动、正弦曲线等。

【科学探究1】

1.写出原子序数为1～18的原子核外电子排布（用原子结构示意图表示）。

2.观察课本14—15页相关数据，思考并讨论：随着原子序数的递增，元素原子核外电子层排布、元素的原子半径和元素的化合价呈现什么规律性变化？

数据图像化——可直观反映周期现象。（略）

结论1：随着原子序数的递增，元素原子核外电子层排布、元素的原子半径和元素的化合价呈现周期性变化。

【科学探究2】

1.如何证明金属性强弱？

2.如何证明非金属性强弱？

讨论、实验、阅读、分析、总结：

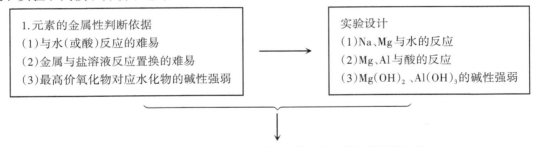

钠、镁、铝的性质及其最高价氧化物对应水化物的性质比较

性质	Na	Mg	Al
单质与水或酸的反应情况			
最高价氧化物对应水化物的碱性强弱			

【阅读】硅、磷、硫、氯的性质及其最高价氧化物对应水化物的性质比较

性质	Si	P	S	Cl
单质与氢气的反应条件	高温	蒸气与氢气能反应	加热	光照或点燃时发生爆炸而化合
最高价氧化物对应水化物的酸性强弱	H_2SiO_3弱酸	H_3PO_4中强酸	H_2SO_4强酸	$HClO_4$强酸，比H_2SO_4的酸性强

结论2：随着原子序数的递增，第三周期元素的金属性逐渐减弱，非金属性逐渐增强。
（对其他周期元素性质进行研究，也能得出类似结论。）

Na　Mg　Al　Si　P　S　Cl

⟶

金属性逐渐减弱，非金属性逐渐增强

说明：

（1）元素的性质包含元素的原子半径、元素的化合价、元素的金属性与非金属性等。（元素的电负性、第一电离能在选修教材中介绍）

（2）元素的性质与单质及其化合物的性质密切相关，但元素的性质不能等同于单质的性质。

六、小结（兼板书设计）

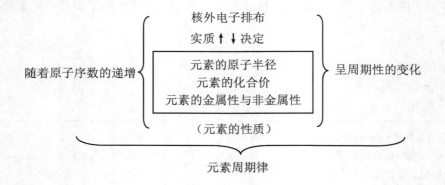

【课堂练习】

1.证明元素的金属性强弱的依据有哪些方面？为什么通常不选择金属与盐溶液反应发生置换的难易程度证明金属性强弱？

2.证明元素的非金属性强弱的依据有哪些方面？

3.设计实验证明非金属性Cl>S。

离子键

——以人教版普通高中课程标准实验教科书化学必修2为例

（甘肃省兰州第一中学，彭雅清）

一、教材分析

人教版课程标准实验教科书高中化学必修2第一章第三节化学键，主要回答的是微观粒子怎样形成物质的问题，分为离子键和共价键两部分，可分为2课时。本节课第一课时的教学内容，需要解决三个问题：①离子的形成过程及离子间的作用形式；②形成离子的基本条件；③离子键的表示，即电子式的书写。通过本节课的学习，不仅可以为下节课认识"共价键"打下学习的基础，而且也为选修3"离子晶

体"的学习打下基础。

二、学情分析

学生通过无机物的学习知道很多物质间能发生反应；在初中化学"构成物质的奥秘"部分学习了原子核外电子排布的知识，知道金属元素的原子易失电子，非金属元素的原子易得电子；在本章主题3"元素周期律"部分进一步学习了原子核外电子排布的知识，知道了核外电子排布的规律。但对粒子间为什么能结合成物质却很茫然。本节课的内容理论性强，比较抽象，因此，学习的难点是帮助学生认识阴、阳离子间的相互作用及阴、阳粒子形成的基本条件，即哪些元素易形成阴、阳离子？薄弱点是如何书写简单离子化合物的电子式。

三、教学目标

1.学生通过观察 Na 单质与 Cl_2 的反应，分析反应中 Na 原子与 Cl 原子的结构变化，知道离子键的形成过程和形成条件，建立从宏观到微观、从现象到本质的认识事物的科学方法，发展学生"宏观辨识与微观探析、逻辑推理与模型认知"的能力；

2.学生通过分析 NaCl 晶体中离子的相互作用，认识到 Na^+ 和 Cl^- 之间的相互作用不但有静电引力，还有静电斥力，从而认识离子键的概念，体会离子键形成过程中体现出来的"对立统一"规律；

3.学生通过自学 NaCl 形成过程的表示方法，初步认识用电子式表示离子化合物的形成过程，锻炼自主学习的能力。

四、教学思路

通过 Na 与 Cl_2 反应的实验，激发学生探索知识的兴趣；以 NaCl 的形成过程为例，通过问题引导和讨论，让学生产生思维碰撞；通过逻辑推理与模型建构，让学生建立离子键的概念，包括成键微粒、粒子间的作用形式、离子形成的条件、由阴阳离子构成的化合物有哪些、离子键的表示；通过练习，锻炼学生的思维能力，巩固所学知识和方法。体现"教师为主导、学生为主体"的教学理念。

五、教学方法

教师引导→学生讨论→分析总结→练习巩固。

六、教学过程设计

教学环节	教学内容与活动安排	教学手段
回顾旧知 引入新课	【实验】Na 单质与 Cl_2 的反应。 【书写】Na 与 Cl_2 的反应方程式。 【提问】反应过程中 Na 原子与 Cl 原子的结构发生了怎样的变化？ 【板演】Na、Cl 的原子结构示意图及结构变化。	教师演示实验 学生板演 PPT引导
离子键的 形成过程	【提出问题】形成的 Na^+ 和 Cl^- 之间有怎样的相互作用？请大家相互讨论。 【交流总结】Na^+ 和 Cl^- 间存在静电引力,在阴、阳离子靠近的同时,核外电子之间、原子核之间存在相反的作用——静电斥力,二者共同作用使得 Na^+ 和 Cl^- 既不能再靠近(重合)也不能分开,此时,就形成了稳定的化合物。 【情感体会】NaCl 的形成是静电引力和静电斥力共同作用的结果,两种作用力相互矛盾,但又同时存在,这是"对立统一规律"哲学思想的体现。 【结论】离子键就是带相反电荷离子间的相互作用。 关键词:成键作用——静电作用;成键微粒——阴、阳离子	学生讨论 多媒体动画辅助分析 教师总结

续表

教学环节	教学内容与活动安排	教学手段
形成离子的基本条件	【提出问题】哪些元素的原子容易形成阴、阳离子？ 【讨论总结】(1)活泼金属,即元素周期表中 ⅠA、ⅡA 族中活泼金属元素的原子容易失电子形成阳离子;(2)元素周期表中 ⅥA、ⅦA 族中活泼非金属元素的原子容易得电子,形成阴离子。	教师提问 学生讨论 归纳总结
离子化合物的判断	【提出问题】哪些物质由离子构成? 或哪些物质中存在离子键? 【讨论总结】存在离子键的物质:大多数盐、金属氧化物、强碱。 【概念延伸】由离子键构成的化合物——离子化合物。	教师提问 学生讨论 归纳总结
离子键的表示	【活动指导】阅读课本 22 页"资料卡片",并结合 23 页 NaCl 形成过程的表示方法,用电子式表示 KCl、Na_2S 的形成过程。 原子的电子式　形成　阴离子的电子式　阳离子的电子式 $Na\cdot + \cdot \overset{\cdot\cdot}{\underset{\cdot\cdot}{S}} \cdot + \cdot Na \longrightarrow Na^+ [\overset{\cdot\cdot}{\underset{\cdot\cdot}{:S:}}]^{2-} Na^+$ Na_2S 的形成过程 【归纳总结】电子式的书写要点:(1)区分原子、离子、离子化合物的电子式及离子化合物的形成过程;(2)阳离子的电子式就是离子符号本身——表示原子最外层没有电子;(3)阴离子的电子式需将最外层电子用方括号括起来——表示电子的归属。	学生阅读、板演 教师分析总结
课堂练习	1.判断下列化合物中是否存在离子键: ①KCl　②$CaBr_2$　③CO_2　④$Ca(OH)_2$　⑤$MgCl_2$　⑥HCl　⑦Na_2O　⑧NH_4Cl 2.用电子式表示 CaO、$CaCl_2$ 的形成过程。	PPT 展示 学生讨论、练习
课堂小结	在概念结构图的引导下总结。	老师问,学生答 PPT 梳理结果
布置作业	(略)	巩固知识

七、板书设计

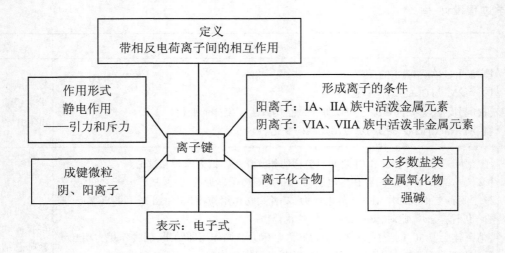

化学能与热能

——以人教版普通高中课程标准实验教科书化学必修2为例

（兰州第二十七中学，朵建荣）

一、教材分析

本节课内容是人教版课程标准实验教科书高中化学必修2"化学反应与能量"主题1第一课时的内容。本节教材的特点：（1）逻辑性强，教材围绕化学反应中能量变化的原因、能量变化与物质所含能量的关系、化学反应中能量变化的规律等几个问题展开，需要通过实验探究与逻辑推理帮助学生认识相关的问题；（2）比较抽象，需要通过类比、信息加工及模型建构，将抽象问题直观化，将分散的信息结构化。

二、学情分析

学生在初中化学学习中知道，化学反应分为吸热反应和放热反应；在高中化学无机物学习中知道很多化学反应伴随着热能及光能的变化，但对于化学反应中能量变化的原因，外在的能量变化与内在的物质的能量之间的关系，以及能量形式转化的规律处于未知状态。由于高中化学选修4《化学反应原理》中还要深入学习化学反应能量的变化，因此，本节课只介绍化学反应中能量变化的原因，焓变与键能的关系不做介绍，留在选修4中继续学习。

三、教学目标

1.通过实验探究，知道化学反应中常伴随着能量的变化；通过氯气与氢气反应过程中断键与成键所吸收和放出热量的计算，知道化学反应中能量变化的原因；通过水能与化学能变化的类比分析，知道化学反应中能量的变化与物质所含能量的关系；通过水的能量转化形式的变化与化学反应中能量转化形式的类比，知道能量守恒定律。学会从化学键的角度解释化学反应中能量变化的主要原因。

2.通过化学反应中能量变化的讨论，感受逻辑推理与模型认知方法对于化学学习的意义。

四、教学方法

实验探究、问题讨论、逻辑推理。

五、教学过程

教学程序	教学内容及活动安排	教学手段	教学意图
创设情境	1.化石燃料的能量从何而来？ 2.石灰石分解为什么需要高温条件？	教师提问 学生回答	激发兴趣
化学反应中的能量变化	【实验探究】 1.Mg+HCl= 操作：镁条打磨后放到试管中，加入2～3mL 6mol/L稀盐酸，观察现象，触摸试管外壁。		

续表

教学程序	教学内容及活动安排	教学手段	教学意图
化学反应中的能量变化	2.Ba(OH)$_2$·8H$_2$O(s)+NH$_4$Cl(s)= 操作:将20g Ba(OH)$_2$·8H$_2$O晶体与约10g NH$_4$Cl晶体混合后研磨,闻气味;(2)将混合物倒入烧杯中;(3)将烧杯放到滴有几滴水的玻璃片上;(4)用玻璃棒快速搅拌烧杯中的混合物。片刻后触摸烧杯壁,提起烧杯,观察玻璃片的状况。 3.H$^+$ + OH$^-$ = 操作:50mL烧杯中加入20mL 2mol/L的稀盐酸,测其温度;(2)用量筒取20mL 2mol/L NaOH溶液,测其温度;(3)将NaOH溶液缓缓地倾入烧杯中,边加边搅拌,测其温度的变化。 【获得结论】化学反应通常伴随着能量变化。	实验探究	体验化学反应过程中的能量变化
能量变化的原因	【问题与交流】 能否以H$_2$+Cl$_2$=2HCl为例,说明化学反应中能量变化与化学键的关系? 【算一算】根据下列示意图计算 H$_2$ + Cl$_2$ = 2HCl H┊H Cl┊Cl H┊Cl 436↓ 243↓ 2×431↑ 2H 2Cl 键能单位:kJ/mol 旧键断裂吸收的热量=＿＿＿; 新键形成放出的热量=＿＿＿; 反应放出或吸收的热量=＿＿＿。 【获得结论】化学键的断裂和形成是化学变化中能量变化的主要原因。	学生看书讨论交流 信息加工 师生总结	认识化学键与化学反应能量变化的关系 逻辑推理模型认知
物质的能量与能量变化的关系	【问题与交流】 1.键能与物质的能量有什么关系? 2.物质的能量与能量变化有什么关系? 【类比】水能如何变化? (1)水由高处向低处流动,能量如何变化? (2)水由低处往高处流动,能量如何变化? 【获得结论】 1.物质的能量越高,越不稳定,键能越小,断裂化学键越容易。 2.不同的物质所包含的化学能也不同。 3.关系 ∑E(反应物)＞∑E(生成物)——放热; ∑E(反应物)＜∑E(生成物)——吸热。	交流讨论 师生总结	逻辑推理模型认知

续表

教学程序	教学内容及活动安排	教学手段	教学意图
能量守恒定律	【问题与交流】 1.水从高处流向低处,能量形式进行了怎样的转化? $E_{h1} = E_{h2} + E_m$ 2.化学反应中的能量形式转化的关系是什么? E(反应物)$= E$(生成物)$+E$(热能)$+ E$(电能)$+ E$(光能) 或 E(反应物)$+E$(热能)$= E$(生成物)$+ E$(电能)$+ E$(光能) 【获得结论】能量守恒定律:一种形式的能量转化为另一种形式的能量,总能量守恒。	阅读32—33页 看图说话 师生总结	逻辑推理 模型认知
课堂总结	1.化学反应中能量变化的原因是什么? 2.化学反应中能量变化的关系:遵守能量守恒定律。	教师提问 学生回答 教师概括	提高知识结构化水平
随堂检测	(略)	PPT展示题目 学生作答	巩固知识 锻炼思维

六、板书设计

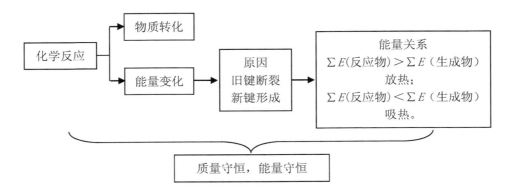

化学能与热能（第一课时）

—— 以人教版普通高中课程标准实验教科书化学必修2为例

（甘肃省兰州第一中学，刘跟信）

一、教材分析

化学反应中的能量变化属于化学反应原理范畴，在初中化学、高中化学选修4中均有安排。初中化学中已经学过燃料和热量的一些知识，知道化学反应分为放热反应和吸热反应。本节课需要解决以下问题：(1) 化学反应中能量变化的原因；(2) 化学反应过程中的能量变化与反应物、生成物本身具有的能量有什么关系；(3) 能量转化的规律，即能量守恒定律。高中化学选修4还将继续学习焓变及焓变的定量计算（与键能的关系）。本节内容属于化学反应观念的进一步补充和完善，也为下一节学习化学能与电能打下了基础，因此。本节教学内容具有承上启下的作用。

二、学情分析

学生通过初中化学和高中化学必修1的学习，知道化学反应可以制造新物质，还能提供能量，并且知道一些具体的放热反应，但是，对于化学反应中能量变化的原因以及与反应物、生成物的能量之间的关系有待建构，逻辑推理与模型建构的思维方法有待于在学习过程中不断挖掘。用定量的思想去分析问题，学生的能力还很欠缺，他们渴望利用化学知识去解决生活中的实际问题，因此教学以生活中的例子开始和结束。

三、教学目标

1.通过实验探究实验，体会放热反应和吸热反应，并能根据事实判断吸热反应、放热反应。

2.通过分析氢气与氯气反应过程中化学键的断裂与形成，找出化学反应中能量变化的主要原因。

3.通过与水能变化的类比，找出反应物、生成物的能量与化学反应中能量变化的关系。

4.通过与物理学中的能量守恒关系的类比认识化学反应中的能量守恒定律，初步建立化学变化的能量观。

四、教学重点和难点

重点：化学能与热能之间的内在联系以及化学能与热能的相互转化。

难点：从本质上（微观结构角度）理解化学反应中能量变化的原因。

五、教学过程

教学程序	教学内容与活动安排	教学策略
新课引入	【阅读】本章前言内容:能源与社会发展。 【提出问题】能源危机已成为制约一个国家发展的瓶颈,在这方面化学能做出什么贡献?	学生阅读 创设情境
	【投影】氧炔焰焊接和切割钢板的视频,直观感受化学能转化为热能、光能。 【提出问题】氧炔焰能够焊接和切割钢板,热能从何而来? 与化学物质及化学反应有什么关系?	播放视频 引发思考
感受化学变化中的能量变化	【演示实验】 1.金属镁与盐酸反应 操作:镁条打磨后放到试管中,加入 2~3mL 6mol/L 稀盐酸,观察现象,并用温度计测量溶液温度的变化。 2.$Ba(OH)_2 \cdot 8H_2O$ 晶体与 NH_4Cl 晶体反应 将 20g $Ba(OH)_2 \cdot 8H_2O$ 晶体与约 10g NH_4Cl 晶体混合后研磨,闻气味;(2)将混合物倒入烧杯中;(3)将烧杯放到滴有几滴水的玻璃片上;(4)用玻璃棒快速搅拌烧杯中的混合物。片刻后触摸烧杯壁,提起烧杯,观察玻璃片的状况。 【获得结论】有的化学反应放热,有的化学反应吸热。	实验探究 归纳总结
分析化学反应中能量变化的原因	【提出问题】为什么化学反应发生的同时都还伴随着能量的变化? 【理论分析】从化学键角度分析氢气和氯气反应过程中能量变化的原因。 在25℃和101kPa的条件下,1mol H_2 与 1mol Cl_2 反应: 　　　　$H_2 \rightarrow 2H$　　　　　　吸收能量约436kJ 　　　　$Cl_2 \rightarrow 2Cl$　　　　　　吸收能量约242kJ 　+)　$2H + 2Cl \rightarrow 2HCl$　　放出能量约862kJ 　—————————————————————— 　　　　$H_2 + Cl_2 \rightarrow 2HCl$　　放出能量约184kJ 【得出结论】化学键的断裂和形成是化学反应中能量变化的主要原因。	分析推理 归纳总结

续表

教学程序	教学内容与活动安排	教学策略
物质所含能量与化学反应中能量变化的关系	【提出问题】化学反应中的能量变化与反应物本身所具有的能量和生成物本身所具有的能量有没有关系？ 【启发诱导】 1.水由高处向低处流动过程中水所含的能量如何变化？变化的结果是什么？ 2.水由低处向高处流动过程中水所含的能量如何变化？变化的结果是什么？ 3.化学反应中反应物的总能量与生成物的总能量是否相同？ 4.化学反应中的能量变化与反应物的总能量和生成物的总能量之间存在着怎样的关系？用图示说明。 【得出结论】决定一个反应到底是放热反应还是吸热反应,取决于反应物的总能量和生成物的总能量的相对大小。 $\sum E(反应物) > \sum E(生成物)$——放热； $\sum E(反应物) < \sum E(生成物)$——吸热。	图片投影 类比迁移 学生作图 归纳总结
放热反应和吸热反应辨析	【讨论问题】 1.水蒸气液化时向环境释放热量,该变化是放热反应吗？ 2."放热反应在常温下就能发生,吸热反应需要加热才能发生",这种说法对吗？ 【得出结论】 1.放热反应和吸热反应的指向是化学变化； 2.一个化学反应是吸热还是放热,只与反应物总能量和生成物总能量的相对大小有关,而与反应开始前是否需要加热无关。	思考交流 归纳总结
物质的能量形式及其转化规律	【提出问题】 1.水由高处向低处流动过程中水有哪些能量形式？有什么规律？ 动能与势能； 机械能守恒定律: $mgh + 1/2mv^2 = mgh' + 1/2mv'^2$ 或 $mgh - mgh' = 1/2mv'^2 - 1/2mv^2$ 2.化学反应变化的能量形式有哪些？有什么规律？ 热能、光能、电能等。 能量守恒定律:化学变化中,一种形式的能量转化为另一种形式的能量,转化的途径和能量形式可以不同,但体系所包含的总能量不变。 $\sum E(反应物) - \sum E(生成物) = Q(热能) + E(其他)$	类比迁移 归纳总结
知识应用	【练习】试从化学键和物质所含能量两个角度分析下列变化中能量的转变形式及其原因: ①甲烷的燃烧放出热量；②电解水产生氢气和氧气。	思考交流
课堂小结	【提出问题】本节课你学到了哪些知识和方法？请谈谈收获与体会。	交流分享
布置作业	（略）	

六、板书设计

第二章　化学反应与能量

§2.1　化学能与热能

一、化学反应中的能量变化

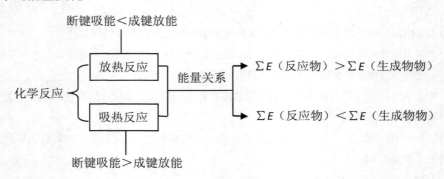

二、化学能与热能的相互转化：能量守恒定律

化学能与电能（第一课时）

——以人教版普通高中课程标准实验教科书化学必修2为例

（甘肃省兰州第一中学，李晶）

一、教材分析

　　教学内容选自人教版课程标准实验教科书高中化学必修2第二章"化学反应与能量"第二节"化学能与电能"，属于化学原理范畴。本节课教学的重点是认识原电池的工作原理，核心是通过"三重表征"（宏观、微观、符号）思维方法建立化学能转化为电能的概念，提升基于化学基本观念（变化观、能量观、微粒观、探究观、价值观）的核心素养，同时，为选修模块4系统深入地学习化学反应与能量打下基础。

二、学情分析

　　初中化学安排了"化学与能源"内容，高中化学必修1安排了"氧化还原反应""离子反应"等内容，高中化学必修2安排了"化学能与热能"的内容，学生对化学反应中能量变化的基础知识有了一定了解。"化学能与电能"是电化学知识的一部分，是对氧化还原反应原理的进一步拓展，内容较抽象，涉及化学与物理知识的综合，是学习中的一个难点。

三、课标要求

1.能说出化学能与电能的转换关系及其应用。

2.初步了解原电池的工作原理。

四、教学目标

1.通过观看视频了解火力发电可间接将化学能转化为电能的原理，能说出火力发电的优缺点。

2.通过"Zn|H₂SO₄(aq)|Cu"实验探究与分析讨论，知道化学能可直接转化为电能；能说出电池的工作

原理，会判断电池的正负极，会书写电极反应式，能总结出原电池的形成条件；体会对立统一的辩证思想。体验科学探究的快乐，逐步提升交流与合作的素养。

五、教学用品

多媒体辅助设备化学实验仪器和药品。

六、教学思路

以化学能如何转化为电能为问题主线，以实验探究为手段，以铜锌原电池发生的反应为知识载体，在分析讨论的基础上，归纳总结出原电池反应的本质、特征、结果、条件、表征。

七、教学重点和难点

重点：原电池的工作原理和构成条件。
难点：原电池工作原理和构成条件的探究活动。

八、教学方法

实验探究、分析讨论、归纳总结。

九、教学过程

教学环节	教学内容及活动安排	教学手段
创设情境	一、化学能转化为电能 【问题】 1.化学能如何转化为电能？ 2.火力发电的原理是什么？ 播放视频后总结 (1)化学能→热能→机械能→电能； (2)化学能可间接转化为电能。 3.火力发电有哪些优点和缺点？ 讨论后总结 优点：(1)我国煤炭资源丰富,火力发电技术较为成熟；(2)可实现将煤炭转化为清洁能源。 缺点：(1)排出大量的废气可能导致酸雨、温室效应；废料、废水污染环境。(2)化石燃料储量有限,能量转换效率低。 引入：化学能可间接转化为电能,能否直接转化为电能？	播放火力发电视频,提出问题导入新课。
实验探究	二、原电池及其工作原理——化学能直接转化为电能 1.原电池实验探究:$Zn\|H_2SO_4(aq)\|Cu$ 【我实验】 实验1:将锌片、铜片分别插入盛有稀硫酸的烧杯中。 实验2:锌片和铜片用导线连接后插入盛有稀硫酸的烧杯中。 实验3:锌片和铜片用导线连接,在锌片和铜片导线之间接入电流表后插入盛有稀硫酸的烧杯中。 【我汇报】	动手实践,体验原电池反应。

实验	实验1	实验2	实验3
现象	Zn片表面有气泡； Cu片表面无现象。	Zn片溶解,无气泡(实际有少量气泡)； Cu片表面产生大量气泡。	Zn片溶解； Cu片表面有大量气泡； 电流计指针偏转。

续表

教学环节	教学内容及活动安排	教学手段
实验探究	2.原电池的工作原理 【我思考】 (1)锌和稀硫酸发生什么反应？反应的本质是什么？ 失2e⁻ → $Zn + H_2SO_4 = ZnSO_4 + H_2\uparrow$ 得2e⁻ 本质:$Zn + 2H^+ = Zn^{2+} + H_2\uparrow$ (2)锌片和铜片用导线连接后插入盛有稀硫酸的烧杯中,铜片上为什么产生气体?(提示:与铜片接触的物质有哪些?) $2H^+ + 2e^- = H_2\uparrow$ (3)H^+得到的电子的来源是什么？如何知道？ 锌失去电子流向铜片,电流计指针偏转可以证明。 (4)你认为这个过程中能量是如何转化的？ 化学能转化为电能。 (5)H^+为什么在铜片上得到电子,而不是其他离子得电子？ 同性电荷相斥,异性电荷相吸 （图：Zn 负极、正极 Cu，含 Zn²⁺、SO₄²⁻、H⁺ 离子的烧杯装置） (6)整个装置是如何形成电流的闭合回路的？ 外电路电子定向移动,内电路(电解质溶液)带电离子定向移动。 (7)根据物理学知识,说明电极是如何规定的。 输出电子的电极为负极,输入电子的电极为正极。 (8)如何表示发生的反应？ 负极:$Zn - 2e^- = Zn^{2+}$　　氧化反应 正极:$2H^+ + 2e^- = H_2\uparrow$　　还原反应 【我总结】 1.原电池概念:化学能转化为电能的装置。 2.原电池反应特征 (1)氧化反应与还原反应在两个电极上发生。 (2)总反应自发:$Zn + 2H^+ = Zn^{2+} + H_2\uparrow$。 组织学生讨论并补充完善。 3.原电池的构成条件 下列哪几个装置可以形成原电池？ 【我实验】 (1)$Zn|H_2SO_4(aq)|Zn$ (2)$Fe|H_2SO_4(aq)|Cu$ (3)$Zn|H_2SO_4(aq)|$石墨 (4)$Fe|$乙醇$|Cu$	教师提问引导,学生思考分析,教师补充完善。 学生动手实践,师生共同讨论并总结。

续表

教学环节	教学内容及活动安排	教学手段
实验探究	(5)Fe|H₂SO₄(aq)|Zn,在两个烧杯中进行实验 (6)Fe|NaCl(aq),O₂|石墨 【我总结】原电池的构成条件:(1)活泼性不同的电极接触电解质溶液;(2)导线相连;(3)闭合回路;(4)总反应自发。 【故事分享】 1.意大利科学家伽伐尼(1737—1798)解剖青蛙时发现,当他的解剖刀触及青蛙大腿上的神经时,青蛙的大腿很不正常地抽搐和发抖,从而发现电现象。 2.意大利物理学家伏打(1745—1827)用舌头同时添着一枚金币和一枚银币,然后用导线将两枚硬币连接起来,在接通的瞬间,他发现舌头有发麻的感觉。伏打经过反复思考,将银片和锌片浸入不同的电解质溶液中进行实验,最终发明了"伏打电池"(Zn|H₂SO₄(aq)|Ag)。 3.有位大妈的牙掉了4颗,说话漏风,吃东西也困难。这位大妈去附近诊所镶了四颗金牙,一段时间后,大妈经常头晕眼花,甚至偏头痛。不得已去医院就诊,医生听完病人的陈述后经过检查发现了缘由。原来诊所黑心医生瞒着大妈只镶了外面的两颗金牙,里面看不到的两颗用的是铝牙,加上唾液就组成了一个简单的原电池,产生电流,从而出现了之前的症状。	
课堂小结	原电池及其工作原理:形成条件、本质、特征、反应的结果、电极规定、电子的流向、反应的表示。	教师引导,学生回答。
布置作业	课后实践 1.搜集下列材料:Fe片(Al片)、Cu片、导线、水果(饮料)、电流计(去掉电池的音乐卡片、发光二极管或手电筒用小灯泡),设计一个装置使电流计指针发生偏转(音乐卡片重新发出响声、发光二极管或小灯泡发光),并画出设计草图。 2.回家搜集废干电池并拆开,弄清它的构造及基本工作原理。	提出作业要求,课后进行实践。

十、板书设计

第二节　化学能与电能

一、化学能转化为电能

(一)化学能可间接转化为电能

火力发电的原理——化学能→热能→机械能→电能。

(二)化学能直接转化为电能

1.原电池及其工作原理（以铜锌原电池为例）

本质：氧化还原反应：$Zn + 2H^+ = Zn^{2+} + H_2\uparrow$。

特征：氧化反应和还原反应分别在两个电极进行。

反应的结果：电路中产生电流——化学能转化为电能。

2.电极规定

负极：输出电子——还原型物质失电子——氧化反应

正极：输入电子——氧化型物质得电子——还原反应

电子的流向：负极流向正极（与电流方向相反）。

反应的表示：电极反应式

负极：$Zn-2e^- = Zn^{2+}$　　　氧化反应

正极：$2H^++2e^- = H_2\uparrow$　　　还原反应

形成条件：两极一液、导线相连（或接触）、闭合回路、总反应自发。

化学反应的速率和限度（第二课时）
——以人教版普通高中课程标准实验教科书化学必修2为例

（甘肃省皋兰县第一中学，蔡环贞）

一、教材分析

本节课教学内容是人教版必修2第二章"化学反应与能量"主题3"化学反应速率与化学平衡"第二课时的内容，属于化学反应原理的基础知识。本节课主要解决四个问题：（1）可逆反应的概念；（2）化学平衡的概念；（3）化学反应限度的概念；（4）化学反应条件的控制。其中，化学平衡概念的"度"的把握至关重要，因为在选修4《化学反应原理》第二章中还要深入学习化学反应速率和化学平衡的相关知识，作为高中学生共同发展需求的必修2教材中关于"化学平衡"的概念只把握平衡建立的实质、结果、特点即可。影响化学反应的限度的因素只做定性的结论，不做深入的学习。化学平衡的建立过程体现了"对立统一"的思想，影响化学平衡的因素反映内因与外因对事物变化的影响，渗透这些哲学思想可以帮助学生深刻认识化学平衡的概念。

二、学情分析

学生在高中化学必修1"非金属及其化合物"中已接触到一些可逆反应，但对于化学反应为什么不能进行到底，化学反应的限度与化学反应速率有什么关系等问题还不清楚。高中化学选修4《化学反应原理》中还将深入学习化学反应速率、影响化学反应速率的因素及化学平衡的概念。通过本节课的学习，特别是影响化学反应速率的因素，对于帮助学生理解化学平衡建立的原因，具有承上启下的作用。

三、教学目标

1.通过创设问题情境、水动力系统模拟实验及对问题的分析讨论，能说出可逆反应、化学平衡、化学反应限度的概念，影响反应限度的因素；能画出$v-t$图，知道可逆反应建立平衡的本质是$v(正)=v(逆)$，体会化学平衡建立过程中体现的对立统一规律、内因与外因对化学反应限度的影响等哲学思想。

2.通过练习，能对可逆反应、化学平衡、化学反应限度相关的概念进行正误判断。

3.通过科学史话、思考与交流栏目相关问题的讨论，体会控制反应条件的重要性，锻炼解决问题的能力、自主学习及语言表述能力。

四、教学重点和难点

重点：化学反应限度——化学平衡的含义和特征，反应条件的控制。

难点：化学反应限度——化学平衡的含义和特征。

五、教学方法

实验探究、小组讨论、分析总结法。

六、教学思路

建立可逆反应概念渗透分类思想，通过水动力平衡模拟实验及平衡建立过程中的$v-t$图的分析，帮助学生理解化学平衡概念，通过认识"有利反应"和"有害反应"及"绿色化学"要求，总结出化学反应条件控制的要点；通过化学平衡建立过程中的"对立统一"思想及影响化学反应限度的内因和外因的辩证关系，帮助学生深刻理解相关概念；通过概念结构图引导下的课堂小结，提高学生知识结构化水平。

七、教学设备

多媒体，实验装备。

八、教学过程

教学程序	教学内容与活动安排	教学手段	设计意图
可逆反应概念建立	课件展示:请将下列反应按照一定标准分类 $2H_2 + O_2 \xrightarrow{\text{点燃}} 2H_2O$（放热反应、分解反应） $2H_2O \xrightarrow{\text{通电}} 2H_2 + O_2$（吸热反应、分解反应） $C + CO_2 \xrightarrow{800℃} 2CO$（吸热反应、化合反应） $2CO \xrightarrow{800℃} C + CO_2$（放热反应、分解反应） $H_2 + Cl_2 \xrightarrow{\text{点燃}} 2HCl$（放热反应） $2SO_2 + O_2 \xrightarrow{400℃} 2SO_3$（放热反应） $2SO_3 \xrightarrow{400℃} 2SO_2 + O_2$（吸热反应） 【问题1】有一类反应与其他反应相比有显著的不同,这个不同点是什么? 反应物不能完全转化。 【问题2】什么是可逆反应? 【阅读】课本51页内容。 【总结】 一、可逆反应 相同条件下正反应方向和逆反应方向都能进行的反应。 【解读】大部分反应都有可逆性,但可逆的程度差异很大,如强酸与强碱的中和反应、可燃物的剧烈燃烧、活泼性强的金属与非金属之间的反应,逆向反应程度很小,反应物几乎能100%转化,所以称为不可逆反应;像合成氨、氢气与碘制取碘化氢、二氧化硫的催化氧化等由于逆向反应的存在,使反应物不能100%转化,故称为可逆反应。 【扩展】可逆反应的表示:用"$\rightleftharpoons$",反应条件可省略。 如: $N_2 + 3H_2 \underset{\text{催化剂}}{\overset{\text{高温、高压}}{\rightleftharpoons}} 2NH_3$ $Cl_2 + H_2O \rightleftharpoons HCl + HClO$ $2SO_2 + O_2 \underset{\text{铁触媒}}{\overset{400\sim500℃}{\rightleftharpoons}} 2SO_3$ $I_2 + H_2 \rightleftharpoons 2HI$ 【练习】下列说法正确的是(　　) A.氢气在氧气中燃烧的反应与电解水的反应是可逆反应 B.非可逆反应没有任何可逆性 C.可逆反应的正、逆反应同时发生,条件相同 D.合成氨反应中,N_2和H_2不能100%转化	学生分组讨论,教师分析总结 练习	设置问题情境巩固分类方法。 帮助学生认识可逆反应。 加深理解可逆反应概念。 巩固可逆反应的概念。

续表

教学程序	教学内容与活动安排	教学手段	设计意图
化学反应的限度概念的建立	【问题】可逆反应进行中,反应物与生成物如何变化? 变化的结果是什么? 【实验演示】水动力平衡模拟实验 【问题1】水槽中左右液面的变化及结果是什么? 【问题2】水槽中的液面为什么不再变化?(关键) 正、逆向水流速率相等。 【问题3】这个实验对于合成氨反应有什么启示? 【任务】请你画出合成氨反应中正反应速率与逆反应速率随时间变化的图像。 化学平衡建立过程中的v-t图 二、化学反应的限度 1.化学平衡 可逆反应进行到一定程度时,正反应速率和逆反应速率相等,反应物浓度和生成物浓度不再改变的状态。 【解读】化学平衡建立过程反映了对立统一的哲学思想。 【问题1】可逆反应达到平衡的根本原因是什么? v(正)=v(逆) 【问题2】可逆反应建立平衡的结果是什么? 反应物浓度和生成物浓度不再改变。 【问题3】反应物的转化率在平衡建立过程中如何变化? 请将N_2的转化率随时间变化的图像画出来。 【问题4】什么情况下N_2的转化率最大? 建立平衡后N_2的转化率最大。 2.化学反应的限度 给定条件下化学反应所能达到或完成的最大程度。 化学反应的限度决定了反应物在该条件下的最大转化程度。 【问题】 1.各种化学反应的限度是否相同?(内因是决定事物发展的根本) 任何化学反应的进程都有一定的限度,只是不同反应的限度不同而已。 2.化学反应的限度能否改变?(外因对事物发展有影响) 浓度、温度、压强等外界条件的改变都可能改变化学反应的限度,同学们将在选修4《化学反应原理》中一探究竟。	模拟实验,问题驱动 小组讨论,教师总结	帮助学生领悟化学平衡建立的动态过程。 加深理解化学平衡状态。 建立化学反应限度的概念。 拓展知识内涵。

续表

教学程序	教学内容与活动安排	教学手段	设计意图
化学反应的限度概念的建立	【解读】 1.$v(正)=v(逆)$是指用同一种物质表示的正反应速率和逆反应速率,若用不同物质表示正逆反应速率时,需要根据化学反应方程式中各物质间的配比关系进行换算,如单位时间消耗1mol N_2与生成1mol N_2的速率相等,也与生成3mol H_2的速率相等(生成N_2和H_2的配比是1:3)。 2.动态条件下"不再改变"还是静态条件下"不再改变"? 【练习】 1.一定条件下,可逆反应$v(正)=v(逆)$的标志是 (1)$v(N_2)_正=v(N_2)_逆$ (2)$v(N_2)_正:v(H_2)_逆=1:3$ (3)$v(NH_3)_正:v(N_2)_逆=2:1$ (4)$v(NH_3)_正:v(H_2)_逆=2:3$		通过化学平衡概念判断巩固概念。
化学反应条件的控制	【问题】怎样控制条件改变反应限度? 三、化学反应条件的控制 1.反应条件控制原则:促利抑害 有利的反应:提高转化率,加快反应速率。 有害的反应:降低转化率,减缓反应速率,消除污染。 【创设情境】从力学定向爆破引出化学反应条件的选择。 【学习任务】 阅读课本50页科学史话,52页提高煤燃烧效率的措施。 【讨论】主要观点陈述。 煤粉碎以增大表面积,表面积越大,与氧气接触越充分,反应速率越大;通入充足的氧气或空气,以保证煤的充分燃烧,但氧气或空气过量会带走热量,使热能利用率降低;炉膛材料选择耐高温的硅酸盐材料;烟道废气中的热能可接入采暖设备以充分利用热能。 【总结】 2.化学反应条件的控制,包括浓度、温度、压强、催化剂等条件,以及绿色化学要求,如能量综合利用、污染物控制等。 【思考与交流】(1)一些化学反应用酒精灯加热;(2)一些橡胶制品或塑料制品中添加抑制剂;(3)一些金属表面形成保护层;(4)森林灭火时有时要制造隔离带;(5)在袋装食品、瓶装食品中放入硅胶袋。	课件展示图片,讨论并表述 图片展示,交流	锻炼利用知识解决问题的能力、自主学习及表述能力。
课堂总结	【问题】本堂课你学会了什么?(根据概念结构示意图回答)	老师问学生答	巩固知识。

布置作业

课本53~54页:2、6、7题。

补充作业［PPT展示］:

在一定温度下,下列可逆反应A(气)+3B(气)$\rightleftharpoons$2C(气)+2D(固)达到平衡的标志是 (　　　　)

①C的生成速率与C的分解速率相等

②单位时间内生成amol A,同时生成3mol B

③单位时间内消耗amol A,同时生成3mol B

④A、B、C的浓度不再变化

⑤混合气体的物质的量不再变化

⑥A、B、C、D的分子数之比为1∶3∶2∶2

A.②③⑥　　B.①③⑤　　C.②⑤⑥　　D.①③④⑤

概念结构示意图

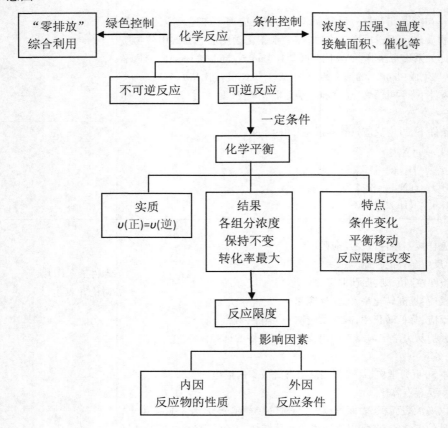

化学反应的速率和限度（第二课时）

——以人教版普通高中课程标准实验教科书化学必修2为例

（甘肃省兰州第二中学，张锐华）

一、教材分析

"化学反应的速率与限度"是化学学科重要的原理性知识之一，在生产、生活和科学研究中有广泛的应用。这部分内容安排在高中化学必修2第二章"化学反应与能量"第三节，第一课时的主要任务是认识化学反应速率，第二课时的主要任务是认识化学反应的限度。其中，化学反应的限度主要解决三个问题：（1）可逆反应；（2）化学平衡状态；（3）化学反应的限度。由于这部分内容在高中必修模块和选修模块中均有安排，在具体内容上前后还有重叠，因此，在教学中既要充分注意学习的阶段性和层次性，又要注意知识的前后联系和渐进性，合理把握教材内容的深度和广度。同时，还要加强教学内容与实际的联系，体现化学的实用性。

二、教学目标

1.通过化学史实（炼铁高炉尾气之谜）的介绍，激发学生探索未知的兴趣。

2.通过常见的几个反应（氯气与水反应、二氧化硫与氧气反应）的特征分析，知道化学反应的可逆性，会判断可逆反应。

3.通过一定条件下的合成氨反应的数据分析，知道化学平衡和化学反应限度的概念，能说出化学平衡的特征，能画出化学平衡建立过程中的 v-t 图，能判断可逆反应是否建立化学平衡，提高分析和处理数据的能力。

三、教学重点和难点

重点：化学平衡状态的概念及特征的理解。
难点：化学平衡状态概念的建立。

四、教学内容及过程

教学环节	教学内容与活动安排	设计意图
创设情境	投影科学史话:炼铁高炉尾气之谜。 提问:不论是调节反应物比例,还是增加高炉的高度,为何CO始终不能被充分利用?	激发思考。
可逆反应	引导学生阅读教材51页:炼铁高炉尾气之谜。 回答下列问题: 问题1:什么是可逆反应? 在同一条件下正反应方向和逆反应方向能同时进行的化学反应。 问题2:已经学习过的可逆反应有哪些? 合成氨反应、SO_2 与氧气的反应、Cl_2 与水的反应等。 问题3:这些可逆反应有哪些特点? 同时且同条件发生;两个过程反应物和生成物同时存在。 一、可逆反应 1.定义:在相同条件下既能向正反应方向进行,同时又能向逆反应方向进行的化学反应。 2.特点:双向、两同、共存。 3.符号:可逆号。 活动一:判断以下几组反应是否为可逆反应? $\begin{cases} 2H_2 + O_2 \xrightarrow{\text{点燃}} 2H_2O \\ 2H_2O \xrightarrow{\text{电解}} 2H_2 + O_2 \end{cases}$ $\begin{cases} CO_2 + H_2O \xrightarrow{\text{光合作用}} 葡萄糖 \\ 葡萄糖 \xrightarrow{\text{人体内氧化}} CO_2 + H_2O \end{cases}$ $\begin{cases} Pb + PbO_2 + 2H_2SO_4 \xrightarrow{\text{放电}} 2PbSO_4 + 2H_2O \\ 2PbSO_4 + 2H_2O \xrightarrow{\text{充电}} Pb + PbO_2 + 2H_2SO_4 \end{cases}$	阅读教材, 获取信息。 内化新知识, 整合知识。 学以致用, 加深理解。

续表

教学环节	教学内容与活动安排	设计意图
化学平衡与化学反应的限度	活动二:一定温度下,在1L密闭容器中,加入1mol N_2和4mol H_2,发生如下反应: $N_2+3H_3 \rightleftharpoons 2NH_3$ 表格见下方 问题1:观察数据,分析每种物质的浓度怎样变化? 问题2:结合浓度对速率的影响,简单绘制同种物质速率随时间变化的v-t图? 小组分析讨论,展示学生结果,谈谈自己的理解。	获取信息,处理信息,建立新概念。
二、化学平衡状态	1.定义:在一定条件下的可逆反应中,当正反应速率和逆反应速率相等,反应物与生成物的浓度不再改变,达到了一种表面静止的状态。 2.化学平衡状态的特征 研究对象:一定条件下的可逆反应(逆)。 实质:同一物质,v(正)=v(逆)(等)。 结果:混合物中各组分浓度保持定值(定)。 动态平衡:v(正)=v(逆)≠0(动)。 条件改变,原平衡被破坏,在新的条件下建立新的平衡(变)。 结合v-t图分析化学平衡状态的特征。 3.化学反应的限度 给定条件下化学反应所能达到或完成的最大程度(最大转化率)。 前提条件:建立化学平衡。	理解新概念。
课堂练习	例1关于概念; 例2关于平衡状态; 例3回应课前高炉气中的CO。	巩固新知。
课堂小结	可逆反应; 化学平衡状态; 特征:逆、等、动、定、变; 化学反应的限度。	归纳整理。

活动二表格:

	0s	10s	20s	30s	40s	50s	60s
N_2/mol	1	0.8	0.65	0.55	0.5	0.5	0.5
H_2/mol	4	3.4	2.95	2.65	2.5	2.5	2.5
NH_3/mol	0	0.4	0.7	0.9	1	1	1

化学反应的速率和限度

——以人教版普通高中课程标准实验教科书必修2为例

（甘肃省兰州第一中学，王顺）

一、教学分析

（一）教材分析

课程标准关于化学反应速率与限度的内容在初中化学、高中必修模块和选修模块中均有安排，体现了学习的阶段性和必修、选修的层次性。必修侧重定性分析和描述，选修则以定量分析和推理为主，概念的形成和发展呈螺旋式上升的形态，在具体内容上还有交叉和重叠，因此，这部分内容在必修2教学的深浅程度上应控制在感性认识和定性认识的水平上。

本节内容是对前两节"化学能与热能""化学能与电能"内容的拓展和延伸。通过学习使学生建立起化学反应与能量的完整的知识体系。本节的教学内容分为三部分：（1）认识反应速率；（2）认识化学反应限度；（3）化学反应条件的控制。其中，化学反应限度的概念，是首次在必修课的学习中出现。化学反应限度属于化学平衡原理范畴，是深入认识和理解化学反应特点的基础性知识，因此，剖析和理解化学反应限度的本质原因和外部特征是本节课的教学难点。

（二）课程标准要求

1.通过实验认识化学反应的速率和化学反应的限度。

2.了解控制反应条件在生产和科学研究中的作用。

3.认识提高燃料的燃烧效率、开发高能清洁燃料的重要性。

（三）教学内容安排

本节教学内容分2课时完成，第一课时为化学反应速率，第二课时为化学反应限度以及化学反应条件的控制。

二、教学目标

1.通过实验探究认识不同的化学反应其速率不同，知道化学反应速率的概念及其表达方式。

2.通过问题探究和讨论，知道影响化学反应速率的因素，并能解释有关现象，知道控制化学反应速率的意义。

3.通过科学史实、问题探究与讨论，知道化学反应有可逆性；通过化学反应进行过程中化学反应速率的变化的分析，知道化学反应有一定的限度，建立化学反应限度的概念。

4.通过反应条件对化学反应限度影响的分析，认识控制反应条件在生产和科学研究中的作用，并能解释一些简单的问题。

三、教学重点和难点

重点：化学反应的速率和化学反应的限度的含义，了解影响化学反应速率和限度的因素。

难点：化学反应限度的含义。化学反应限度的本质原因及外部特征。

四、教学思路

（一）化学反应速率

引导学生根据所学知识与生活经验，如，铁桥生锈、牛奶变质、炸药爆炸等实例，感受不同物质变化中的速率有所不同，总结定性和定量表示化学反应速率的方法；通过温度、催化剂、浓度等因素对 H_2O_2 分解反应速率的影响的实验探究及教材49页思考与交流，概括出影响化学反应速率的因素。

（二）化学反应的限度

以"化学反应的可逆性→可逆反应→化学平衡状态"为知识主线，通过阅读教材50页"科学史话"、51页的"思考与交流"，理解某些化学反应的反应物并不是按化学方程式中的相应物质的计量关系完全转变为生成物的，逐步形成化学反应限度的概念，并以上述观点为指导去分析和解决实际问题。

通过讨论教材图2–20，使学生体会可逆反应建立平衡的过程是正、逆化学反应速率由不相等到相等的过程。

（三）化学反应条件的控制

通过介绍控制化学反应条件和讨论提高燃料的燃烧效率的方法，认识化学反应向有利于人类生活的方向进行，认识化学条件控制的意义，体会化学知识的学习与生产、生活的密切关系。

五、教学策略

1.充分运用好教材上的"思考与交流""科学探究""科学视野""科学史话"等栏目资源，提高资源的利用率。

2.关注学生已有的知识基础、学习能力、实验基本技能以及生活经验等。

3.将多媒体技术应用于化学反应速率教学过程中，使宏观现象微观化、抽象问题直观化，加深学生对知识的理解。

4.引导学生利用网络等资源搜索本节教学涉及的相关知识，促进学生进行自主学习，强化学生对知识的理解，拓展学生的知识面。

六、教学过程

第一课时：化学反应速率

教学内容与活动安排

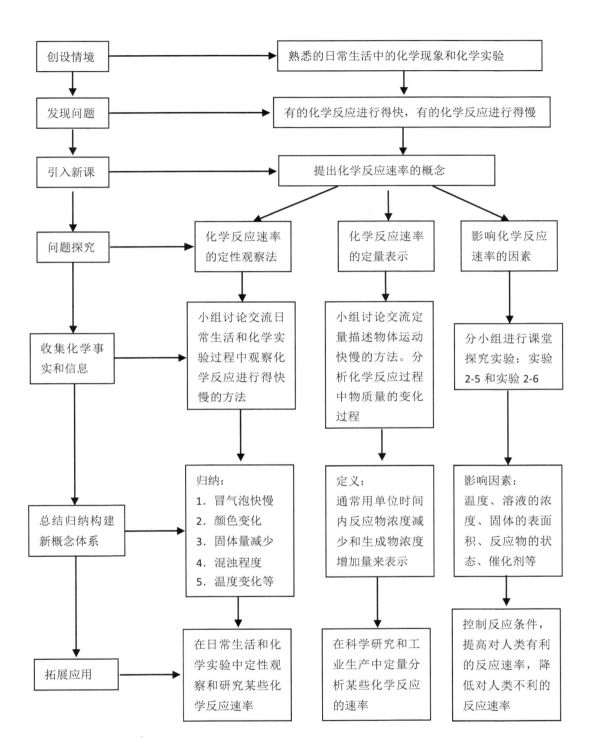

第二课时：化学反应限度与化学反应条件的控制
教学内容与活动安排

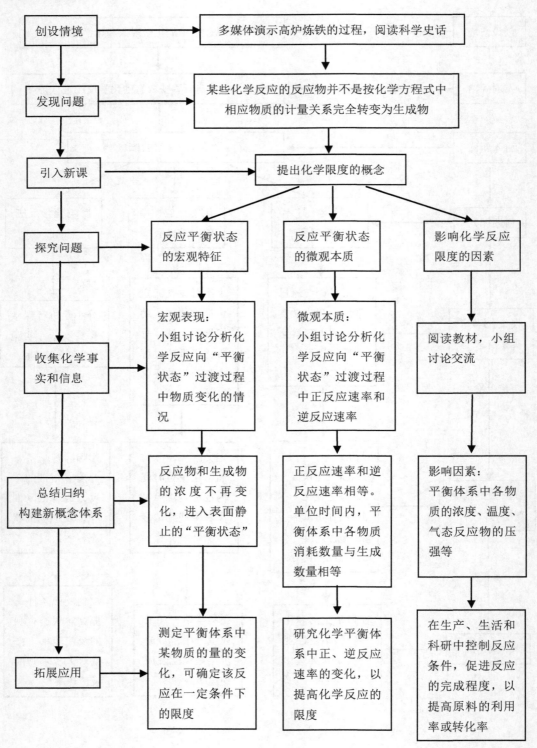

七、课堂教学评价

1.纸笔测验：反馈学生知识与技能方面的认识情况。

例如：为考查学生对化学速率的认识程度，可设计下列问题：

（1）下列过程中，需要增大化学反应速率的是（　　　）

A.钢铁的腐蚀　　　　　　B.食物腐败　　　　　　C.塑料老化　　　　　　D.工业合成氨

（2）哪些条件可以提高氯酸钾的分解反应速率？

（3）我在这堂课中的收获是：＿＿＿＿＿＿＿＿＿＿＿＿＿＿＿＿＿＿＿＿＿＿＿＿＿。

（4）我在这堂课中有困惑的问题是：＿＿＿＿＿＿＿＿＿＿＿＿＿＿＿＿＿＿＿＿＿＿。

2.过程性评价（小组评价）：反馈学生在参与度、认识水平、情感态度与价值观等方面的情况。

实验内容：

小组成员：

小组分工：

小组活动评价（请根据小组活动情况回答）：

	完成	基本完成	没有完成
1.我们通过讨论设计了实验方案			
2.我们进行了实验操作			
3.我们记录了实验现象			
4.我们进行了实验描述与交流			
5.我们得出了实验结论			

来自石油和煤的基本化工原料——苯

——以人教版普通高中课程标准实验教科书化学必修2为例

（甘肃省兰州第一中学，蒲生财）

一、教学背景

本节是普通高中化学必修2第三章有机化合物第2个主题"来自石油和煤的两种基本化工原料"第二课时的内容，是继第一节"最简单的有机物——甲烷"和第二节第一课时"乙烯"之后学习的第三类有机物。苯是芳香烃中最简单的一类有机物，在生产和生活中具有广泛的应用。学习苯的基础知识，不仅可以为选修5"有机化学基础"芳香烃的深化学习打下基础，也是进一步提升学生基本的科学素养的重要素材。本节教材主要解决的问题有：（1）苯的物理性质；（2）苯的分子结构；（3）苯的化学性质。

二、教学思路

本节课运用化学史和科学探究相结合的教学方式，把探究实验、苯分子结构假说的提出和证实（或发展）串联起来，使学生亲历"苯的发现之旅"，展现一个完整的发现苯、认识苯的过程，体会科学研究的过程和乐趣。在"六个学习任务群"的教学过程中，建立师生互动、生生互动的和谐民主的教学氛围，给予学生充分的思维活动空间和参与实践的机会。采用多媒体幻灯片的呈现方式，尽可能多地获取有效信息，让学生感受到技术手段的更新对科学发展起到的推动作用。

三、教学目标

1.通过"兰州水污染事件"的情境及苯的发现史介绍，知道苯的来源和苯的存在。

2.通过苯的物理性质的探究及相关信息，知道苯的主要物理性质（颜色、状态、熔点、沸点），苯有毒。

3.通过苯分子组成、结构的探究，知道确定有机物分子式的一般方法（能根据分子量及其燃烧产物计算有机物分子式），知道苯的组成为 C_6H_6；能根据苯的不饱和程度推测可能的结构；能根据性质和相关信息确定苯的分子结构，能用文字描述其结构特征。

4.通过苯的燃烧，苯与溴、浓硝酸的取代反应，苯与氢气的加成反应的探究，知道苯能燃烧、能取代、难加成的化学性质，知道苯发生取代、加成反应的特点，并能书写有关反应的化学方程式。

5.通过苯的用途的相关信息学习，知道苯的主要用途。

6.通过苯的结构、性质、用途的学习过程，体会结构决定性质、性质决定用途的辩证关系；通过对反应条件影响化学反应的认识，体会内因与外因的辩证关系，感受物质研究过程中的科学精神。

教具：苯分子结构模型、投影仪、多媒体课件、相关实验装置及其药品。

四、教学过程

【创设情境】2014年兰州发生"4·11"局部自来水污染事件，检测为苯含量超标，系中国石油天然气公司兰州石化分公司一条管道发生原油泄漏，污染了供水企业的自流沟所致。本节课的学习内容：苯的发现史、苯的结构、苯的性质。

学习任务1：通过阅读材料，了解苯的发现过程和苯的存在。

阅读材料：（由大屏幕展示历史背景）

1.苯的发现过程

19世纪初，英国和其他欧洲国家一样，城市的照明已普遍使用煤气燃烧发出的光。当时伦敦为了生产照明用的气体（也称煤气），通常用鲸鱼和鳕鱼的油滴到已经加温的炉子里以产生煤气，然后再将这种气体加压到13个大气压，储存在容器中备用。在加压的过程中产生了一种副产品——油状液体。

1825年，英国科学家法拉第（Michael Faraday，1791—1867）首次发现苯。他将制备煤气后剩余的油状液体蒸馏，在80℃左右时分离得到了一种新的液体物质——碳氢化合物。

1834年，德国科学家米希尔里希（E.F.Mitscherlich，1816—1856）用化学方法通过蒸馏苯甲酸和石灰的混合物制得了该液体物质，并命名为苯。

2.苯的存在

煤干馏得到的煤焦油、木材干馏得到的木焦油，主要成分为苯，自然界中，火山爆发和森林火险都能生成苯；石油中含有少量苯，石油炼制中可以得到苯。

学习任务2：通过下列实验探究活动，归纳总结苯的主要物理性质。

实验探究：（1）展示一瓶苯，观察其颜色及状态，并闻其气味；（2）将苯与水混合，观察现象；（3）将苯放置于冰水混合物中，观察现象。

小组交流：（1）略。（2）苯与水混合后分层，两层都无色，上层为苯。（3）苯放置于冰水混合物中，出现凝结的苯。

总结：苯为无色液体，难溶于水，易溶于有机溶剂，密度比水小，熔点较低（熔点为5.5℃）。

补充信息：（1）苯（Benzene，C_6H_6）是最简单的芳烃，别名安息油。在常温下为一种无色、有特殊气味的透明液体，并具有强烈的芳香气味。苯难溶于水，沸点为80.1℃，可作为有机溶剂。（2）苯有毒，也是一种致癌物质。

学习任务3：探究苯的组成。

活动1：在坩埚中滴入5滴苯，点燃，观察现象，并写出反应的化学方程式。

现象：苯在空气中燃烧，产生浓的黑烟。

$$2C_6H_6 + 15O_2 \xrightarrow{\text{点燃}} 12CO_2 + 6H_2O$$

活动2：阅读提供的材料，推断、确定苯分子的组成。

材料：苯是一种烃，其密度是同温同压下氢气密度的39倍，苯可以在空气中燃烧，1mol苯燃烧产生

3mol水和6mol二氧化碳。求该烃的相对分子质量和分子式。

H：6mol；C：6mol

即1mol苯分子含6mol H和6mol C，所以，分子式为C_6H_6

学习任务4：探究苯分子的结构。

活动1：尝试写出C_6H_6的可能分子结构。

活动2：展示学生书写的苯分子结构。

展示：　$CH \equiv C—CH_2—CH_2—C \equiv CH$　　　　　　　$CH_2 = C = CH—CH = C = CH_2$

　　　　$CH_2 = CH—CH = CH—C \equiv CH$　　　　　　　$CH_3—C \equiv C—C \equiv C—CH_3$

活动3：实验探究苯分子的结构。

操作	现象	结论
苯与酸性高锰酸钾溶液混合		
苯与溴水混合		
苯与溴的四氯化碳溶液混合		

活动4：根据下列信息推测苯分子的结构。

信息1：科学家们试图从性质出发推导出苯的结构，其中有两个实验引起了科学家们的注意：①1mol苯在一定条件下可以与3mol氢气发生加成反应生成环己烷，$C_6H_6+3H_2 \rightarrow C_6H_{12}$；②苯与液溴在铁粉存在时发生取代反应，$C_6H_6+Br_2 \rightarrow C_6H_5Br+HBr$，并且苯的一溴取代物只有一种结构。

信息2：凯库勒的苯分子结构学说。

1865年，凯库勒（F. A. Kelule）受到了梦的启发，提出关于苯的两个假说：

①苯的六个碳原子形成平面六角闭链；②各碳原子间存在着单双键的交替形式。

凯库勒发现苯分子具有环状结构的经过，主要得益于他的建筑学造诣和丰富的空间想象力，才有了"日有所思，夜有所梦"的传奇般的色彩。

但是，这个假说只受"苯的一溴代物只有一种"事实支持，而不能解释另两个事实：苯不能使酸性高锰酸钾溶液褪色；苯的邻位二取代物没有同分异构体。于是，凯库勒在1872年又提出互变振动假说来补充说明自己的观点。

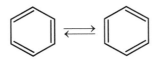

信息3：1935年，科学家詹斯用X射线衍射证实了苯分子结构是平面正六角形，再次说明假说①能够反映客观事实。虽然苯分子中没有交替存在的单、双键，但苯分子中的碳碳键是介于单、双键之间的一种独特的键，其结构简式为：。

模型和图片展示：

（1）苯的比例模型和球棍模型；（2）苯分子电子云照片；（3）用电子显微镜拍摄的苯分子照片。

学习任务5：由苯分子的结构推测苯的化学性质。

活动1：观看视频"苯的溴代反应和苯的硝化反应"。

学动2：书写相应的化学方程式。

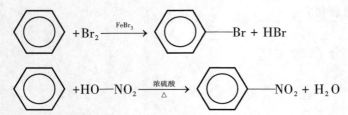

活动3：取代反应有什么特点？

反应特点：（1）有机物分子中的原子或原子团被其他原子或原子团取代（取而代之，有上有下）；（2）产物为2种。

活动4：投影并解读苯的加成反应

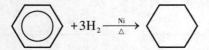

活动5：苯的加成反应有什么特点？

反应特点：（1）"加而成之"；（2）产物只有一种。

成键方式：苯分子中的特殊键断裂，每个原子均有单电子，其他原子或原子团与之成键（电子配对）。

活动6：小结苯的化学性质。

苯易燃，易取代，难加成。

学习任务6：概括总结苯的广泛用途。

活动1：总结苯的广泛用途

苯是一种石油化工基本原料，广泛用于合成香料、染料、塑料、纤维、橡胶、医药、炸药等。苯的产量和生产的技术水平是一个国家石油化工发展水平的标志之一。

苯用作有机溶剂：广泛使用的油墨以苯、乙醚之类的有机试剂为溶剂，油墨中有机溶剂含量一般为30%～70%；皮鞋用的胶、多种油漆和装修涂料中的溶剂。

活动2：学生展示课前搜集的苯及其化合物的制品。

【课堂小结】

苯 { 苯分子结构:介于双键和单键之间的特殊的共价键。
苯的物理性质:常温下为无色液体,有特殊气味,难溶于水,易溶于有机溶剂,易挥发(沸点80.1℃)。
苯的化学性质:易燃烧,难氧化,能取代,难加成。
苯的用途:化工原料,有机溶剂。

【课堂练习】

1.有三只失去标签的试剂瓶，分别装有苯、水、酒精，不用其他任何试剂，如何鉴别它们？

2.填写下表：

代表物质	甲烷	乙烯	苯
结构特征			
特征反应			

结束语：苯是一种重要的化工原料，用途广泛。但苯有毒，使用苯时要注意安全。

作业：了解生活中可能接触苯或含有苯环结构物质的场所，查阅资料并与同学讨论这些物质对环境可能产生的影响，提出防护建议，写一篇科普文章。

来自石油和煤的两种基本化工原料（第二课时）

——以人教版普通高中课程标准实验教科书化学必修2为例

（甘肃省兰州第二中学，苏洁）

一、教材分析

初中化学教材中安排学习的有机物有：甲烷、乙醇、葡萄糖、淀粉、蛋白质及有机合成材料，这些有机物都是以"燃料及其利用""化学与生活"为主题，从公民的基本科学素养出发，介绍了相关的基础知识。高中化学必修2安排学习的有机物有：甲烷、乙烯、苯、乙醇、乙酸、基本的营养物质（糖类、脂肪、蛋白质）、化石燃料、合成材料，也是以"基本的化工原料""生活中常见的有机物""基本的营养物质""资源的综合利用"为主题，仍然是从公民的基本科学素养出发，介绍相关基础知识的同时，渗透科学方法，其中，基础知识是初中化学已学知识的拓展；高中化学选修5《有机化学基础》对有机物的学习内容安排得比较系统，为满足有专业发展的学生的需求，第二章安排了"芳香烃"的内容。

高中化学必修2第三章"有机化合物"安排了"来自石油和煤的两种基本化工原料"的内容，主要介绍乙烯和苯，本节课的教学内容是"苯"，主要解决3个问题：（1）认识苯是重要的化工原料；（2）认识苯的分子结构；（3）认识苯的主要物理性质和化学性质。其中，苯的分子结构"独特"：既不存在碳碳单键，也不存在碳碳双键，具体的解释将在高中化学选修5中进一步学习；苯的化学性质只需要从不同类别的烃的结构比较中推出"难氧化、能取代、难加成"的结论，具体的反应将在高中化学选修5进一步探究。本节教材有如下特点：（1）科学发现史是科学精神教育的素材；（2）苯分子结构的推测和论证体现证据推理的科学方法；（3）苯的"功"与"过"（一分为二地看待事物），苯的结构决定性质，充满着辩证唯物主义思想。

二、课标要求

了解苯的主要性质，认识苯的衍生物在化工生产中的重要作用。

三、教学目标

1.通过苯的用途的介绍和分析讨论，知道苯是重要的化工原料，其产品用途广泛。

2.通过苯分子结构的探究，知道苯分子中存在介于单键和双键之间的独特的化学键。

3.通过烷烃、乙烯分子结构与化学性质的比较，能从苯的分子结构特点判断出苯可能的化学性质，能在老师的指导下写出苯与 Br_2、浓 HNO_3 发生取代反应，与 H_2 发生加成反应的化学方程式，体会结构决定性质、外部条件影响化学反应的辩证关系。

4.通过苯的探索历程、苯的贡献与使用苯的安全隐患的介绍，感受科学发现的魅力和一分为二看待事物的观点。

四、教学思路

以"重要的苯""委屈的苯""有趣的苯""变化的苯""爱与恨的苯""曲折探索的苯"等提炼出认识苯的论点，然后通过资料分析、逻辑推理、实验探究、模型认知等方法进行论证，发展学生的思维能力。

五、教学重点和难点

重点：苯的分子结构与化学性质。

难点：苯分子结构的证明。

六、教学过程

重要的苯

苯的出现成全了人类的很多梦想：它是重要的溶剂，在化工生产中大显身手，其产品在今天的生活中无处不在。

【图片展示】塑料（塑料瓶、塑料薄膜、塑料板）、纤维织品、药品（硝苯地平缓释片、马来酸氯苯那敏片、阿司匹林）、阿斯巴糖、香兰素。

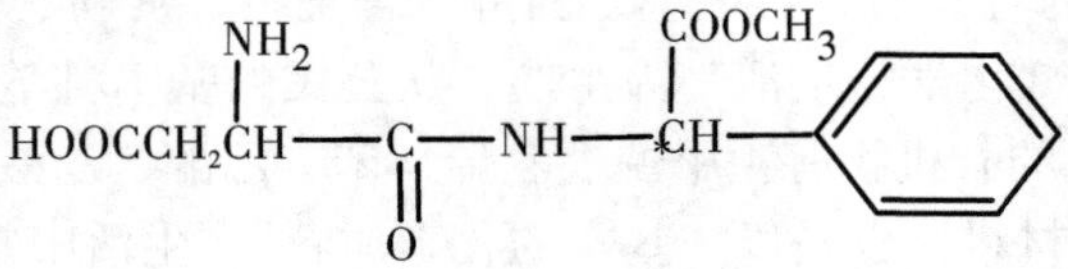

阿斯巴糖

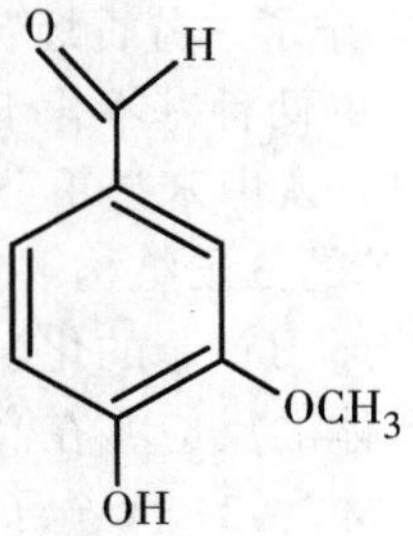

香兰素

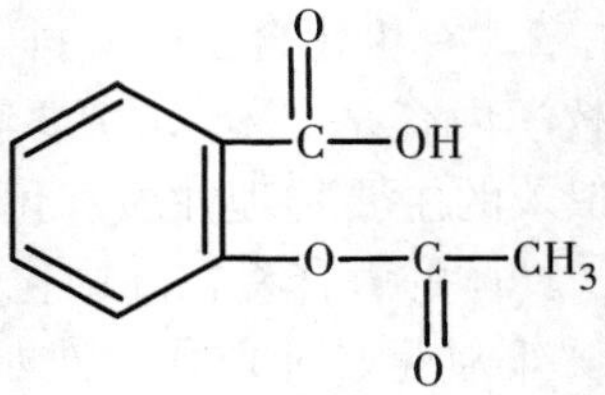

阿司匹林

委屈的苯

问题：苯为什么"委屈"？

【图片展示】苯、煤焦油、石油。

（1）香气"袭"人，有毒。

（2）出身卑贱——来自石油和煤。

（3）易燃易爆。

有趣的苯

苯是怎样的物质？

物理性质：无色带有特殊气味的液体，不溶于水，易溶于有机溶剂，密度比水小，熔沸点低。

算一算：1mol苯完全燃烧：6mol CO_2，3mol H_2O，通过计算确定其分子式。（C_6H_6）

讨论：苯分子中是否含有"碳碳双键"？哪些实验事实可以证明？

实验：（1）向试管中加入少量的苯，再加入溴水，振荡后观察现象；（2）向试管中加入少量的苯，再加入酸性高锰酸钾溶液，振荡后观察现象。

结论：苯难加成，难氧化，说明苯分子中不含"碳碳双键"。

研究测定：

碳碳单键：1.54×10^{-10}m。

碳碳双键：1.33×10^{-10}m。

苯分子碳碳键：1.40×10^{-10}m。

科学史话

凯库勒做梦：提出了苯的环状结构（如图1），解决了苯分子高度不饱和的问题，解释了苯的一氯代物只有一种的事实。但是"单键双键交替"的结构与事实不符。

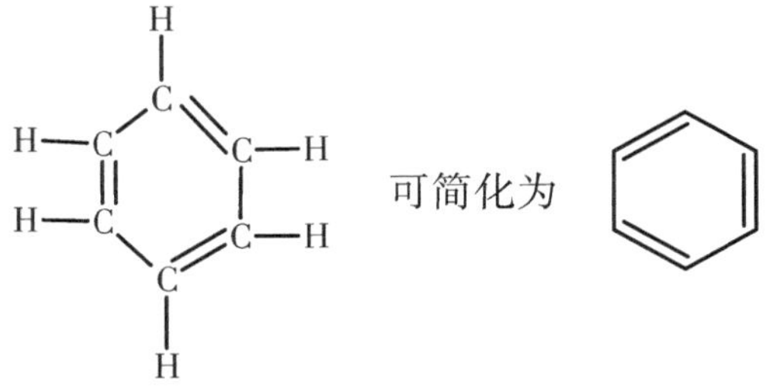

图1 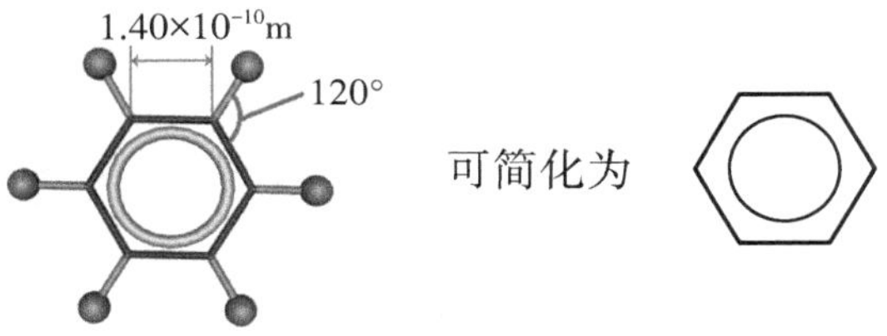　　　　　　　　　　　　　　　图2

现代科学表明：苯分子中含有介于单键和双键之间的独特的化学键（如图2）。分子结构高度对称，所有的碳原子都是等同的。

为了纪念凯库勒，凯库勒式仍然沿用。

变化的苯

悟一悟：比较乙烷、乙烯、苯的分子结构的相似点和不同点，推测苯可能有哪些化学性质。

写一写：根据你的推测，写出苯与Br_2、HO—NO_2（硝酸）、H_2发生反应的化学方程式。并说明反应类型。（学生写，教师补充）

1.取代反应

（1）苯的溴代（启发：谁取代谁?）

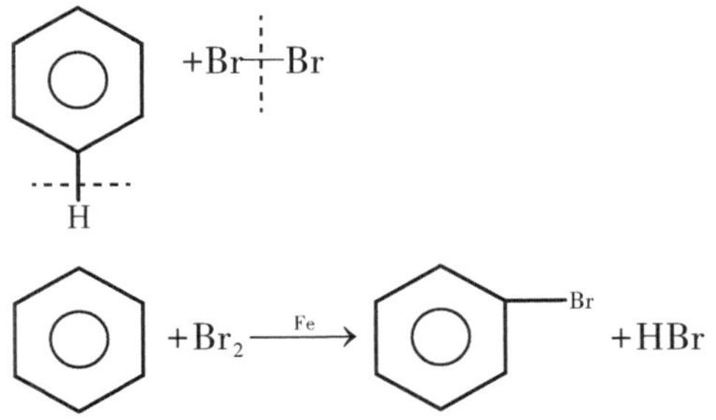

（2）苯的硝化（启发：谁取代谁?）

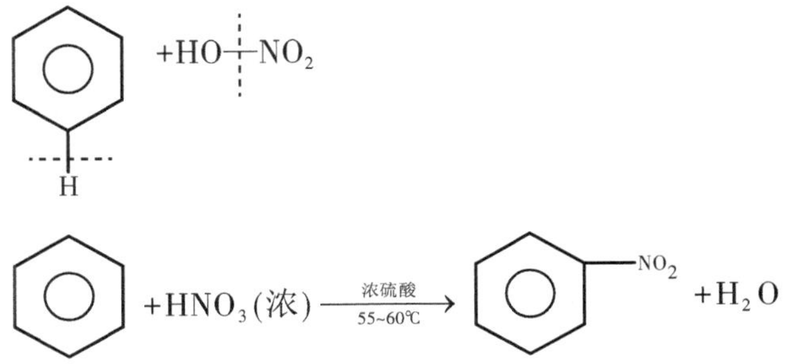

2.苯的加成反应（启发："只进不出"，每个碳原子相连的氢原子如何变化?）

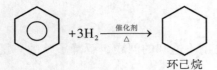

$$\text{苯} + 3H_2 \xrightarrow[\triangle]{\text{催化剂}} \text{环己烷}$$

3.苯的氧化反应

$$2C_6H_6 + 15O_2 \xrightarrow{\text{点燃}} 12CO_2 + 6H_2O$$

苯不能使酸性高锰酸钾溶液褪色。

爱与恨的苯

辩证思维的"金钥匙"：用"一分为二"、全面的眼光看问题。

曲折探索的苯

苯分子发现的历程给我们什么启示？

科学经历的是一条非常曲折、非常艰难的道路。——原子弹之父钱三强

凯库勒的"梦"给我们什么启示？

灵感是知识、经验、追求、思索与智慧综合实践在一起而升华了的产物。——水稻之父袁隆平

课堂练习

1.下列过程中所发生的化学变化属于取代反应的是（　　　）

A.光照甲烷与氯气的混合气体　　　　　　　　B.乙烯通入溴水

C.在镍做催化剂的条件下，苯与氢气反应　　　　D.苯与液溴混合后撒入铁屑

2.在下述反应中属于取代反应的是（　　　），属于氧化反应的是（　　　），属于加成反应的是（　　　）。

①由乙烯制氯乙烷　　　②乙烷在空气中燃烧　　③乙烯使溴水褪色　　　④乙烯使酸性高锰酸钾溶液褪色　⑤乙烷在光照下与氯气反应

乙　醇

——以人教版普通高中课程标准实验教科书化学必修2为例

（甘肃省岷县第一中学，余新红）

一、教学分析

（一）教材分析

人教版课程标准实验教科书高中化学必修2第三章第三节"生活中两种常见的有机物"主要学习乙醇和乙酸，分2课时完成，本节课是第一课时的学习内容——乙醇。乙醇是学生在生活中接触较多的有机物，也是生产中应用较广泛的有机物。必修模块对乙醇学习内容的安排具有双重功能：一方面是提高公民的基本科学素养，让学生认识到有机物已经渗透到生活的各个方面，能用所学的知识解释和说明一些常见的生活现象和物质用途；另一方面进一步认识有机物性质与官能团的关系，为学生后面学习乙酸、基本的营养物质及选修课程《有机化学》打下最基本的知识基础，同时，发展学生的思维能力。

（二）学情分析

学生通过初中化学的学习，知道了乙醇的组成、物理性质、燃烧反应和一些用途，但对物质性质的认识主要停留在初级阶段；高中化学必修2第三章"有机化合物"主要介绍常见的、与生产生活及生命活动密切相关的有机物，学生已经在第一节"最简单的有机化合物"和第二节"来自石油和煤的两种基本

化工原料"认识了甲烷、乙烯、苯等有机物,认识了这些有机物的结构、性质和用途,特别是开始从微观结构的视角认识物质的性质,但由于学习的阶段性,学生的有机物知识结构还不完整,还需要不断完善,对"宏观辨识与微观探析、逻辑推理与模型认知"的思维能力还有待提升。

二、教学思路

1.通过"情境线、知识线、思维发展线"展开教学,充分利用生活素材,体现"化学来源于生活,化学服务于生活"的理念,如乙醇擦拭涂改液字迹、乙醇在人体内的代谢过程、检测驾驶员是否酒驾等。

2.借助类比方法认识乙醇的化学性质,如,金属钠与水的反应与金属钠与乙醇的反应类比,水的分子结构与乙醇的分子结构类比,乙醇和氧气在不同条件下的反应(点燃、催化加热)的类比等。

3.通过实验探究学习方式,提升学生"宏观辨识与微观探析"的思维能力。

4.渗透辩证唯物主义思想,如,结构决定性质,性质决定用途;内因是物质变化的根本,外因是物质变化的条件,外因通过内因发生变化,外因对物质的变化有影响;事物是相互联系、相互影响的。

三、教学目标

1.通过实验探究,类比归纳、分析讨论的学习过程,认识乙醇的物理性质,能解释与乙醇有关的溶解现象;能说出乙醇的化学性质(燃烧、催化氧化、与金属钠反应)及主要用途。

2.通过乙醇分子结构的分析,能预测乙醇的化学性质,通过乙醇的化学性质的探究,能找到发生反应的原因及本质,体会"用途—性质—结构"的认识物质的方式以及内因与外因、事物相互联系、相互影响的辩证思想。

3.通过酒驾的检测、饮酒的利与弊等情境素材的讨论,树立"热爱生命、珍惜生命"的健康理念。

四、教学重点和难点

重点:乙醇的催化氧化反应和乙醇与金属钠的反应。

难点:乙醇的催化氧化反应。

五、实验准备

1.学生分组用:乙醇、水、铜丝、涂改液、金属钠;试管、酒精灯、5mL医用注射器(带针头)、导管、小烧杯、小刀、滤纸、玻璃片、镊子。

2.教师小魔术用:乙醇、高锰酸钾、浓硫酸;表面皿、玻璃棒、酒精灯。

六、教学过程

教学环节	教学内容与活动安排	设计意图
引入	乙醇的魔棒点灯表演	营造学习氛围。
知识回顾	【提问】 你知道乙醇(酒精)有什么性质和用途? 请同学们畅所欲言!	唤醒学生已有的对乙醇的认识。
物理性质	乙醇的溶解性 【实验探究一】用水和乙醇分别擦拭涂在试管壁上的涂改液痕迹。 【提示】涂改液的主要成分是甲基环己烷、环己烷、三氯乙烷等有机物。 【现象】涂改液痕迹被乙醇除去。 【总结】乙醇能溶解多种有机物,能与水以任意比互溶。 【思考】工业酒精兑水为什么不易查出?	从身边的化学认识乙醇的溶解性。

续表

教学环节	教学内容与活动安排	设计意图
化学性质	1.乙醇的氧化反应 （1）乙醇燃烧 【提问】酒精为什么可以做燃料? 【总结】乙醇的燃烧氧化反应: $C_2H_6O+3O_2 \xrightarrow{点燃} 2CO_2+3H_2O$ 【提问】生产乙醇的车间及存放乙醇的仓库为什么严禁烟火? 【总结】易燃易爆。	复习乙醇与氧气在点燃条件下发生的反应,为学习乙醇与氧气发生催化氧化反应做好铺垫。
	（2）乙醇的催化氧化反应 【实验探究二】实物投影:将热的表面变黑的铜丝伸入无水乙醇试管中,并请学生小心扇闻反应后试管口的气味。 【现象】试管口闻到刺激性气味;铜丝表面变为光亮的红色。 【提问】 ①铜丝在整个变化过程中发生了哪些反应? ②铜在反应中起了什么作用? 【归纳】 ①有关的反应: $2Cu + O_2 \xrightarrow{\triangle} 2CuO$ $CH_3CH_2OH + CuO \xrightarrow{\triangle} CH_3CHO + Cu + H_2O$ 总反应: $2CH_3CH_2OH+O_2 \xrightarrow{\triangle} 2CH_3CHO + 2H_2O$ ②铜在反应中起了催化剂作用。 【知识提升】 ①将乙醇和乙醛的分子结构进行对照,说明乙醇在反应中断裂了哪些化学键?该反应有什么特点? 归纳:断裂O—H键,与—OH(羟基)相连接碳原子上的C—H键(受羟基影响较活泼)。 反应特点:脱氢,即"—OH"脱氢,羟基碳原子"H—C—OH"脱氢。 结果:形成醛(含C=O键)。 ②乙醇的催化氧化反应与燃烧反应的反应物相同,为什么生成的产物不同? 点拨:反应条件不同,体现了内因和外因的关系。 ③乙醇的催化氧化反应有哪些应用? 教师补充:可以用于工业制乙醛。	综合应用实验探究、宏观辨识、微观探析、逻辑推理等思维方法,建立新的知识体系,培养分析解决问题的能力,体会蕴含的哲学思想。
	（3）乙醇与酸性重铬酸钾发生的氧化反应 【提问】交警测定驾驶员是否酒后驾车的原理是什么? 【实验探究三】在试管中加入1mL酸性重铬酸钾($K_2Cr_2O_7$)溶液,再加入1mL乙醇溶液,振荡,观察现象。 【现象】橙色溶液变为绿色。 【总结】$K_2Cr_2O_7(aq) \xrightarrow[H_2SO_4]{乙醇} Cr_2(SO_4)_3$ 　　（橙色）　　　　　绿色	拓展氧化反应知识,认识酒驾检测原理。

续表

教学环节	教学内容与活动安排	设计意图
化学性质	2.乙醇与金属钠的反应 【回忆】钠与水的反应。 【讨论】(1)比较水分子与乙醇分子的结构,有什么共同之处,有什么不同之处? (2)推测乙醇能否与金属钠反应。如果能反应,有什么反应规律? 【实验探究四】乙醇和钠的反应。 5mL注射器,针筒内放入一小块钠,然后吸入乙醇。(1)针嘴连接导管后将导管口另一端插入装有肥皂水的小烧杯中,点燃肥皂泡。(2)拔去导管,安装上注射针头,点燃气体,并把一干燥的大试管罩在火焰上,片刻后迅速倒转试管,向大试管中加入少量澄清石灰水。观察现象。 【现象】(1)小烧杯中有肥皂泡产生,点燃肥皂泡,听到爆鸣声。 (2)点燃气体,产生淡蓝色火焰,罩在上方的干燥大试管内壁出现小液滴;片刻后大试管中的澄清石灰水变混浊。 点燃 氢气 【结论】 $2CH_3CH_2OH+2Na\longrightarrow2CH_3CH_2ONa+H_2\uparrow$ 【知识提升】 $2HOH+2Na\longrightarrow2NaOH+H_2\uparrow$(反应剧烈) $2CH_3CH_2OH+2Na\longrightarrow2CH_3CH_2ONa+H_2\uparrow$(反应较缓) 比较这两个反应特征和反应的剧烈程度,你能得出什么结论? 【总结】 (1)共同点:金属钠与羟基(—OH)中的氢原子产生氢气。说明羟基中的氢原子较活泼,容易被活泼金属置换。 (2)不同点:反应的剧烈程度不同。说明羟基所连接的原子或原子团对羟基的活泼性有影响。 (3)水分子和乙醇分子的结构分别为"H—OH""R—OH",结构决定性质。原子或原子团之间互相有影响。	通过实验探究及知识的类比迁移,认识乙醇与金属钠的反应,形成"结构决定性质"的思维方式。
乙醇与生活	【引导】乙醇与生产、生活息息相关,在生产上乙醇不仅可以做燃料,可以制备乙醛等系列产品,在生活中乙醇也是必不可少的佳酿。饮酒过量时常情不由衷,酿成大祸,乙醇存放和使用不当,还会发生火灾等安全事故,所以,人们对乙醇"爱恨交加"。 【讨论】(1)饮酒的利和弊? (2)人醉酒了为什么会耍酒疯? 【总结】 (1)饮酒的利与弊 利:①促进血液循环;②刺激人的大脑兴奋。 弊:①损害肝脏;②麻痹神经,导致意识模糊或混乱。 (2)乙醇有麻醉作用,使人失去意识。	引导学生认识化学与生活密切相关。
课堂小结	【小结】 通过本节课的学习你有什么收获?	展示学习成果,激发学习动力。
布置作业	【作业】课本76页1~3题,教辅资料(略)。	巩固所学知识。

开发利用金属矿物和海水资源（第一课时）

——以人教版普通高中课程标准实验教科书化学必修2为例

（西北师范大学附属中学，王彦玺）

一、教材分析

人教版高中化学必修2第四章"化学与自然资源的开发利用"第一个主题是"开发利用金属矿物和海水资源"，包括金属矿物的开发利用和海水资源的开发利用两个二级主题。本节内容是金属矿物的开发利用，主要解决两个问题：（1）金属的冶炼方法；（2）合理开发利用金属资源的途径。这节教材内容的特点是：（1）史料性强，金属冶炼经历了不同的历史发展时期，有着人类对金属及其化合物性质的认识过程的烙印；（2）规律性强，金属的冶炼方法由金属的活动性顺序决定；（3）社会性强，金属的冶炼与经济社会发展有着密切的关系，是我国可持续发展战略的重要组成部分。

二、课标要求

以海水、金属矿物等自然资源的开发利用为例，了解化学方法在实现物质间转化中的作用。认识化学在自然资源综合利用方面的重要价值。

三、学情分析

九年级化学介绍了 H_2、C、CO 等还原剂可以将 CuO、Fe_2O_3 等氧化物还原的反应，高中必修1第三章介绍了金属及其化合物，知道活泼金属在自然界以化合态形式存在，金属材料在国民经济发展中发挥着重要作用，保护环境是公民义不容辞的责任等，为金属的冶炼及金属资源的综合利用奠定了学习基础。

四、教学方法

创设情境、分析讨论。

五、教学思路

通过自然的慷慨馈赠、人类的智慧创造、我们的发现与思考、甘肃省的冶金工业、人与自然和谐发展等问题情境和思考与交流，解决金属的冶炼方法与合理开发利用金属资源的途径等问题。

六、教学目标

1.通过问题情境，知道自然界存在丰富的金属资源，且大部分金属以化合态形式存在于自然界，人类冶炼金属的历史是智慧创造的过程。

2.通过思考与交流，能说出冶炼金属的原理及金属活泼性与金属冶炼方法选择的关系；通过铝热反应实验，能说出铝热反应发生原理及铝热反应的应用，并能写出有关反应的化学方程式。

3.通过人与自然的和谐发展的交流与总结，知道合理开发利用金属资源的途径，初步形成资源合理利用和保护环境的价值观，增强家国情怀。

七、教学过程

自然的慷慨馈赠

蔚蓝大海图片：大海中含有丰富的金属资源。

矿物图片：孔雀石、铝土矿石、赤铁矿石、菱镁矿石。

【思考与交流一】

1.生活中常用到哪些金属？

2.它们在自然界常以什么形态存在？

除金、铂为游离态外其他主要是化合态。

人 类 的 智 慧 创 造

沙土淘金图片（配文字：美人首饰侯王印，尽是沙中海底来。——刘禹锡《浪淘沙》）、丹炉炼丹图片（配文字：炉火照天地，红星照紫烟。——李白《秋浦歌》）、古代木炭炼铁图片、现代炼铁图片、现代炼铝（电解场景）图片。

【思考与交流二】

1.人们用哪些方法冶炼金属？

热分解法、热还原法、电解法。

2.请从化合价变化的角度分析金属冶炼的实质？

$M^{n+} + ne^- \rightarrow M$

我国火法炼铜——兴于商周时期，如，$Cu_2S + O_2 \xrightarrow{高温} 2Cu + SO_2$。

我国湿法冶金——始于西汉年代，如，$Fe + CuSO_4 = FeSO_4 + Cu$。

炼铝——始于近代（19世纪）。

100多年前的奖杯——铝杯；拿破仑时期使用铝制器皿（配铝制器皿图片）——稀少、高贵（物以稀为贵）。

我 们 的 发 现 与 思 考

【思考与交流三】

1.为什么铜和铝大量使用的年代如此不同？

金属被还原的难易程度不同，冶炼技术随时代不断发展。

2.金属的冶炼方法与金属的什么性质有关？

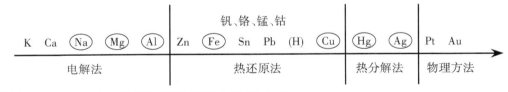

常用还原剂：CO、H_2、C（焦炭）以及活泼金属铝（Al）。

我 们 的 实 践：铝 热 反 应 实 验

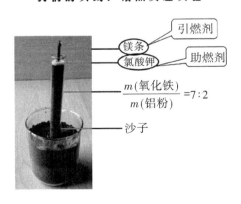

$$Fe_2O_3 + 2Al \xrightarrow{\text{高温}} 2Fe + Al_2O_3$$

$$3MnO_2 + 4Al \xrightarrow{\text{高温}} 3Mn + 2Al_2O_3$$

$$Cr_2O_3 + 2Al \xrightarrow{\text{高温}} 2Cr + Al_2O_3$$

$$3Co_3O_4 + 8Al \xrightarrow{\text{高温}} 9CO + 4Al_2O_3$$

$$3V_2O_5 + 10Al \xrightarrow{\text{高温}} 6V + 5Al_2O_3$$

放热反应

铝热剂

铝热反应的应用——焊接钢轨。

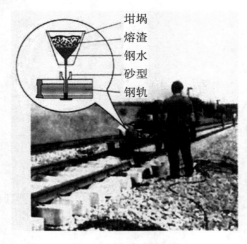

甘肃省的冶金工业：

金川公司（金昌）——镍都（电解冶炼镍）；

酒钢公司（嘉峪关）——钢城（炼钢）；

白银公司（白银）——铜城（炼铜，资源枯竭转型城市）；

兰州铝厂、连城铝厂（兰州）——电解炼铝。

人与自然和谐发展

我们的骄傲：甘肃是资源大省（结合甘肃政区图说明）

甘肃肃北：铁矿、重晶石、石灰石等。

甘肃张掖：金、铁、铬、煤等，其中酒钢镜铁山矿区位于张掖祁连山深处。

甘肃金昌：镍、铂、铜、金、铁等，稀土矿位居全国第二（白云鄂博位居第一）。

甘肃兰州（永登）：铜、锰、金、铁、铝等。

甘肃白银：铜、铅、锌、金、银、铁、锰等。

甘肃陇南：铅、锌、锑、金、铜、铁、汞等，亚洲最大金矿位于甘川陕交界地带。

甘肃庆阳：石油、天然气、煤等。

问题：资源有限，我们可以做什么？

全球金属储量静态可开采年限（锑铟锡铅锌铜较为稀缺）

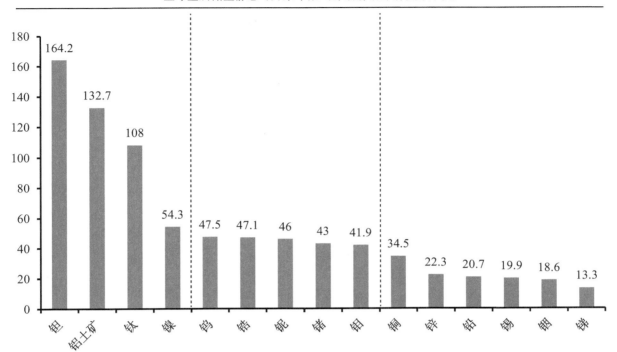

合理开发利用金属资源的途径

（1）提高金属矿物的利用率；
（2）减少金属的使用量；
（3）加强金属资源的回收和再利用；
（4）使用其他材料代替金属材料。

结束语：大自然是我们人类最宝贵的财富，人类的生存和发展离不开大自然的馈赠，大自然中处处留下了人类的印记，我们应该平等地与自然对话，理性地与自然握手，实现人与自然的和谐发展。

【课堂练习】

1.下列各种冶炼方法中，可以制得相应金属的是（　　　　）

A.加热氧化铝　　　　　　　　　B.加热碳酸钙

C.电解熔融氯化钠　　　　　　　D.氯化钠与铝粉高温共热

2.冶炼金属常用以下几种方法：①以 C 或 H_2、CO 作为还原剂还原法；②热分解法；③电解法；④铝热法。现冶炼下列金属：Al、Mg、Cu、Hg、Mn，试说明适宜的冶炼方法。

八、课堂小结（兼板书）

1.冶炼金属的方法：热分解法、热还原法、电解法

2.金属冶炼的实质：$M^{n+} + ne^- \rightarrow M$

3.金属的冶炼方法与金属的活泼性关系

4.合理开发利用金属资源的途径

【作业】

1.查阅资料，了解回收废旧钢铁、铝制品等在节约资源、保护环境、降低成本等方面的意义。

2.回收利用身边的废旧金属。

中和反应反应热的测定

——以人教版普通高中课程标准实验教科书化学选修4为例

（甘肃省兰州第一中学，金东升）

一、教材分析

（一）地位和作用

在初中化学的学习中，通过常见的化学反应，学生初步认识了化学反应的过程中通常会伴随发光、发热等能量的变化。在高中化学必修2第二章"化学反应与能量"的学习中，学生知道了化学反应中能量变化的主要原因，通过实验探究知道了化学能与热能的相互转化，进一步认识了吸热反应和放热反应，并初步形成了"中和热"的概念。本节学习内容是人教版高中课程标准实验教科书化学选修4《化学反应原理》第一章第一节"化学反应与能量的变化"，共有3个学习主题：（1）反应热与焓变；（2）热化学方程式；（3）中和反应反应热的测定，可划分为3课时进行学习，本节课是第三课时的学习内容。通过"中和反应反应热的测定"的学习，学生在原有知识的基础上，既能深度认识中和反应反应热的概念，又能认识中和反应反应热的测定原理，还能体验定量测定反应热的方法，提升对中和反应反应热由定性到定量的认识。

（二）教学内容特点

本节课学习内容有以下两个特点：（1）既涉及科学概念的认识，又涉及科学实践方法，即在原有中和热概念认识的基础上，对中和热概念做进一步的梳理，弄清楚中和热与中和热的测定值的关系，在此基础上完成定量的实验测定；（2）既涉及逻辑推理，又涉及模型建构，即在推理的基础上，建立热量测定模型：$Q = c_{水} \cdot (m_{酸} + m_{碱}) \cdot (t_2 - t_1)$。

二、教学思路

以"化学反应的能量变化——中和反应的反应热——中和热测定原理——中和热测定"为主线，以问题驱动、分析讨论和问题表征为手段，层层递进，既加深对概念的认识，又体验科学实践方法。

三、教学目标

1.通过问题讨论，知道中和热的含义，中和反应反应热的测定原理，提高思维品质。

2.通过中和热测定的实验探究，初步学会定量实验的设计思路，锻炼动手操作能力、分析和处理实验数据的能力，体会科学实验中严谨态度和细致方法的重要性。

四、教学重点和难点

重点：中和反应反应热的认识；中和反应反应热的测定。

难点：中和反应反应热测定的实验原理及数据处理。

五、教学流程

新课引入：化学反应伴有能量的变化，你熟悉的化学反应中，哪些反应能放出热量？

归纳：（1）活泼金属与水的反应；（2）金属活动性顺序表中氢以前的金属与酸反应；（3）酸碱中和反应；（4）金属、非金属及化合物燃烧的反应……

今天我们学习中和反应反应热及其测定。

【问题1】什么是中和反应反应热?

【总结】(1) 酸和碱发生中和反应生成1mol H_2O 时所放出的热量。

要点：①中和反应；②计量标准："生成1mol H_2O"；③单位：$kJ \cdot mol^{-1}$。

(2) 稀溶液中，强酸与强碱反应生成1mol H_2O 时所放出的热量约为 $57.3kJ \cdot mol^{-1}$。

表示方法：$H^+(aq)+OH^-(aq)=H_2O(l)$ 　　　　$\Delta H=-57.3kJ \cdot mol^{-1}$

$HCl(aq)+NaOH(aq)=NaCl(aq)+H_2O(l)$ 　　　$\Delta H=-57.3kJ \cdot mol^{-1}$

【问题2】如何通过实验证明中和反应中有热量放出?

【总结】(1) 用手触摸反应前后试管温度的变化（定性）；(2) 用温度计测量反应前后温度的变化（定量）。

【问题3】中和反应发生后的温度变化与哪些因素有关?

【总结】(1) 反应物的用量；(2) 酸和碱的浓度；(3) 酸和碱的强弱；(4) 测定装置的绝热程度。

【问题4】如何测定中和反应反应热?（定量）

【总结】"两定两保障"：确定酸和碱的用量、确定酸和碱的浓度，保障绝热条件、保障酸和碱充分反应。

【问题5】在"两保障"的前提下，如何将反应物用量和温度变化转化为热量?（学生讨论）

【总结】数学建模：$Q = cm\Delta t$（c 为比热容，单位为 $kJ \cdot g^{-1} \cdot ℃^{-1}$)

$m= V_酸\rho_酸 + V_碱\rho_碱$

稀溶液中，$\rho_水 \approx \rho_酸 \approx \rho_碱$ 　　$c_{混合液} \approx c_水$

$Q = c_水 \cdot (V_酸\rho_水 + V_碱\rho_水) \cdot (t_2-t_1)$

常压下水的定压比热为 $4.2kJ/kg \cdot ℃$

即 $Q = 4.18(V_酸\rho_水 + V_碱\rho_水) \cdot (t_2-t_1) = 4.18(V_酸+V_碱) \cdot (t_2-t_1)$

【结论】在两保障的前提下，确定稀溶液的浓度和体积，测定反应前后溶液温度的变化，可确定一定物质的量（n)的酸或碱完全反应所放出的热量。

【问题6】在 $Cl + NaOH = NaOH + H_2O$ 的反应中，反应放出热量（Q)中和热（Q_N)之间是怎样的关系?

【总结】

H^+	OH^-	H_2O	热量
n mol	n mol	n mol	Q
1mol	1mol	1mol	Q_N（反应热）

$Q_N = Q/n$

【问题7】如何保障绝热条件（减少热量损失）?

【总结】(1) 尽可能在封闭体系中进行，如进行反应的小烧杯外加盖；(2) 防止散热，如小烧杯外部用碎纸片或吹塑颗粒包裹，玻璃棒、温度计与杯盖一体化设计。

【问题8】怎样使酸碱充分反应?

【总结】玻璃棒充分搅拌。

【问题9】图1所示装置能否达到设计要求?

【学生活动】以50mL 0.50mol/L盐酸与50mL 0.55mol/L NaOH溶液反应为例，按照图1所示装置测定中和反应的反应热。

步骤1：用量筒量取50mL 0.55mol/L的NaOH溶液，倒入小烧杯中，测量温度，记录。

步骤2：用另一量筒量取50mL 0.50mol/L的盐酸溶液，倒入另一小烧杯中，用同一个温度计（注意：清洗温度计）测量温度，记录。

步骤3：将量筒中的碱溶液迅速倒入酸中，连续测量，记录数据，取最大值记录。

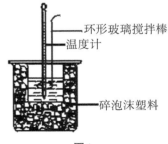

图1

【处理数据】

	温度	起始温度 t_1/℃			终止温度 t_2/℃	温度差 (t_2-t_1)/℃
实验		盐酸	NaOH溶液	平均值		
第Ⅰ组						
第Ⅱ组						
第Ⅲ组						

按照公式 $Q = 4.18 \cdot (m_{酸} + m_{碱}) \cdot (t_2 - t_1)$ 进行计算。

【问题讨论】

1.共享数据，分析误差。（中和反应的反应热精确值为57.3kJ/mol）

可能产生误差的原因：（1）溶液体积量取不准确；（2）温度计读数不准；（3）隔热措施不好；（4）酸碱混合动作缓慢，导致热量损失。

2.NaOH溶液的浓度为什么选择0.55mol/L（稍过量）而不用0.50mol/L?

敞口容器中，空气中的二氧化碳消耗NaOH溶液，保证盐酸完全被中和，NaOH溶液要稍过量。

3.若将本实验中的盐酸改为醋酸，其他数据不变，装置不变，所测定的反应热数据与强酸强碱反应测定的数据是否相同？

醋酸为弱酸，不能完全被中和，所测定的数据应小于57.3kJ/mol。

4.若用100mL 0.50 mol/L盐酸与100mL 0.55mol/L NaOH溶液反应，所测定的反应热数据是否是本实验测定结果的2倍？

中和热是以"生成1mol H_2O"为标准，中和热测定结果应该相同。

【课堂小结】见板书设计

【课后思考】中和反应反应热的测定还有哪些改进装置？

六、板书设计（主板）

中和反应的反应热(单位:kJ/mol) $\begin{cases} 理论值: Q_N \\ 测定值: Q \\ 测定原理: Q = c_水 \cdot (m_酸 + m_碱) \cdot (t_2 - t_1) \\ 测定装置 \\ 操作步骤 \\ 数据处理 \end{cases}$

影响化学平衡的条件

——以人教版普通高中课程标准实验教科书化学选修4为例

（甘肃省兰州第一中学，金东升）

一、教材分析

本节是人教版普通高级中学课程标准实验教科书化学选修4反应原理第二章化学平衡第三个主题的内容，是继必修2学习"化学反应速率和限度"之后对化学平衡的进一步认识。这节课的教学内容主要有：（1）影响化学平衡移动的条件（浓度、温度）；（2）勒夏特列原理；（3）催化剂与化学平衡。教学内容的特点：（1）蕴含"宏观辨识与微观探析""平衡思想""逻辑推理""科学探究"等思维方法；（2）蕴含着"对立统一""主要矛盾和次要矛盾"（变量控制）等哲学思想。

二、学情分析

学生在必修2"化学反应与能量"第三个主题"化学反应速率和限度"中，已认识了可逆反应、化学平衡及化学反应的限度等概念，但对影响化学平衡移动的条件还处于欲知状态。

三、教学思路

对教材中"可逆反应与不可逆反应"略去，因为必修2已解决此类问题，也为了突出本节课的主题，节约时间；对浓度、温度对化学平衡的影响采用实验探究法获得结论，在此基础上从正、逆反应速率变化进一步认识平衡移动的本质→讨论浓度、温度变化对平衡移动结果的分析推理，归纳出勒夏特列原理→平衡移动原理应用练习，巩固所学知识，锻炼思维能力→课堂小结，感悟化学平衡思想，促进知识结构化，帮助学生进一步理解所学知识及其相互关系。

四、教学目标

1.通过基础知识回顾，熟悉影响化学反应速率的条件和化学平衡的特点，为后续学习做好知识储备。

2.通过实验探究和问题讨论，能说出浓度、温度对化学平衡的影响，知道变量控制的意义；能从速率变化的视角说明平衡移动的本质，体会对立统一规律。

3.通过浓度、温度改变对平衡移动影响的结果总结，能归纳出勒夏特列原理。

4.通过课堂练习与讨论，锻炼思维品质，评价学习结果。

五、教学方法

实验探究、问题讨论与归纳总结。

六、教学过程

（一）基础知识回顾

影响化学反应速率的条件：浓度、温度、压强、催化剂等。

化学平衡的特点：（1）对象，可逆反应；（2）本质，正、逆反应速率相等；（3）结果，各组分浓度保持不变；（4）特征，动态平衡，反应没有停止；（5）变化，反应限度随条件改变而发生变化——平衡移动。即"逆、等、定、动、变"。

（二）化学平衡移动探究

实验探究1：反应物浓度对化学平衡的影响

5mL 0.005mol/L $FeCl_3$ 溶液中加入 5mL 0.01mol/L KSCN溶液，溶液呈红色。

$$FeCl_3 + 3KSCN \rightleftharpoons Fe(SCN)_3 + 3KCl$$

$$Fe^{3+} + 3SCN^- \rightleftharpoons Fe(SCN)_3（血红色）$$

将上述溶液分置于两支试管，进行如下操作，通过实验现象并分析平衡移动的方向。（宏观辨识）

操作	现象	平衡移动方向
滴加饱和 $FeCl_3$ 溶液4滴		
滴加 1mol/L KSCN溶液4滴		
滴加 10% NaOH 溶液3～5滴		
滴加 10% KCl 溶液3～5滴		

【问题讨论】（微观探析）

（1）5mL 0.005mol/L $FeCl_3$ 溶液中加入 5mL 0.01mol/L KSCN 溶液，平衡建立过程中，正、逆反应速率如何变化？

（2）建立平衡后，如果增大反应物浓度，正、逆反应如何变化？平衡如何移动？

（3）建立平衡后，如果减小反应物浓度，正、逆反应如何变化？平衡如何移动？

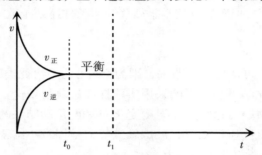

结论：化学平衡建立的过程，是正、逆反应速率由"不相等"到"相等"的过程，当正反应速率大于逆反应速率时，平衡向正反应方向移动。

实验探究2：生成物浓度对化学平衡的影响

$$Cr_2O_7^{2-} + H_2O \rightleftharpoons 2CrO_4^{2-} + 2H^+$$

5mL 0.1mol/L $K_2Cr_2O_7$ 溶液中分别加入下列试剂，观察现象，并分析平衡移动的方向。

操作	现象	平衡移动方向
滴加浓硫酸溶液3～10滴		
滴加10% NaOH溶液10～20滴		

结论：在其他条件不变时，增大反应物浓度或减小生成物浓度，平衡向着正反应方向移动；减小反应物浓度或增大生成物浓度，平衡向着逆反应方向移动。

实验探究3：温度对化学平衡的影响

$$2NO_2 \rightleftharpoons N_2O_4 \qquad \Delta H = -56.9kJ/mol$$

（红棕色）　　　（无色）

将充有 NO_2 的玻璃球分别浸泡在冷、热水中，观察现象。

现象：热水中，颜色加深；冷水中，颜色变浅。

结论：在其他条件不变时，升高温度，平衡向吸热反应方向进行；降低温度，平衡向放热反应方向进行。

【问题讨论】条件改变与平衡移动的结果有什么关系？

条件改变	平衡移动方向	平衡移动结果
增大反应物浓度	正向移动	反应物浓度减小
减小反应物浓度	逆向移动	反应物浓度增大
升高温度	吸热方向移动	体系温度降低
降低温度	放热方向移动	体系温度升高

结论：

勒夏特列原理：如果改变影响平衡的条件之一（温度、压强、参加反应的物质浓度），平衡将向着削弱这种改变的方向移动。

［问题讨论］催化剂对化学平衡有何影响？

由于催化剂能同等程度地增加正反应速率和逆反应速率，因此，催化剂对化学平衡没有影响，但能缩短达到平衡所需的时间。

（三）平衡移动原理应用

1.在容积固定的容器中进行下列反应：$H_2O(g) + C(s) \rightleftharpoons CO(g) + H_2(g)$，达到平衡后，改变下列条件，则平衡如何变化：

（1）通入 H_2O（g），平衡＿＿＿＿＿＿＿＿＿＿＿＿＿；

（2）通入 CO（g），平衡＿＿＿＿＿＿＿＿＿＿＿＿＿；

（3）加入 C（s），平衡＿＿＿＿＿＿＿＿＿＿＿＿＿。

2.医院急诊抢救 CO 中毒患者应采取哪些措施？$[Hb(O_2) + CO \rightleftharpoons Hb(CO) + O_2]$

3.对于工业合成氨，仅从浓度的角度考虑，采取哪些措施可以提高氨气的产量？

$$N_2 + 3H_2 \underset{\text{催化剂}}{\overset{\text{高温高压}}{\rightleftharpoons}} 2NH_3$$

补充信息：NH_3很容易液化，在常压冷却至$-33℃$，或稍加压，气态氨就液化为液态氨。

【课堂小结】

1.平衡思想

（1）平衡建立的过程是正、逆反应速率由"不相等"到"相等"的过程。

（2）改变条件时，平衡是会发生变化的，平衡移动是有规律的。

（3）平衡移动与变量控制。

（4）化学平衡的建立过程体现了对立统一的哲学思想。

2.知识结构（兼板书）

七、板书设计

主题3　化学平衡

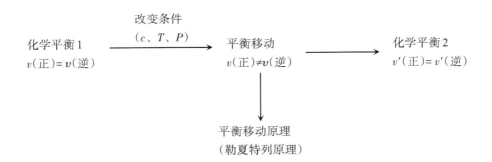

化学平衡（第三课时）——化学平衡常数

——以人教版普通高中课程标准实验教科书化学选修4为例

（甘肃省兰州第一中学，刘跟信）

一、教材分析

人教版课程标准教科书选修4《化学反应原理》第二章第三节"化学平衡"包含三个二级主题：（1）可逆反应与不可逆反应；（2）化学平衡状态；（3）化学平衡常数。可分4课时完成，第一课时为"可逆反应与化学平衡状态"，第二课时为影响化学平衡移动的条件，第三课时为化学平衡常数，第四课时为根据平衡常数计算反应物的转化率。本节内容的学习为电离平衡、溶解平衡的学习奠定基础。

本节课学习内容为第三课时内容，主要解决3个问题：（1）化学平衡常数的概念及表达式；（2）影响化学平衡常数的因素；（3）化学平衡常数的意义。通过化学平衡概念的建立，实现从定量的角度认识化学反应的限度，通过化学平衡常数与浓度商之间的关系比较，实现化学平衡移动的判断由定性到定量的跨越。

二、教学设计思路

本节课的教学内容划分为三个大板块：（1）平衡常数概念的建立及表达式的书写规则；（2）平衡常数的影响因素；（3）平衡常数的意义。由于学习内容的理论性强，比较抽象，因此，每个板块都以"活动探究"为牵引，通过思维碰撞、归纳总结，获得相关结论。概念的建立以活动探究和练习为"脚手架"，旨在将枯燥的理论知识变得更有趣味，在探究与练习的过程中提高获取和处理信息的能力、分析推理能力、归纳概括能力、口头表达能力及合作交流意识。

三、教学目标

1.通过分析不同起始浓度对应的各组分平衡浓度的有关数据，能认识化学平衡常数是化学反应限度的表征方法，并学会正确书写给定反应的平衡常数表达式；知道化学平衡常数只与温度有关，而与浓度、压强等无关。

2.通过建立浓度商的概念，能够运用Q_c和K关系的比较，判断化学反应进行的方向；通过平衡常数的相对大小，能预测在一定条件下可逆反应进行的程度；通过K随温度变化的关系，能判断化学反应的热效应。

3.通过积极参与课堂活动，提高获取和处理信息的能力、分析推理能力、归纳概括能力、口头表达能力及合作交流意识。

四、教学重点和难点

重点：化学平衡常数的概念和表达式的书写规则；利用Q_c与K判断反应进行的方向。
难点：化学平衡常数概念的建立。
难点突破策略：精心设计表格，充分发挥数据的功能，向数字寻求帮助，让数据支撑结论，从不同化学平衡状态出发，对数据进行处理与分析，层层递进，建构化学平衡常数的概念和表达式。

五、教学过程

教学环节	教师活动	学生活动	设计意图
回顾旧知 引入新课	【提问】什么是化学平衡状态？	思考并回答。	巩固旧知,为新知学习铺垫。
	【引言】可逆反应达到化学平衡状态时各物质的浓度保持不变,它们之间是否存在着某种定量关系呢？这节课我们就来探讨这个问题。	听讲、思考。	提出本节课的学习任务,激发学生学习的积极性。

教学环节		教师活动	学生活动	设计意图
化学平衡常数概念的建立	化学平衡常数的概念及表达式	【活动指导】 安排[活动探究1](见学案)。指导学生分工合作,分析、处理数据,得出相关结论。 【归纳总结】引导学生形成"化学平衡常数"的概念,并总结出化学平衡常数的表达式: $$\frac{c^p(\mathrm{C})\cdot c^q(\mathrm{D})}{c^m(\mathrm{A})\cdot c^n(\mathrm{B})}=K$$	在老师指导下进行活动探究:分析、处理数据,建立"化学平衡常数"的概念,并找出其中的关键词。体会浓度数据作为表征平衡状态的指标,具有易测量、可追踪的特点。	培养获取和处理信息的能力及合作意识。 认识化学平衡的定量表征。
	化学平衡常数表达式的书写规则	【提出问题】K的表达式都与哪些因素有关?书写K的表达式时有哪些注意事项? 【活动指导】 安排[活动探究2](见学案)。(让学生板演) 【归纳总结】K表达式书写规则: ①K的单位不唯一,一般不写; ②固体和$\mathrm{H_2O(l)}$不列入表达式; ③表达式与反应方向和计量数有关。	通过练习和思考,初步形成以下观点: ①K有单位,但较复杂,通常由具体反应而定; ②表达式中各浓度须为平衡浓度,且固体和纯液体不列入表达式; ③反应方向或化学计量数改变都会导致K的改变。	知道化学平衡常数表达式的书写规则。
影响化学平衡常数的因素		【活动指导】 安排[活动探究3]分析课本28—29页表格中的数据,你能得到什么结论? 【归纳总结】化学平衡常数只与温度有关,与其他因素(如浓度、压强等)无关,即K只是一个与温度有关的函数,只要保持反应体系的温度不变,达到化学平衡状态后,K为一常数,温度发生变化,K值也发生变化。	通过数据分析,思考、总结出影响化学平衡常数的因素: ①K与反应的起始浓度大小无关,即与平衡建立的过程(正向建立还是逆向建立平衡)无关; ②K与温度有关。	进一步培养获取和处理信息的能力及合作意识。
化学平衡常数的意义	浓度商的概念	【讲述】在一定温度下的任意时刻,生成物浓度幂之积除以反应物浓度幂之积所得的商,叫作该反应的浓度商(Q_c)。化学平衡常数实质是指平衡时的浓度商。	听讲,思考Q_c的含义。	建立对浓度商Q_c的认识。
	化学平衡常数的应用	【提出任务】研究化学平衡常数有何实际意义? 【活动指导】 安排[活动探究4](见学案)。 【归纳总结】研究化学平衡常数的意义: ①可利用Q_c和K关系判断反应进行的方向; ②可定量表示反应的限度; ③判断反应的热效应。	通过探究活动获得以下认识: ①利用Q_c和K的关系判断反应进行的方向; ②K的大小能反映可逆反应进行的程度; ③利用K和温度关系判断反应的热效应:若升温,K值增大,则正反应方向为吸热反应;反之亦然。	从定量的角度体会研究平衡常数的意义,对平衡移动认识从感性上升到理性。
课堂小结		1.化学平衡常数的概念; 2.平衡常数表达式的书写规则; 3.平衡常数的意义。	结合板书和"学习目标",总结本节课所学内容。	梳理主干知识,构建知识体系。
知识应用		(见学案)	练习	学以致用
教学反馈		分发《问卷调查》	填表	了解教学效果
布置作业		(略)		巩固所学

六、板书设计

三、化学平衡常数

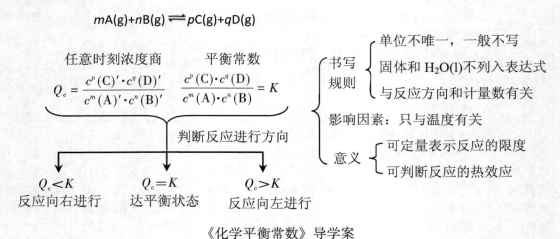

《化学平衡常数》导学案

【学习目标】

1.认识化学平衡常数的概念，学会正确书写给定反应的平衡常数表达式。

2.知道影响化学平衡常数的因素，学会利用K随温度的变化规律判断反应的热效应。

3.会运用Q_c和K的关系，判断化学反应进行的方向。

【学习方法】

通过数据资料的分析和处理，认识化学平衡建立过程中逻辑推理与模型认知的思维方法。

[活动探究1] 探究平衡状态时各物质浓度之间的关系

1.已知反应 $CO(g)+H_2O(g) \rightleftharpoons H_2(g)+CO_2(g)$，在800℃时，用不同起始浓度的$CO(g)$、$H_2O(g)$、$CO_2(g)$、$H_2(g)$进行反应，平衡后测得以下实验数据。

序号	起始浓度/mol·L⁻¹				平衡浓度/mol·L⁻¹				平衡时 $\dfrac{c(H_2)\cdot c(CO_2)}{c(CO)\cdot c(H_2O)}$
	CO	H₂O	H₂	CO₂	CO	H₂O	H₂	CO₂	
1	1	2	0	0	0.333	1.333	0.667	0.667	
2	0.333	2	0.667	0.667	0.273	1.940	0.727	0.727	
3	1	1.333	0.667	0.667	0.758	1.091	0.909	0.909	
4	0	0	1	2	0.667	0.667	0.333	1.333	

（1）请通过计算填写表中空格。

（2）讨论：分析上述数据，你能得出什么结论？

2.已知反应 $H_2(g)+I_2(g) \rightleftharpoons 2HI(g)$，在425.6℃时用不同起始浓度的$H_2$、$I_2(g)$、HI进行反应，平衡后测得以下实验数据。

序号	起始浓度/mol·L⁻¹			平衡浓度/mol·L⁻¹			平衡时	
	H₂	I₂	HI	H₂	I₂	HI	$\dfrac{c(HI)}{c(H_2)\cdot c(I_2)}$	$\dfrac{c^2(HI)}{c(H_2)\cdot c(I_2)}$
1	0.01067	0.01196	0	0.001831	0.003129	0.01767		
2	0.01135	0.009044	0	0.003560	0.001250	0.01559		
3	0	0	0.01069	0.001141	0.001141	0.008410		
4	0.01	0.01	0.01	0.003194	0.003196	0.02359		

（1）请通过计算填写表中空格。

（2）讨论：分析上述数据，你能得出什么结论？

[活动探究2] 探究平衡常数表达式的书写规则

1.写出下列反应的平衡常数表达式，并判断K的单位，总结书写K的表达式时应注意的事项。

$2SO_2(g) + O_2(g) \rightleftharpoons 2SO_3(g)$　　　$K=\underline{\hspace{4cm}}$

$CaCO_3(s) \rightleftharpoons CaO(s)+CO_2(g)$　　　$K=\underline{\hspace{4cm}}$

$Cr_2O_7^{2-}+H_2O \rightleftharpoons 2CrO_4^{2-}+2H^+$　　　$K=\underline{\hspace{4cm}}$

2.373K时，N_2O_4和NO_2的平衡体系：

$N_2O_4(g) \rightleftharpoons 2NO_2(g)$　　$K_1=\underline{\hspace{2cm}}$

$2N_2O_4(g) \rightleftharpoons 4NO_2(g)$　　$K_2=\underline{\hspace{2cm}}$　　K_1、K_2、K_3之间的关系式：$\underline{\hspace{2cm}}$

$2NO_2(g) \rightleftharpoons N_2O_4(g)$　　$K_3=\underline{\hspace{2cm}}$

[活动探究3] 探究影响化学平衡常数的因素

阅读课本28—29页的表格，分析表中H_2、I_2、HI的起始浓度与平衡浓度及平衡常数，你能得出什么结论？

[活动探究4] 探究化学平衡常数的意义

1.（1）已知：1000K时，反应$C(s)+2H_2(g) \rightleftharpoons CH_4(g)$的$K=8.28×10^7$，当各气体物质的量浓度分别为$H_2$：$0.7mol·L^{-1}$、$CH_4$：$0.2mol·L^{-1}$时，该反应（　　）

A.正向移动　　　　B.逆向移动　　　　C.达到平衡　　　　D.无法确定

（2）试利用Q_c和K的关系解释上节课实验结论：其他条件不变时，增大反应物浓度，平衡向正反应方向移动。

2.分析下列两组数据，判断哪个反应向正方向进行的程度大？并思考：K的大小与反应进行的程度有什么关系？

①25℃时：$H_2(g)+Cl_2(g) \rightleftharpoons 2HCl(g)$　　　　　　$K= 5.3×10^{16}$

②2℃时：$N_2(g)+2CO_2(g) \rightleftharpoons 2CO(g)+2NO(g)$　　　$K= 1×10^{-59}$

3.在一定体积密闭容器中，进行如下反应：$CO_2(g)+H_2(g) \rightleftharpoons CO(g)+H_2O(g)$，其平衡常数$K$和温度$T$的关系如下表，则该反应正反应为$\underline{\hspace{3cm}}$反应（填"吸热"或"放热"）。

$T/℃$	700	800	830	1000	1200
K	0.6	0.9	1.0	1.7	2.6

【知识应用】

1.对于可逆反应$C(s)+CO_2(g) \rightleftharpoons CO(g)$，在一定温度下其化学平衡常数为$K$，下列条件的变化中，能使$K$发生变化的是（　　）

A.将C(s)的表面积增大　　B.增大体系的压强　　C.升高体系温度　　D.使用合适催化剂

2.已知：t℃时，$2NO(g) + O_2(g) \rightleftharpoons 2NO_2(g)$　　K_1；$2NO_2(g) \rightleftharpoons N_2O_4(g)$　　K_2。

则该温度下，反应$2NO(g)+O_2(g) \rightleftharpoons N_2O_4(g)$的$K =\underline{\hspace{3cm}}$（用$K_1$和$K_2$的关系式表示）。

3.在一定温度下，某容积为1L的容器中发生可逆反应$N_2(g)+3H_2(g) \rightleftharpoons 2NH_3$，已知平衡时$N_2$和$NH_3$的物质的量浓度均为$4mol·L^{-1}$，且该温度下的平衡常数$K=4$。此时若保持容器体积和温度不变，向其中再各通入$1mol$ N_2、H_2和NH_3，则该反应（　　）

A.向右移动　　　　B.向左移动　　　　C.不移动　　　　D.无法确定

4.高炉炼铁中发生的反应之一如下：$FeO(s)+CO(g) \rightleftharpoons Fe(s)+CO_2(g)(\Delta H>0)$。

（1）写出该反应的平衡常数表达式$K=$＿＿＿＿＿＿＿；

（2）若升高温度，则平衡常数K值将＿＿＿＿＿＿（填"增大""减小"或"不变"）；

（3）已知1100℃时，该反应的平衡常$K=0.263$，若测得高炉中$c(CO_2)=0.025mol/L$，$c(CO)=0.1mol/L$，在这种情况下，该反应＿＿＿＿＿＿（填"是"或"没有"）处于化学平衡状态，此时化学反应速率是v（正）＿＿＿＿＿＿v（逆）（填"大于""小于"或"等于"），其原因是＿＿＿＿＿＿＿＿＿＿＿＿＿＿＿＿＿。

弱电解质的电离（第一课时）

——以人教版普通高中课程标准实验教科书化学选修4为例

（甘肃省兰州第一中学，李晶）

一、教材分析

"弱电解质的电离"是人教版高中化学选修4《化学反应原理》第三章第一节的内容，是《水溶液中的离子平衡》知识的开篇，是本章教材的一个重点。

从教材的体系看，初中学习的有关酸、碱、盐的概念及电离知识，高一学习的电解质、非电解质的概念，是本章"弱电解质的电离"的学习基础，而"弱电解质的电离"又是化学平衡理论知识的延伸和拓展，也为电解质理论的应用如盐类水解、电解等奠定了基础，因此，本节内容具有承上启下的作用。

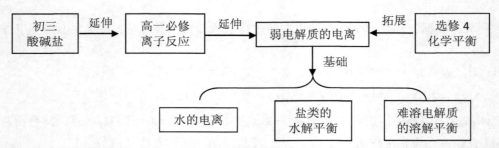

本节教学的重点是通过"宏观辨识与微观探析""变化观念与平衡思想"理解弱电解质的电离平衡，核心是通过思维方法（"逻辑推理与模型认知"）与科学实践（"实验探究"），形成认识事物的哲学思想（对立统一、内因外因、由个别到一般），提高基于化学基本观念（变化观、能量观、微粒观、探究观、价值观）的认识水平，提升学生的化学学科核心素养。

二、课标要求

1.知道强、弱电解质的概念，能描述弱电解质在水溶液中的电离平衡，会书写电离方程式。

2.能判断一定条件下弱电解质的电离平衡移动的方向。

3.知道电离平衡常数的含义，能利用电离平衡常数进行简单计算。

三、教学目标

1.通过醋酸电离程度的实验探究，知道醋酸在水分子的作用下可以电离，存在电离平衡，能解释电离平衡的原因，并能写出电离方程式，体会变量控制的方法和对立统一的辩证关系。

2.通过醋酸和氢氟酸电离常数和电离度的比较，知道电离常数和电离度是衡量弱电解质电离程度的重要参数，并能进行简单的计算，体会个别到一般的类推思想。

3.能根据平衡移动原理判断温度、浓度等外界条件对电离平衡的影响,体会内因和外因在决定事物发展变化的辩证关系。

4.通过思维导图,能将相关知识结构化,提升归纳总结能力。

四、教学思路

1.以醋酸的电离平衡为例,从弱电解质电离平衡建立的过程、电离平衡的特征、符号表征、衡量弱电解质电离程度的参数、影响电离平衡移动的因素等方面提炼内容,提高结构化水平。教学过程围绕两条主线展开,一条主线是以"化学平衡观",贯穿"电解质有强弱之分—弱电解质存在电离平衡—衡量电离平衡的参数—影响电离平衡的因素"等几个方面,发挥"化学平衡观"对弱电解质电离平衡教学的指导作用;另一条主线是科学方法,包括思维方法与科学实践方法,其中,思维方法贯穿逻辑推理与模型认知,如,用数据分析与归纳得出结论,建立平衡常数与电离度参数模型;科学实践方法主要是通过实验探究获得实验事实,如,测强、弱电解质的pH及电导率,镁条与同浓度盐酸和醋酸的反应速率比较。

2.从电离平衡的建立过程渗透对立统一的哲学思想,从影响电离平衡移动的因素渗透内因和外因的辩证关系,从弱电解质电离的实验探究的变量控制,渗透事物变化相互影响的思想。

五、教学方法

问题讨论→实验探究→定量计算→分析总结。

六、教学过程

教学环节	教学内容	教学手段
弱电解质的电离平衡	(基于实验,提出问题,引发思考) 问题一:等浓度的盐酸与醋酸电离程度的比较 【学生实验】 1.镁条与等浓度盐酸、醋酸的反应的速率(定性判断电离程度) (渗透控制变量的思想) 2.测定同浓度盐酸、醋酸的pH(粗略地定量判断) 3.测定同浓度盐酸、醋酸的电导率(根据数据定量判断) 【实验结论】不同电解质在水中的电离程度不一定相同。 强电解质:在水分子的作用下,能完全电离为离子的化合物。 弱电解质:在水分子的作用下,只有部分分子电离为离子的化合物。	教师提出问题,学生设计实验方案,教师评价并指导学生完成实验探究。

续表

教学环节	教学内容	教学手段
弱电解质的电离平衡	问题二:弱电解质在水中的电离有何特点 【类比迁移】结合化学平衡的建立过程,画出醋酸电离过程中的速率与时间关系图,得出电离平衡的概念。 【结论】弱电解质不能全部电离,存在电离平衡(逆、等、动、定、变)。	学生依据实验证据进行逻辑推理。
	问题三:如何表示弱电解质电离平衡(符号表征) $CH_3COOH \rightleftharpoons H^+ + CH_3COO^-$ 【练习】电离方程式的书写: H_2CO_3 $NH_3 \cdot H_2O$ $Ca(OH)_2$	学生完成练习,教师评价。
衡量弱电解质电离程度的参数(电离平衡常数,电离度)	问题四:如何判断酸性强弱 【类比迁移】引导学生类比化学平衡常数,得出醋酸电离平衡常数与电离度的概念及其表达式。 $$K = \frac{c(H^+) \cdot c(CH_3COO^-)}{c(CH_3COOH)}$$ $$\alpha = \frac{已电离的分子数}{弱电解质分子总数} \times 100\%$$ 【练习1】计算并填表	学生完成平衡常数和电离度的计算,类比分析并得出结论。

【练习1】计算并填表

	CH_3COOH	HF
初始浓度(mol/L)	1mol/L	1mol/L
平衡H^+浓度(mol/L)	(4.2×10^{-3})	(2.57×10^{-2})
K	1.75×10^{-5}	6.6×10^{-4}
α	(0.42%)	(0.257%)

【结论】
(1)可利用电离常数及电离度的大小,定量比较弱电解质的电离程度。
(2)电离常数只与温度有关,而与浓度无关,同一温度下,电离常数为一定值。

续表

教学环节	教学内容	教学手段
弱电解质电离平衡的移动	问题五:稀释对醋酸电离平衡移动的影响 已知25℃下,0.1mol/L醋酸溶液存在下述关系,计算并填表。 表格见下 【结论】越稀越电离(从勒夏特列原理和有效碰撞理论两方面定性分析)。	学生填表,分析数据,得出结论。

	CH₃COOH	
初始浓度(mol/L)	1mol/L	0.1mol/L
平衡H⁺浓度(mol/L)	4.2×10⁻³	1.32×10⁻³
K	1.75×10⁻⁵	1.75×10⁻⁵
α	0.42%	(1.32%)

教学环节	教学内容	教学手段
弱电解质电离平衡的移动	问题六:温度对电离平衡的影响 【学生实验】测不同温度下0.1mol/L醋酸溶液的电导率。 表格见下 【结论】越热越电离,电离是吸热的过程,升高温度,促进电离。 问题七:其他条件对醋酸电离平衡的影响 【学生实验】(1)向0.1mol/L醋酸溶液中加入少量醋酸钠固体,测其pH,并与加入醋酸钠前的pH进行比较;(2)向0.1mol/L醋酸溶液中加入少量镁粉,反应后测其pH,并与加入镁粉前的pH进行比较。 【结论】(1)同离子效应抑制电离;(2)加入能与平衡体系中离子反应的物质促进电离。 【问题】利用勒夏特列原理解释所得结论与实验结论是否一致?	实验探究,逻辑推理,得出结论。

温度	室温	30℃	40℃
电导率			

教学环节	教学内容	教学手段
小结	本节课你学到了哪些知识和方法? 请学生谈收获与体会。 概念图引导总结。	交流分享。
布置作业	1.课后整理笔记,对本节所学知识进行整理归纳; 2.完成课后习题。	巩固学习内容。

七、板书设计

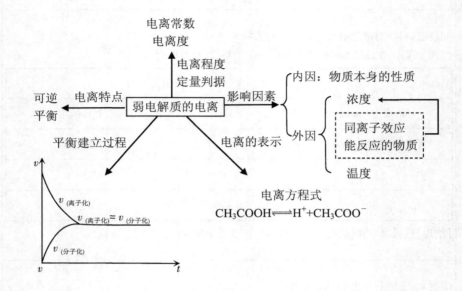

弱电解质的电离及影响因素

——以人教版普通高中课程标准实验教科书化学选修4为例

（甘肃省兰州第一中学，刘跟信）

一、教学分析

（一）教材分析

"物质结构理论""化学平衡理论""电离平衡理论"是支撑中学生学习元素化学的三大重要理论，第三章的主题是"水溶液中的离子平衡"，内容分为"弱电解质的电离""水的电离和溶液的酸碱性""盐类的水解""难溶电解质的溶解平衡"。本节内容是"弱电解质的电离"，主要认识三个问题：（1）电解质的强弱；（2）电离平衡及影响电离平衡的因素；（3）电离平衡常数。通过本节内容的学习，既可以深化对电解质的进一步认识，也为后续学习水的电离、盐类的水解打下学习基础。

（二）学情分析

1.学生在初中化学学习中，知道酸碱盐在水溶液中的反应，在高中化学必修1"离子反应"部分对酸碱盐在水溶液中反应的本质有了认识，且知道酸碱盐属于电解质，但对电解质电离程度的大小以及如何表征弱电解质电离程度的大小还不清楚。

2.学生通过高中化学必修2"化学反应的速率和限度"的学习，对化学反应速率与化学平衡有了初步的认识，通过高中化学选修4"化学反应速率和化学平衡"的学习，对化学反应速率与化学平衡有了进一步的认识，知道了化学平衡的特征、影响化学平衡移动的因素，可以用化学平衡常数对化学反应进行的程度进行表征，为本节内容的学习奠定了基础。

二、教学目标

1.通过弱电解质建立电离平衡过程的探讨，知道弱电解质电离平衡的建立过程是离子化速率和分子化速率由不相等到相等的过程，体会矛盾双方的对立统一关系。

2.通过理论分析、类比迁移、实验探究等活动，能归纳出电离平衡的特征，学会判断温度、浓度等外界条件对电离平衡的影响；体会内因和外因在决定事物发展变化中的辩证关系。

3.能根据化学平衡常数的概念类推出电离平衡常数的概念，并能根据电离平衡常数的大小，判断弱酸或弱碱的相对强弱，提高知识迁移和解决问题的能力。

4.通过电离平衡的移动方向的判断，感悟定量分析与定性分析各自的优势，从而形成感性和理性的统一认识。

三、教学重点和难点

重点：电离平衡的建立过程及浓度、温度等外因对电离平衡的影响。

难点：弱电解质溶液稀释时电离平衡的移动。

四、教学思路

通过化学平衡知识的迁移认识电离平衡及电离平衡常数，以实验探究手段帮助学生认识电解质的电离程度不同，弱电解质的电离平衡在一定条件下能发生移动，以问题讨论和归纳总结的方法，发展学生的实验探究、概念抽象、符号表征、模型认知、分类认知等核心素养，提高学生分析问题与解决问题的能力。

五、教学过程

教学程序	教学内容与活动安排	教学策略
新课引入	【引言】酸碱盐都是电解质,很多化学反应都是电解质在水溶液中的反应,本章主要介绍"水溶液中的离子平衡",今天我们一起学习第一节"弱电解质的电离"。 【任务驱动】本节课学习任务： (1)探讨弱电解质在水溶液中建立的电离平衡以及平衡特点。 (2)探讨影响弱电解质电离的外界条件。 (3)探讨定量表示弱电解质电离程度的方法。	投影展示,学生阅读。
电解质的强弱	【介绍】溶液pH的含义及用数据采集软件测定溶液pH的方法和原理。 【实验探究1】分别测定物质的量浓度均为0.1mol/L的HCl和CH_3COOH溶液的pH,并引导学生分析得出强、弱电解质的概念。<table><tr><td></td><td>0.1mol/L HCl</td><td>0.1mol/L CH_3COOH</td></tr><tr><td>pH</td><td>1</td><td>3</td></tr><tr><td>$c(H^+)$</td><td>0.1mol/L</td><td>0.001mol/L</td></tr></table>【归纳总结】电解质的电离有强弱之分。 【介绍】 (1)能够全部电离的电解质成为强电解质,反之为弱电解质。 (2)常见的强电解质:强酸、强碱和绝大部分盐,如硫酸、氢氧化钠、氯化钠等;常见的弱电解质:弱酸、弱碱和极少数盐,如醋酸、氨水、醋酸铅$[Pb(Ac)_2]$等。	图片投影,实物展示,实验探究,分析总结。

续表

教学程序	教学内容与活动安排	教学策略
电离平衡	【问题讨论1】 (1)CH_3COOH醋酸在水溶液中是如何电离的？写出醋酸的电离方程式。 (2)参照化学平衡建立过程中的正、逆反应的速率变化,画出醋酸电离过程中速率与时间的关系图,并填写下表:浓度为c mol/L CH_3COOH电离过程中体系中各粒子浓度的变化(电离度为α) 表格: |	$c(CH_3COOH)$	$c(H^+)$	$c(CH_3COO^-)$
---	---	---	---
CH_3COOH初溶于水时	c	0	0
达到电离平衡前	↓	↑	↑
达到电离平衡时	$c(1-\alpha)$	$c\alpha$	$c\alpha$ | (3)醋酸的电离有什么特点? 【总结】 (1)醋酸的电离方程式:$CH_3COOH \rightleftharpoons H^+ + CH_3COO^-$ (2) (3)电离平衡的特征:逆、等、动、定、变。 【视频播放】醋酸电离过程。	分析讨论, 归纳总结, 动画模拟。
影响电离平衡的因素	【实验探究2】对0.1mol/L CH_3COOH溶液,当改变下列条件时,分别测定溶液pH的变化,并分析溶液中$c(H^+)$的变化和平衡移动方向。 【结论】 | 改变条件	pH	$c(H^+)$	平衡移动方向
---	---	---	---
①升高温度	减小	增大	向右移动
②加水稀释	增大	减小	向右移动
③加少量CH_3COONa固体	增大	减小	向左移动
④加少量Mg粉	增大	减小	向右移动 | 【归纳总结】影响电离平衡的外因:①温度,越热越电离;②浓度,越稀越电离;③同离子效应抑制电离;④加入能反应的物质促进电离。 【问题讨论2】加水稀释,平衡移动方向与$c(H^+)$的变化是否有矛盾? 【解读】$c(H^+)=n(H^+)/V(aq)$,ΔV倍数$>\Delta n$倍数。 原因:H^+与Ac^-发生有效碰撞的概率减小。	实验探究, 小组讨论, 分析推理。

续表

教学程序	教学内容与活动安排	教学策略
电离平衡常数	【问题讨论1】化学平衡常数能反映化学反应进行的程度,并可以用数学表达式来表达,那么,电离平衡能否反映电离程度的大小?以醋酸为例,写出电离平衡常数的表达式。 【归纳总结】 $(1) K = \dfrac{c(\mathrm{H^+}) \cdot c(\mathrm{CH_3COO^-})}{c(\mathrm{CH_3COOH})}$ (2)电离常数表达式中各粒子的浓度均为平衡浓度。 (3)电离平衡常数的意义:可以定量比较弱电解质的电离程度。 【阅读】多元弱酸的电离 【归纳总结】 (1)多元弱酸是分步电离的,且 $K_1 \gg K_2 \gg K_3$。 (2)多元弱酸溶液中的 $c(\mathrm{H^+})$ 主要来源于第一步电离。 【问题讨论2】影响电离平衡的因素 【归纳总结】 (1)电离常数只与温度有关,而与浓度无关。 (2)用电离平衡常数来比较弱电解质相对强弱时,要注意在相同温度下比较才有意义。 【问题讨论3】能否用电离平衡常数的表达式解释:温度不变,醋酸稀释时,平衡向电离方向移动。 【推理】师生交流。 假设将醋酸溶液稀释为原溶液体积的 a 倍,则: $[c(\mathrm{H^+})V/aV \cdot c(\mathrm{Ac^-})V/aV]/[c(\mathrm{HAc})V/aV]$ $= c(\mathrm{H^+}) \cdot c(\mathrm{Ac^-})/c(\mathrm{HAc}) \ a < K$ 所以,平衡向电离方向移动。	学生阅读,思考交流,归纳总结,演绎推导。
课堂小结	【提问】本节课你学到了哪些知识和方法?请学生谈收获与体会。 【归纳总结】见板书设计。	学生交流,分享内省。
知识应用	【练习】以 $\mathrm{NH_3 \cdot H_2O} \rightleftharpoons \mathrm{NH_4^+ + OH^-}$ 为例,在 0.1mol/L $\mathrm{NH_3 \cdot H_2O}$ 中分别加入少量浓度均为 1mol/L 的 NaOH、HCl、$\mathrm{NH_4Cl}$、$\mathrm{MgCl_2}$,氨水的电离平衡如何移动?	学生练习。
布置作业	(略)	

六、板书设计

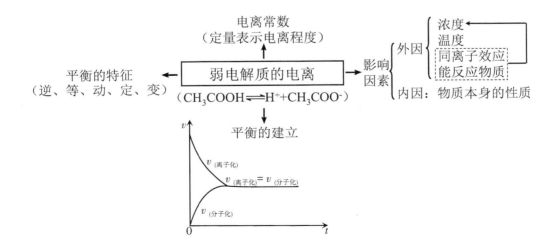

水的电离和溶液的酸碱性（第一课时）
——以人教版普通高中课程标准实验教科书化学选修4为例

（甘肃省兰州第一中学，李晶）

一、教材分析

"水的电离和溶液的酸碱性"是人教版课程标准实验教科书选修4第三章"水溶液中的离子平衡"第二节的内容，本节教材包括水的电离、溶液的酸碱性与pH、pH的应用，共三部分内容，是对弱电解质电离平衡知识的延续和拓展。通过本节内容的学习，既能加深对"酸和碱反应有水生成"的离子反应发生条件的理解，也为后续学习盐类的水解的本质及电解等知识奠定基础。本节教材内容划分为4课时，第一课时的内容为水的电离与水的离子积K_w，第二课时为溶液的酸碱性与pH以及pH的应用，第三课时为pH的有关计算，第四课时为测定酸碱反应的实践活动。

本节课学习内容的特点：（1）概念性强，涉及水的电离特征、电离本质、水电离的重要关系K_w及其影响因素、K_w的意义；（2）蕴含重要的思维方法，如，水能否电离的实验探究涉及宏观辨识与微观探析，K_w的建立涉及逻辑推理和模型建构。

二、课标要求

1.知道水是一种极弱的电解质。
2.知道在一定温度下，水的离子积是常数。

三、教学目标

1.通过探究实验及实验现象的分析，知道水能电离且电离很微弱；通过教师引导，能从定性与定量的角度找出水是极弱的电解质的论据；通过水的电离过程的分析，认识水电离的本质是极性共价键在分子碰撞条件下发生断裂。

2.通过电离平衡常数的逻辑推理，建立水的离子积常数K_w；通过影响K_w的因素的讨论，知道K_w随温度变化而不随浓度变化（水的离子积为常数是绝对的，离子积的数值是相对的）；能从电解质水溶液中存在水的电离平衡角度，知道K_w适用于任何稀的电解质水溶液。

3.通过应用K_w计算强酸、强碱水溶液中H^+和OH^-浓度，学会溶液中$c(H^+)$与$c(OH^-)$计算的方法，并能够判断由水电离出的氢离子与氢氧根离子浓度，从定量的角度体会酸、碱对水的电离平衡的影响。

四、教学器材

多媒体辅助设备（含希沃软件，可实现手机与电脑屏传送）、Na_2CO_3溶液、$AlCl_3$溶液、酚酞试液、石蕊试液、0.1mol/L HCl、0.1mol/L CH_3COOH、蒸馏水等，灵敏导电仪。

五、教学思路

1.应用"三种教学手段"帮助学生认知，三种教学手段即实验探究手段、逻辑推理手段、问题表征手段，如，借助实验探究手段获得"水能电离且电离很微弱"感性认识；借助逻辑推理手段建立水的离子积模型，通过分析酸碱溶液中氢离子与氢氧根离子的来源，学会酸碱溶液中水电离出的氢离子浓度与氢氧根离子浓度计算思路；通过对水分子的结构特点的表征手段，认识水电离的本质，通过对"水电离很微弱"的论据表征手段，发展学生的证据推理能力。

2.通过交流讨论环节,增强学生主体参与的意识,培养学生自我认知能力,如,影响水的离子积的因素,酸碱溶液中氢离子浓度与氢氧根离子浓度的相互换算等内容的学习。

教学流程:导入新课→水的电离→水的离子积→离子积应用→本课小结→课后练习。

六、教学难点

酸碱水溶液中,由水电离出的 $c(H^+)$ 和 $c(OH^-)$ 的计算。

七、教学过程

教学环节	教学内容	教学活动安排
新课导入	水能否电离	1.酸、碱、盐等电解质在水溶液中能发生不同程度的电离,且酸和碱在溶液中发生离子反应是因为生成水; 2.生活常识告诉我们:湿手不能触摸裸露且带电的电线,说明水能导电,人教版义务教育课程标准实验教科书[实验10-9]用导电装置(普通灯泡指示导电情况)测试蒸馏水的导电性,结果显示:蒸馏水不导电。那么,水究竟能否导电,即水能否发生电离?
概念学习	水的电离	问题一:水能不能电离? 【探究实验】 1.用导电仪(LED灯指示)分别测 0.1mol/L HCl、0.1mol/L CH₃COOH 和水的导电情况,观察现象。 现象:LED灯亮度依盐酸、醋酸、水递减。 【结论】水能发生电离。 2.测某些盐溶液的酸碱性 (1)向 Na_2CO_3 溶液中滴加2滴酚酞试液。 (2)向 $AlCl_3$ 溶液中滴加2滴石蕊试液。 观察分析实验现象,由此得出什么结论? 【结论】(1)Na_2CO_3 溶液和 $AlCl_3$ 溶液中存在 OH^- 和 H^+,说明水能电离出 H^+ 和 OH^-;(2)Na_2CO_3 溶液中 $c(OH^-)>c(H^+)$,$AlCl_3$ 溶液中 $c(H^+)>c(OH^-)$。 问题二:水的电离程度如何? (1)导电情况测试(定性)。 (2)实验数据:25℃时,1L水中只有 10^{-7}mol 的水分子发生电离。 算一算:25℃时大约多少个水分子中有一个水分子发生电离? 1L H_2O 为1000g(水的密度为1g/mL), 1000g/18g/mol⁻¹=55.5mol,即1L水含 55.5mol H_2O, 55.5mol H_2O 中有 10^{-7}mol H_2O 电离, $5.58×10^8$ 个 H_2O 中有1个 H_2O 电离。 (3)电离常数比较 已知醋酸、碳酸的电离常数分别是 $1.75×10^{-5}$、$4.4×10^{-7}$(第一步电离), $K(H_2O)=c(H^+)·c(OH^-)/c(H_2O)=10^{-7}·10^{-7}/(1000/18)=1.8×10^{-16}$。 通过数据对比,感受水的电离程度。 【结论】水的电离程度很微弱。 问题三:水是如何电离出 H^+ 和 OH^- 的? 【解读】水分子的结构特点及电离本质:O和H之间以极性共价键相连接,分子热运动使分子碰撞而导致极性共价键断裂。 动画演示水的电离过程。 电离平衡表示为:$H_2O+H_2O \rightleftharpoons H_3O^++OH^-$ 或 $H_2O \rightleftharpoons H^++OH^-$。

续表

教学环节	教学内容	教学活动安排
概念学习	水的离子积	1.推导 K_w 的表达式 $K(H_2O) = c(H^+) \cdot c(OH^-) / c(H_2O) \Rightarrow K_w = c(H^+) \cdot c(OH^-)$ 2.思考交流1:升高温度后,水中的 $c(H^+)$ 和 $c(OH^-)$ 会发生怎样的变化,水的离子积是否发生改变? 【结论】K_w 只与温度有关,T 升高,K_w 增大。 再通过阅读课本表3-1不同温度下水的离子积常数的数据印证推断。 3.思考交流2:常温下,向纯水中分别加入少量 HCl、NaOH 后,水中的 $c(H^+)$ 和 $c(OH^-)$ 会发生怎样的变化,水的离子积是否发生改变? 【提示】根据电离平衡特点分析。 【结论】水中加酸、加碱,水的电离平衡移动而 K_w 不变。 4.思考与交流3:K_w 的意义是什么? 由于任何的水溶液中都存在水的电离平衡,具有水的电离平衡特点。 【结论】K_w 可以进行有关酸、碱稀溶液中 $c(H^+)$ 与 $c(OH^-)$ 的相互换算。 K_w 不仅适用于纯水,也适用于稀的电解质溶液。
K_w 的应用	$c(H^+)$ 与 $c(OH^-)$ 的换算	【练习】 1.已知100℃,$K_w = 10^{-12}$,则在100℃时纯水中的 $c(H^+)$、$c(OH^-)$ 分别为多少? 2.已知25℃,$K_w = 10^{-14}$。 (1)0.01mol/L 盐酸溶液中,$c(H^+)$、$c(OH^-)$ 分别为多少?由水电离出的 $c(H^+)$、$c(OH^-)$ 分别为多少? (2)0.01mol/L NaOH 溶液中,$c(H^+)$、$c(OH^-)$ 分别为多少?由水电离出的 $c(H^+)$、$c(OH^-)$ 分别为多少? 抽查学生解答过程,希沃软件同频传送,供师生讨论。 以0.01mol/L 盐酸溶液为例, $c(H^+)$溶液=0.01(mol/L),$c(OH^-)$溶液=$10^{-14}/0.01 = 10^{-12}$(mol/L), $c(OH^-)$溶液=$c(OH^-)$水=$c(H^+)$水=10^{-12}(mol/L)。
课堂总结	"7个是"	水的电离是"可逆的";水的电离是"很微弱的";水电离出的氢离子与氢氧根离子浓度是"相等的",即 $c(H^+)$水 = $c(OH^-)$水;水的电离平衡是可以"移动的";酸碱水溶液中氢离子与氢氧根离子浓度乘积是"不变的";温度对 K_w 是有影响的;酸碱水溶液中氢离子与氢氧根离子浓度是可以"互算的"。

八、板书设计（投影显示）

第二节　水的电离和溶液的酸碱性

一、水的电离

水是极弱的电解质:$H_2O \rightleftharpoons H^+ + OH^-$

二、水的离子积常数

1.表达式:$K_w = c(H^+) \cdot c(OH^-)$

2.K_w 的影响因素:K_w 只与温度有关。25℃,$K_w = 10^{-14}$;100℃,$K_w \approx 10^{-12}$。

3.K_w 的意义:有关酸、碱稀溶液中 $c(H^+)$ 与 $c(OH^-)$ 的相互换算。

4.水的离子积常数的应用（略）

水的电离与溶液的pH（第一课时）

——以人教版普通高中课程标准实验教科书化学选修4为例

（甘肃省兰州第一中学，刘海林）

一、教材分析

概念学习

　　本节内容选自人教版课程标准实验教科书选修4《化学反应原理》第三章第二节，是继化学平衡和弱电解质的电离平衡之后对化学平衡理论的进一步深化与拓展。本节内容主要包含三个方面：（1）水的电离与水的离子积常数K_W；（2）溶液的酸碱性与pH（含强酸、强碱稀溶液pH的简单计算）；（3）pH的应用（含酸碱反应曲线测定的实践活动）。本节课属于"水的电离和溶液的酸碱性"第一课时的教学内容，主要解决水的电离与离子积常数、离子积常数的应用。通过本节课的学习，既可为后续学习溶液的酸碱性与pH、测定酸和碱反应曲线以及盐类水解打下良好基础，也可有力促进学生对电解质溶液知识体系的建构。

二、学情分析

　　学生在九年级化学中已经学习了酸和碱，知道酸和碱能发生中和反应；高中化学必修1中学习了离子反应，知道酸和碱反应的本质是H^+与OH^-结合生成水；在高中化学必修2中学习了化学键，知道水分子内存在极性化学键，在一定条件下O—H共价键可以发生断裂；在高中化学选修4第三章"水溶液中的离子平衡"第一节中学习了弱电解质的电离，知道弱电解质存在电离平衡。那么，水为什么能电离，H^+与OH^-为什么能结合，H^+与OH^-浓度之间存在什么关系，这种关系有什么意义，酸、碱、盐溶液中H^+与OH^-的来历是什么？需要进一步建构知识体系，并促进思维的发展。本节课内容理论性强，但所学知识都可以从已有的知识中找到生长点，所以联系学生已学内容，合理引导，使学生有能力解决面对的新问题。

三、教学思路

问题素材线	知识逻辑线	思维发展线
碳酸钠溶液能使酚酞变红吗？	碳酸钠溶液能使酚酞变红的本质。	意识到盐溶液中H^+与OH^-的来源（宏观辨识与微观探析）。
弱电解质电离有什么特点？	水的电离特点。	平衡观念的发展。
从分子结构分析水的电离本质是什么？	水分子中的O—H共价键在一定条件下发生断裂。	结构决定性质的推理（模型认知）。
醋酸的电离平衡常数如何表达？	水的离子积常数K_W。	从醋酸的电离平衡常数类推出水的离子积常数K_W（逻辑推理与模型认知）。
纯水升温，纯水中加入酸、碱、盐时,水的电离平衡如何移动？	影响水的电离平衡的因素。	定性与定量结合判断影响电离平衡移动的因素。
计算一定浓度的强酸溶液或强碱溶液中$c(H^+)$、$c(OH^-)$、$c(H^+)_水$、$c(OH^-)_水$。	K_W的应用及其意义。	定量判断水的电离平衡移动的结果（表征思想的应用与逻辑推理）。
溶液的酸碱性是由什么决定的？	溶液的酸碱性与$c(H^+)$、$c(OH^-)$的关系。	性质与本质的推理。

四、教学目标

1.通过弱电解质电离平衡的知识迁移和水电离出的H^+和OH^-浓度数据对比，能归纳出水的电离特点；通过水分子中化学键的特征分析，知道水的电离本质；通过观看水分子电离动画，感受水分子的电离过程。

2.通过水的电离平衡常数的分析，能推导出水的离子积常数；通过迁移影响弱电解质电离平衡常数的因素，知道K_W只与温度有关。

3.通过定性分析在水中加入各种物质后，$c(H^+)$、$c(OH^-)$、$c(H^+)_水$、$c(OH^-)_水$的变化,定量计算一定浓度酸、碱溶液中$c(H^+)$、$c(OH^-)$、$c(H^+)_水$、$c(OH^-)_水$,归纳出影响水的电离平衡的因素,学会判断H^+和OH^-的来源以及溶液的酸碱性与$c(H^+)$和$c(OH^-)$的关系,知道K_W可用于任何电解质水溶液中$c(H^+)$与$c(OH^-)$的换算,体会矛盾双方相互制约而又对立统一的辩证唯物主义观点。

五、教学重点和难点

重点：水的离子积常数K_W的概念、影响水的电离平衡的因素、根据K_W进行的简单计算。

难点：水溶液中K_W、$c(H^+)$和$c(OH^-)$的计算。

六、教学过程

教学环节		教学内容与活动安排	教学策略
引入新课		碳酸钠溶液显碱性,OH^-从哪里来?	教师提问,学生回答。
水的电离	电离特点	(1)自身电离 水电离出的$c(H^+)=c(OH^-)$。 (2)水的电离存在电离平衡。 (3)水的电离很微弱(极弱的电解质)。	从电离平衡特点和水电离数据归纳。
	电离本质	分子热运动,削弱水分子(H—O—H)中O—H化学键,分子热运动是外因,O—H键的极性是内因。	从结构上分析水电离的原因,播放水的电离动画。
水的离子积	水的离子积常数K_W	【推导】 以醋酸为例,推导出水的离子积常数(K_W)的概念及表达式: $CH_3COOH \rightleftharpoons CH_3COO^- + H^+$ 简化为:$HAc \rightleftharpoons H^+ + Ac^-$ $Ka = c(H^+) \cdot c(Ac^-) / c(H_2O)$ 1L H_2O为1000g,$c(H_2O)=1000/18$mol/L 将水的电离平衡常数变形,可得: $K_W = c(H^+) \cdot c(OH^-)$ 【问题】 (1)酸或碱的水溶液中是否存在水的电离平衡? (2)酸或碱的水溶液中是否存在水的离子积? 【结论】在纯水及任何电解质的稀溶液中,都存在水的离子积。酸、碱溶液H^+、OH^-浓度只有相对大小,不能大量共存。	教师引导,师生共同推导,归纳总结。
	影响K_W的因素	【问题】从影响电离平衡常数的因素推导影响K_W的因素。 【结论】K_W只受温度影响,随着温度升高,K_W增大。 【实证】参看课本表3-2不同温度下水的离子积常数。 25℃,$K_W = 10^{-14}$;100℃,$K_W \approx 10^{-12}$。	分析讨论。

续表

教学环节		教学内容与活动安排	教学策略
水的电离平衡的移动	定性判断	【问题】分析纯水升高温度,通入 HCl 气体,加入少量 NaOH 固体、NaCl 固体的情况下,水的电离平衡的移动方向及溶液中 $c(H^+)$、$c(OH^-)$、$c(H^+)_水$、$c(OH^-)_水$、K_W 的变化。参看附表进行判断。 【结论】影响水的电离平衡的因素: (1)升高温度促进水的电离; (2)加入酸或碱抑制水的电离; (3)加盐,视具体情况而定(下节课学习)。	从弱电解质电离平衡移动迁移至水的电离平衡移动。
	定量判断	【计算】 (1)计算 0.1mol/L HCl 溶液中,$c(H^+)$、$c(OH^-)$、$c(H^+)_水$、$c(OH^-)_水$ 是多少?(常温) (2)计算 0.01mol/L NaOH 溶液中,$c(H^+)$、$c(OH^-)$、$c(H^+)_水$、$c(OH^-)_水$ 是多少?(常温) 【总结】 0.1mol/L HCl 溶液中, $c(H^+)_{溶液}=10^{-1}$ mol/L $c(OH^-)_{溶液}=10^{-14}/10^{-1}=10^{-13}$mol/L $= c(OH^-)_水$。 点拨:酸溶液中 OH^- 的来源。 $c(H^+)_水 = c(OH^-)_水=10^{-13}$mol/L。 $10^{-13}<10^{-7}$,HCl溶液抑制水的电离。 NaOH溶液的情况(略)。	学生练习、教师讲评、归纳小结。
溶液的酸碱性	溶液的酸碱性与 $c(H^+)$、$c(OH^-)$ 的关系	【问题】溶液的酸碱性与 $c(H^+)$、$c(OH^-)$ 存在什么关系? 【总结】 中性溶液: $c(H^+) =c(OH^-)$。 酸性溶液: $c(H^+) > c(OH^-)$。 碱性溶液: $c(H^+)< c(OH^-)$。 【讨论】画出一定温度下 $c(H^+)$ 和 $c(OH^-)$ 的函数关系图。 【总结】如下图所示。 $c(H^+)$ 纵轴,1,10^{-14},1,$c(OH^+)$ 横轴	以定性判断和定量计算为基础进行分析总结。
	K_W 的意义	【问题】水的离子积具有什么意义? 【总结】任何电解质的水溶液中,进行 $c(H^+)$ 与 $c(OH^-)$ 之间的换算。	总结溶液中 $c(H^+)$ 与 $c(OH^-)$ 的换算。
课堂小结		水的电离特点、水的离子积、影响水的电离的因素、溶液的酸碱性、$c(H^+)$ 和 $c(OH^-)$ 的相互关系、K_W 的意义。(见板书设计)	知识结构化表征。

附表：电解质对水的电离平衡移动的影响

加入试剂	移动方向	$c(H^+)_{溶液}$	$c(OH^-)_{溶液}$	$c(H^+)_水$	$c(OH^-)_水$	K_W
通 HCl 气体	逆向移动	↑	↓	↓	↓	不变
加少量 NaOH 固体	逆向移动	↓	↑	↓	↓	不变
加少量 NaCl 固体	不移动	不变	不变	不变	不变	不变

七、板书设计

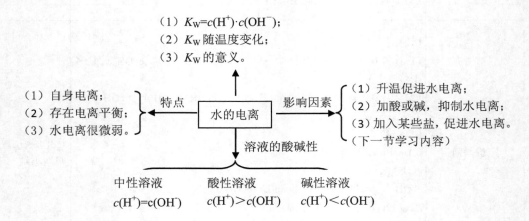

（1）$K_W = c(H^+) \cdot c(OH^-)$；
（2）K_W 随温度变化；
（3）K_W 的意义。

（1）自身电离；
（2）存在电离平衡；
（3）水电离很微弱。

特点　水的电离　影响因素

（1）升温促进水电离；
（2）加酸或碱，抑制水电离；
（3）加入某些盐，促进水电离。
（下一节学习内容）

溶液的酸碱性

中性溶液　　酸性溶液　　碱性溶液
$c(H^+) = c(OH^-)$　$c(H^+) > c(OH^-)$　$c(H^+) < c(OH^-)$

水的电离和溶液的酸碱性（第一课时）

——以人教版普通高中课程标准实验教科书化学选修 4 为例

（陇南市武都第二中学，马鹏远）

一、教材分析

（一）地位和作用

本节教学内容是普通高中课程标准实验教科书（人教版）化学选修 4 第三章第二节"水的电离和溶液的酸碱性"，是前一节"弱电解质的电离"学习的延续。本节教学内容划分为 3 课时，第一课时为水的电离、溶液的酸碱性与 pH；第二课时为溶液 pH 的有关计算；第三课时为 pH 的应用与测定酸碱反应曲线的实践活动。本节课是第一课时内容，主要解决两个问题：（1）认识水的电离和水的离子积；（2）溶液的酸碱性与 pH。只有认识了水的电离平衡，才能从本质上认识溶液的酸碱性和 pH，也为第三节学习"盐类的水解"及第四章"电化学基础"奠定基础。

（二）教材特点

1. 逻辑性很强。从弱的电解质的电离平衡入手，引出水的电离平衡常数，进而引出水的离子积；从分析水的电离平衡引出 $K_W = c(H^+) \cdot c(OH^-)$，其 $c(OH^-)$ 与 $c(H^+)$ 的乘积总是不变；从水的电离存在于任何电解质的水溶液中，引出 K_W 的价值及溶液酸碱性的本质；从溶液中 $c(H^+)$ 与 $c(OH^-)$ 的相对大小是判断引出溶液酸碱性的表示；从 $c(H^+)$、$c(OH^-)$ 与 pH 的对应关系引出 pH 的表示，以及与溶液酸碱性的关系与意义。

2. 蕴含辩证唯物主义的观点。水的电离平衡及其移动渗透着对立统一的哲学思想。

3. 能力要求高。应用水的离子积进行 $c(H^+)$、$c(OH^-)$ 之间的相互换算，可以培养学生运用知识解决问题的能力。

二、设计思路

以水的电离平衡、电离平衡常数及其影响因素、电离平衡常数的意义、水溶液的酸碱性与 $c(\text{H}^+)$ 和 $c(\text{OH}^-)$ 的关系、水溶液的酸碱性与溶液 pH 的关系为知识主线，采用"实验探究、问题讨论、归纳总结"的方法，培养逻辑推理能力，体会归纳总结的学习方法。

三、教学目标

1.通过实验探究，知道水的电离很微弱。通过问题讨论、阅读课本，知道水的离子积及其影响因素，并能说出其意义，培养逻辑推理和归纳总结的能力。

2.通过强酸、强碱水溶液中 $c(\text{H}^+)$ 和 $c(\text{OH}^-)$ 的简单计算，进一步体会水的离子积的价值。

3.通过分析水的电离平衡过程中 $c(\text{H}^+)$ 和 $c(\text{OH}^-)$ 的变化关系，体会矛盾的对立统一的和谐美以及"此消彼长"的动态美。

四、教学重点和难点

重点：水的离子积，$c(\text{H}^+)$、pH 与溶液酸碱性的关系。
难点：水的离子积，有关溶液 pH 的简单计算。

五、教学用品

溶液导电性实验装置（含电极、电源、导线、灵敏电流计）、pH 试纸、蒸馏水、pH 计。

六、教学过程

教学环节	教学内容及活动安排	设计意图
引导探究	【引入】醋酸等弱电解质存在电离平衡,那么,水的电离情况是怎样的?(引出课题第二节"水的电离和溶液酸碱性") 【实验】按图1所示装置测试蒸馏水的导电性。(教师演示,学生观察,要求描述现象,推导结论) 图 1 表格: 现象 | 灯泡亮度 | 指针偏转幅度 | 解释及结论 【总结】 1.灯泡不亮、灵敏电流计指针偏转幅度很小,说明电流很微弱。 2.水能导电,说明水中存在自由离子(与金属导电有区别)。 3.电流很微弱,说明水是一种极弱的电解质。	激发学生学习的兴趣,导入新课。

续表

教学环节	教学内容及活动安排	设计意图
水的离子积常数以及影响因素	【问题1】水的电离方程式如何表示？ $H_2O \rightleftharpoons H^+ + OH^-$ 【问题2】电离平衡常数可以衡量弱电解质的电离程度，水的电离能否用平衡常数来衡量？如何表示水的电离平衡常数？ $K_W = \dfrac{c(H^+) \cdot c(OH^-)}{C(H_2O)}$ 【问题3】水的物质的量浓度是多少？ 1L H_2O 约为 1000g，物质的量浓度为 $[1000g/(18g/mol)]/1L=55.5mol/L$。 【问题4】水的电离平衡常数能否进一步简化？ $K_{电离}$ 是常数，所以 $K_{电离} \cdot c(H_2O)$ 也应该是个常数。（引出水的离子积常数） 水的离子积常数 $K_W = c(H^+) \cdot c(OH^-)$。 【问题5】$K_{电离}$ 是只受温度影响的常数，那么 K_W 有哪些影响因素呢？观察表1，你能得到什么结论？ 表1　不同温度下水的离子积常数 {{TABLE1}} 【结论】(1)K_W 随温度变化，不受浓度影响。 (2)升高温度，K_W 增大。 【问题6】水的离子积有什么意义？ 可以进行电解质溶液中 $c(H^+)$ 与 $c(OH^-)$ 之间的互算。	定量认识水的电离程度。 认识水的离子积常数的影响因素。
溶液酸碱性与pH	【问题1】常温下，纯水中分别加入酸和碱，运用平衡移动原理完成下列判断： {{TABLE2}} 【结论】交流讨论后汇报。 (1)纯水分别加入酸和碱，水的电离平衡逆向移动(抑制水电离)。 (2)酸性溶液中存在 OH^-，碱性溶液中存在 H^+，但是 $c(H^+)$ 与 $c(OH^-)$ 的相对大小不同。 【问题2】溶液的酸碱性与 $c(H^+)$ 与 $c(OH^-)$ 之间存在什么关系？ 中性溶液：$c(H^+)=c(OH^-)$。 酸性溶液：$c(H^+)>c(OH^-)$。 碱性溶液：$c(H^+)<c(OH^-)$。 【问题3】稀溶液中，溶液的酸碱性强弱除了用 $c(H^+)$ 与 $c(OH^-)$ 表示外，还可以用什么参数表示？ 用pH表示。	

表1中的数据：

$t/℃$	0	10	20	25	40	50	90	100
$K_W/10^{-14}$	0.134	0.292	0.681	1.01	2.92	5.47	38.0	55.0

问题1表格：

电解质	水电离平衡移动方向	溶液中 $c(H^+)$ (mol/L)	溶液中 $c(OH^-)$ (mol/L)	$c(H^+)$ 与 $c(OH^-)$ 大小比较	溶液酸碱性
0.01mol/L的盐酸					
0.01mol/L的氢氧化钠					

续表

教学环节	教学内容及活动安排	设计意图
溶液酸碱性与pH	【问题4】什么是pH?(学生看书) pH=-lg $c(H^+)$ 【练习】完成下列判断,并归纳出溶液酸碱性与pH的关系。 	判断水的电离平衡移动情况及溶液中 $c(H^+)$ 与 $c(OH^-)$ 的相对大小。 认识pH的意义、pH与溶液酸碱性的关系及测定方法。

$c(H^+)$(mol/L)	1.0×10^{-7}	1.0×10^{-5}	1.0×10^{-9}
pH			

【归纳】

(1) $c(H^+)$越大,pH越小。

(2)中性溶液:pH=7;酸性溶液:pH<7;碱性溶液:pH>7。

【问题5】完成下表,并说明用pH表示溶液的酸碱性有什么意义?

c	10mol/L HCl	0.00001mol/L HCl	0.01mol/L NaOH	10mol/L NaOH
pH				

【归纳】

(1)对于 $c(H^+)$ 和 $c(OH^-)$ 都很小的稀溶液(<1 mol/L),用pH表示其酸碱性比直接使用 $c(H^+)$ 或 $c(OH^-)$ 要方便。

(2)pH大于14[$c(OH^->1$mol/L)],小于0[$c(H^+)>1$mol/L]时,均为负数,只有稀溶液(<1mol/L)酸碱性常用pH表示。

【问题6】溶液的酸碱性如何测量?(学生看书并讨论)

【归纳点拨】(1)酸碱指示剂(定性);(2)pH试纸(粗略定量);(3)pH计算(精确定量)。

课堂小结	【归纳】师生共同总结(见板书设计)	巩固概念。

七、板书设计

第二节　水的电离和溶液酸碱性

一、水的电离

1.$H_2O+H_2O \rightleftharpoons H_3O^+ + OH^-$，可简化为 $H_2O \rightleftharpoons H^+ + OH^-$。

实验测定：25℃时 $c(H^+)= c(OH^-)= 1\times10^{-7}$mol/L。

2.水的电离常数：$K= c(H^+)\cdot c(OH^-)/c(H_2O)$。

3.水的离子积：25℃时，$Kw= c(H^+)\cdot c(OH^-)= 1\times10^{-14}$。

影响因素：温度越高，Kw越大，水的电离度越大。

意义：K_W不仅适用于纯水，也适用于稀的酸碱盐水溶液。

二、溶液的酸碱性与pH

1.溶液的酸碱性与$c(H^+)$和$c(OH^-)$的关系（常温）

中性溶液：$c(H^+)=c(OH^-)= 1\times10^{-7}$mol/L。

酸性溶液：$c(H^+)> c(OH^-)$,$c(H^+)>1\times10^{-7}$mol/L。

碱性溶液：$c(H^+)< c(OH^-)$,$c(H^+) <1\times10^{-7}$mol/L。

2.溶液酸碱性与pH

（1） pH=-lg $c(H^+)$。

（2）溶液酸碱性与pH。

中性溶液：pH＝7；酸性溶液：pH＜7；碱性溶液：pH＞7。

（3）pH的意义。

（4）pH的测定。

第二节　水的电离和溶液酸碱性（学案）

【学习目标】

1.认识水的电离和水的离子积常数。

2.认识溶液的酸碱性和溶液pH的关系。

【学习流程】

一、探究水的电离

用导电装置测定水的导电性：

	灯泡亮度	指针偏转幅度	解释及结论
实验现象			

二、如何定量反映水的电离程度

1.水的电离方程式：＿＿＿＿＿＿＿＿＿＿＿＿。

2.水的电离平衡常数表达式：＿＿＿＿＿＿＿＿＿＿＿。

【计算】1L H_2O 中水的物质的量浓度是多少？（已知水的密度为1000g/L）

3.K_W＝＿＿＿＿＿＿＿＿。在室温（25℃），1L H_2O 中只有＿＿＿mol H_2O 电离，K_W＝＿＿＿＿＿。

4.K_W 的意义：＿＿＿＿＿＿＿＿＿＿＿。

5.影响水的离子积 K_W 的因素有哪些？

根据 $K_{电离}$ 的影响因素并结合表1的信息，你能得出什么结论？

三、溶液的酸碱性如何表示，如何测定？

1.常温下，纯水中分别加入酸和碱，运用平衡移动原理完成下列判断：

电解质溶液	水电离平衡移动方向	溶液中$c(H^+)$(mol/L)	溶液中$c(OH^-)$(mol/L)	$c(H^+)$与$c(OH^-)$比较	溶液酸碱性
0.01mol/L盐酸					
0.01mol/L氢氧化钠					

2.溶液的酸碱性与 $c(H^+)$、$c(OH^-)$ 的关系（用"＞""＝""＜"填写）

（1）酸性溶液：$c(H^+)$＿＿＿＿＿$c(OH^-)$；

（2）中性溶液：$c(H^+)$＿＿＿＿＿$c(OH^-)$；

（3）碱性溶液：$c(H^+)$＿＿＿＿＿$c(OH^-)$。

3.溶液酸碱性与pH

（1）pH＝＿＿＿＿＿，$c(H^+)$越大，pH越小；

（2）溶液酸碱性强弱与pH的关系（用"＞""＝""＜"填写）

酸性溶液：pH＿＿＿＿＿7；中性溶液：pH＿＿＿＿＿7；碱性溶液：pH＿＿＿＿＿7。

4.稀溶液的pH的范围＿＿＿＿＿＿＿。

5.pH的测定方法：＿＿＿＿＿、＿＿＿＿＿、＿＿＿＿＿。

【练习】

1.下列说法正确的是（　　　）

A.HCl溶液中无OH^-　　　　　　　　　　B.NaOH溶液中无H^+

C.NaCl溶液中既无OH^-，也无H^+　　　D.任何物质的稀溶液中都有H^+和OH^-

2.下列说法正确的是（　　　）

A.任何条件下K_W都等于10^{-14}　　　　　B.任何溶液中都存在水的电离平衡

C.常温下，pH+pOH=14　　　　　　　　D.pH试纸可以精确测定溶液的pH

3.相同温度下0.1mol/L的NaOH和0.01mol/L的盐酸溶液中，水的电离程度大小为（　　　）

A.NaOH的大　　　　B.盐酸的大　　　　　C.相同　　　　　D.无法确定

4.室温下，水的离子积$K_W=1\times10^{-14}$，平均每m个水分子中有一个发生电离，则m的数值为（　　　）

A.10^{-14}　　　　　　B.10^{-7}　　　　　　C.5.56　　　　　　D.5.56×10^8

5.温度t℃时，某NaOH稀溶液中$c(H^+)=10^{-a}$mol/L，$c(OH^-)=10^{-b}$mol/L，已知$a+b=12$，请回答下列问题：

（1）该温度下水的离子积常数$K_W=$_____。

（2）该NaOH溶液中溶质的物质的量浓度为_____，溶液中$c(H^+)=$_____，由水电离出的$c(OH^-)$为_____。

溶液的酸碱性与pH（第二课时）

——以人教版普通高中课程标准实验教科书化学选修4为例

（兰州第三十三中学，谢丽冰）

一、教材分析

人教版课程标准实验教科书高中化学选修4第三章"水溶液中的离子平衡"第二节"水的电离和溶液的酸碱性"有3个方面的内容：（1）水的电离特征和水的离子积常数；（2）溶液的酸碱性与pH；（3）酸碱中和滴定。本节课为第二课时，主要解决四个问题：（1）溶液的酸碱性与$c(H^+)$、$c(OH^-)$浓度之间的关系；（2）溶液的pH与溶液酸碱性的关系；（3）测定溶液酸碱性的方法；（4）控制溶液酸碱性并测定溶液pH的意义。

二、教学目标

1.通过对溶液酸碱性的本质原因进行分析，知道溶液酸碱性取决于溶液中$c(H^+)$与$c(OH^-)$的相对大小，体会从宏观到微观、从定性到定量认识溶液酸碱性的思维方法。

2.通过pH和溶液中$c(H^+)$关系的分析，自主构建pH的数学表达式，知道溶液pH是定量表征溶液酸碱性的方法，并能进行单一溶液pH的简单计算。

3.通过溶液酸碱性测定方法的介绍和测定几种溶液的pH，学会溶液pH测定的操作。

4.通过溶液酸碱性测试与控制的情境介绍，感受溶液酸碱性对于生产、生活以及科学研究的意义。

三、教学重点

重点：溶液酸碱性的本质原因，溶液pH的测定和计算。

难点：pH的计算。

四、教学方法

混合式教学法。

五、教学思路

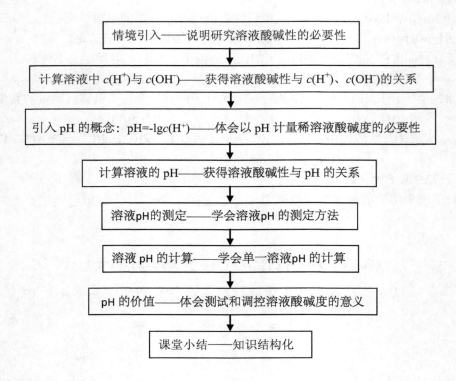

六、教学过程

【情境创设】马铃薯适宜生长在偏弱酸性的土壤中（pH4.8～5.5）；铁件镀锌电镀液的成分是氯化锌、氯化钾、硼酸，溶液的pH约为5；洗发水呈弱碱性（油脂可在碱性条件下水解）；人体胃液的pH为1.2～3.0。

【引入】溶液的酸碱性，不仅与化工生产、农业生产关系密切，也和生命健康与生活息息相关，下面我们学习溶液的酸碱性。

环节一：温故知新

【问题讨论】
1.任何电解质水溶液中都存在$c(H^+)$和$c(OH^-)$吗？
2.一定温度下，电解质稀溶液中$c(H^+)$和$c(OH^-)$存在何种关系？

环节二：宏辨微探

【学生活动一】溶液酸碱性的分析〔$c=1.0×10^{-2}(mol/L)$〕

	溶液的酸碱性	$c(H^+)/mol/L$	$c(OH^-)/mol/L$
HCl			
NaCl			
NaOH			

【问题】溶液的酸碱性由什么决定？

【结论】溶液的酸碱性，取决于溶液中$c(H^+)$与$c(OH^-)$的相对大小。

【过渡】当溶液中$c(H^+)$=0.00001mol/L时，如何简便表示溶液的酸碱性？

环节三：推理建模

【学生活动二】溶液pH与$c(H^+)$的关系分析

溶液	$c(H^+)$/mol/L	pH
0.1mol/L HCl		1
0.01mol/L HCl		2
0.001mol/L HCl		3

【自主构建】pH=$-\lg c(H^+)$

说明："p"为德语单词"Potenz"首字母，表示浓度，"H"表示H^+。

【介绍】pH化学史：pH由丹麦化学家彼得·索伦森在1909年提出，背景：索伦森在一家啤酒厂工作时经常要化验啤酒中H^+浓度，每次化验结果都要记载许多个"0"，如0.0001，为此，他发现用氢离子浓度的负对数表示溶液的酸碱性非常方便。

【学生活动三】溶液的酸碱性与pH

	c/mol/L	$c(H^+)$/mol/L	$c(OH^-)$/mol/L	溶液的pH
HCl	0.1			
NaCl	0.1			
NaOH	0.01			

【结论】常温下，pH=7，溶液呈中性；pH<7，溶液呈酸性；pH>7，溶液呈碱性。

环节四：实验探究

【问题】如何测定常见溶液的pH？

【介绍】pH试纸的使用方法："放、蘸、滴、比、读"，即放1片试纸到干净干燥的玻璃片或表面皿上，用玻璃棒蘸取待测液，滴在试纸上，将变色后的试纸与标准色卡对照，然后读出所测溶液的pH。

【学生活动四】

（1）分别用pH试纸和pH仪（酸度计）测0.01mol/L HCl、0.01mol/L NaCl、0.01mol/L NaOH溶液的pH，并记录数据。

【结论】pH试纸测定结果较粗略（差值约为1），pH仪测定结果较精确（可读出小数点后两位）。

（2）用pH试纸测同浓度的HCl与CH_3COOH、NaOH与氨水的pH，并进行比较，由此能获得什么结论？

【结论】同浓度一元强酸的pH小于一元弱酸的pH；同浓度一元强碱的pH大于一元弱碱的pH。

【图片展示】25℃ pH和溶液酸碱性的关系。

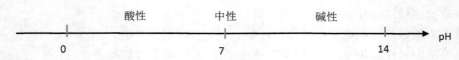

$c(H^+)$/ mol/L	1	10	10^{-14}	10^{-15}
pH	0	−1	14	15

【结论】 pH值可以小于0，也可以大于14。为使用方便，广泛pH范围通常在0～14；当溶液中$c(H^+)$或$c(OH^-)$大于1时，直接用浓度表示，如，2mol/L H^+，4mol/L OH^-。

环节五：模型应用

【学生活动五】有关溶液pH的简单计算

1.计算25℃时下列溶液的pH。

（1）0.1mol/L的HNO_3溶液；

（2）0.05mol/L的H_2SO_4溶液；

（3）0.01mol/L的NaOH溶液；

（4）0.05mol/L的$Ba(OH)_2$溶液；

（5）0.2mol/L的HCl溶液；

（6）0.05mol/L的NaOH溶液。

2.求pH=2的H_2SO_4溶液的物质的量浓度。

【总结】不同酸碱性溶液pH计算的方法：（1）求$c(H^+)$或$c(OH^-)$；（2）pH=-lg $c(H^+)$。

环节六：走向应用

【图片介绍】测试和控制pH的意义：（1）护发素pH值；（2）人体体液pH；（3）处理废水；（4）科学实验；（5）土壤的pH。

【课堂小结】展示本节课的思维导图（同板书设计）。

八、板书设计

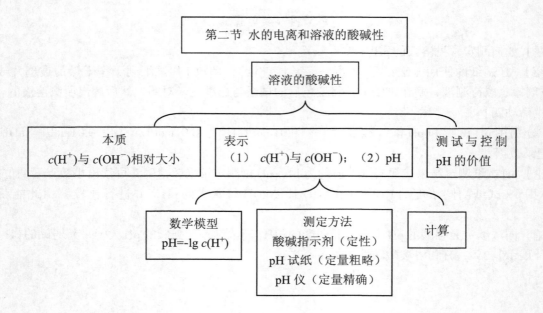

难溶电解质的溶解平衡（第一课时）

——以人教版普通高中课程标准实验教科书化学选修4为例

（甘肃省皋兰县第一中学，张世云）

一、教学分析

（一）课标要求

能描述沉淀溶解平衡，知道沉淀转化的本质。

（二）教材的价值

本节学习内容包括溶解平衡、沉淀反应的应用、溶度积及其应用，可分为3个课时完成。本节课是第一课时内容，主要解决三个问题：（1）难溶物质的溶解现象；（2）难溶物质的溶解平衡；（3）影响溶解平衡移动的因素。这些问题的解决，为后面学习沉淀反应的应用、溶度积打下了基础。通过本节教学内容的学习，学生不仅能获得固体物质存在溶解平衡、溶解平衡可以移动等知识，还能提高应用沉淀反应原理解决实际问题的能力；不仅能深度理解离子反应的原理，而且还能发展学生"宏观辨识与微观探析、逻辑推理与模型认知"等思维能力。

（三）学情分析

学生在初中化学的学习中，知道酸碱盐在水溶液中可以发生复分解反应，知道物质的溶解性和溶解度；在高中化学必修1中学习了"离子反应"，知道离子反应的条件，但对难溶物质存在的溶液中为什么还存在离子，难溶物质为什么能转化等问题还不清楚；在高中化学必修2中学习了化学反应速率和限度，初步认识了化学平衡；在高中化学选修4中已经学习了化学反应速率和化学平衡、水溶液中的离子平衡及盐类水解等知识，为本节学习溶解平衡打下了基础。

二、教学目标

1.通过参与实验探究、资料分析、讨论与总结等学习过程，能解释简单的实验现象，知道难溶电解质在水溶液中存在溶解沉淀平衡，能描述溶解沉淀平衡的特征，能总结出影响溶解沉淀平衡的因素。

2.通过化学平衡、电离平衡知识与溶解沉淀平衡的知识类比，体会知识迁移的意义。

3.通过分析沉淀溶解平衡建立的过程与影响平衡移动的因素，体会对立统一、内因与外因、绝对与相对等辩证关系。

三、设计思路

通过任务牵引、问题驱动等教学手段，搭建学习支架，促进学生认知。同时，由问题开始，到问题结束，首尾呼应。教学分"创设情境、认识溶解平衡的存在、建立溶解平衡模型、判断溶解平衡移动方向、知识应用"等几个环节。从溶洞的形成引入、饱和食盐水析晶与AgCl在水中是否存在Ag^+和Cl^-的实验探究、溶解度数据含义与AgCl在水中的质量保持不变的原因分析，形成"溶液达到饱和时固体的溶解速率与沉淀（结晶）速率相等"的本质认识，从而建立难溶电解质溶解平衡的概念，进而归纳出平衡的特征，最后通过改变条件对溶解平衡移动方向的判断及问题解释，完成学习任务。

四、教学重点和难点

重点：难溶电解质的溶解平衡及其影响因素。

难点：难溶电解质的溶解平衡的建立。

五、教学策略

实验探究、分析讨论、归纳总结。

六、实验用品

饱和的 NaCl 溶液、浓盐酸、0.02 mol·L⁻¹AgNO₃溶液、KI 溶液、试管架、试管、滴瓶、胶头滴管。

七、教学过程

环 节 一 ： 创 设 情 境

【视频播放】美丽的溶洞图片。

提出问题：钟乳石是如何形成的？引入课题。

【设计意图】引入问题，激发兴趣。

环 节 二 ： 认 识 溶 解 平 衡 的 存 在

【实验探究】

探究 1：在饱和 NaCl 溶液中加入浓盐酸，观察现象并解释原因。

现象：有晶体析出。

解释：在 NaCl 的饱和溶液中，存在溶解平衡。

$$NaCl(s) \rightleftharpoons Na^+(aq) + Cl^-(aq)$$

加浓盐酸会使 $c(Cl^-)$ 增大，平衡逆向移动，因而有 NaCl 晶体析出。

探究 2：取上述混合溶液 2～3mL，加入 2～5 滴 0.02mol/L AgNO₃溶液，静置，观察现象。

现象：产生白色混浊，静止后混合物分层，下层为白色固体。

思考与交流 1：探究实验 2 的上层清液中有哪些阳离子？

探究 3：用长胶头滴管取探究 2 中的上层清液于另一支试管中，加入 KI 溶液，观察现象。（教师巡视指导）

现象：产生黄色沉淀。

思考与交流 2：黄色沉淀是什么物质？是如何生成的？

交流结果：黄色沉淀是 AgI，虽然 NaCl 溶液过量，溶液中仍有 Ag⁺，说明生成难溶 AgCl 时，AgCl 仍能溶解，溶液中还存在 Ag⁺和 Cl⁻。

【设计意图】感受溶解平衡的存在，NaCl 存在溶解平衡，AgCl 也存在溶解平衡。

思考与交流 3：固体的溶解性如何分类？有什么启示？

阅读课本：表 3-4 几种电解质的溶解度。

结论：固体的溶解性差异很大，难溶固体不是不能溶解，只是溶解度<0.01g。

【设计意图】从溶解度的视角证明难溶物质不是绝对不溶。

环 节 三 ： 建 立 溶 解 平 衡 模 型

思考与交流：

（1）固体不再溶解时溶液是否达到饱和？固体质量和溶液中离子浓度是否发生改变？本质原因是什么？

（2）结合以上交流，请你总结什么是溶解平衡？有什么特征？

（3）溶解平衡体现的哲学思想是什么？

交流结果：（1）固体不再溶解时溶液达到饱和，固体的质量和溶液中离子浓度保持不变；（2）本质原因是v（溶解）＝v（沉淀）；（3）溶解平衡体现了"对立统一"的哲学思想。

总结：

（1）溶解平衡的概念。

（2）溶解平衡的表示：$AgCl(s) \rightleftharpoons Cl^-(aq) + Ag^+(aq)$。

（3）溶解平衡的特征：逆、等、动、定、变。

【设计意图】与化学平衡进行类比建立溶解平衡的概念。

环节四：判断影响溶解平衡移动的因素

思考交流：根据溶解度曲线的变化规律及化学平衡有关知识，归纳出影响溶解平衡移动的因素。

归纳：影响溶解平衡移动的因素：（1）温度；（2）离子浓度。

练习：对于平衡$AgCl(s) \rightleftharpoons Ag^+(aq) + Cl^-(aq)$，若改变条件，对其有何影响？

（1）升高温度，绝大多数溶解平衡向_____方向移动，因为_____。

（2）加水稀释，溶解平衡_____移动，因为_____。

（3）加少量$AgCl(s)$，溶解平衡_____移动，因为_____。

（4）加少量$NaCl(s)$溶解平衡_____移动，因为_____。

（5）加少量$AgNO_3(s)$，溶解平衡_____移动，因为_____。

（6）加少量$NaNO_3(s)$，溶解平衡_____移动，因为_____。

【设计意图】从溶解度随温度变化得出温度对溶解平衡的影响，从化学平衡的特征得出离子浓度对溶解平衡的影响。

环节五：知识应用

1.怎样用溶解平衡解释溶洞的形成过程？

2.锅炉用水中含有Ca^{2+}、Mg^{2+}、SO_4^{2-}、HCO_3^-，锅炉长期使用后形成的水垢存在锅炉爆炸隐患。请大家讲一讲水垢的主要成分，并写出沉淀溶解平衡方程式。

【设计意图】呼应课堂开始提出的问题，应用溶解平衡的知识解决实际问题。

环节六：课堂小结

本节课你有哪些收获？

【设计意图】发展学生的元认知能力和语言表达能力。

九、板书设计

难溶电解质的溶解平衡

一、难溶电解质的溶解平衡

1.定义：略

2.表达式（以$AgCl$的溶解平衡为例）：$AgCl(s) \rightleftharpoons Ag^+(aq) + Cl^-(aq)$。

3.溶解平衡的特征：逆、等、动、定、变。

4.溶解平衡的影响因素

（1）内因：电解质的结构。

（2）外因：温度、浓度（加水、增加离子、减少离子）。

难溶电解质的溶解平衡（第一课时）导学案

学习目标：理解难溶电解质在水中存在沉淀溶解平衡。

重点难点：难溶电解质的溶解平衡及其影响因素。

课前复习：什么是固体物质的溶解度？

新课导学

【思考与讨论】

要使NaCl溶液中析出大量的晶体，有哪些方法？

【实验探究】

1.在饱和NaCl溶液中加入浓盐酸，观察现象并解释原因。

2.取上述混合溶液2～3mL，加入2～5滴0.02mol/L AgNO$_3$溶液，静止。想一想上层清液中可能含有哪些离子。

3.取2中的上层清液于另一支试管中，加入KI溶液，观察现象。

【思考与讨论】Ag$^+$和Cl$^-$的反应真的能进行到底吗？

【思考与交流】阅读教材表3-4几种电解质的溶解度（20℃），回答：固体物质的溶解性如何分类？

固体物质溶解性的分类	难溶	微溶	可溶	易溶
溶解度/g				

【问题】

1.难溶电解质（如AgCl）是否存在溶解平衡？

2.有沉淀生成的复分解类型离子反应能不能完全进行到底呢？

【我的笔记】

（一）难溶电解溶解平衡

1.溶解平衡（以AgCl的溶解平衡为例）＿＿＿＿＿＿＿＿＿。

2.溶解平衡的表达

3.溶解平衡的特征

（1）逆：＿＿＿＿＿＿＿＿＿＿＿＿。

（2）等：＿＿＿＿＿＿＿＿＿＿＿＿。

（3）动：＿＿＿＿＿＿＿＿＿＿＿＿。

（4）定：＿＿＿＿＿＿＿＿＿＿＿＿。

（5）变：＿＿＿＿＿＿＿＿＿＿＿＿。

4.影响溶解平衡的因素

（1）内因：电解质本身的性质。

（2）外因：①温度；②离子浓度。

课堂练习

对于平衡AgCl(s)$\rightleftharpoons$Ag$^+$(aq)+ Cl$^-$(aq)，若改变条件，对其有何影响？

（1）升高温度，绝大多数溶解平衡向＿＿＿＿＿方向移动，因为＿＿＿＿＿＿＿＿。

（2）加水稀释，溶解平衡＿＿＿＿＿移动，因为＿＿＿＿＿＿＿。

（3）加少量AgCl(s)，溶解平衡＿＿＿＿＿移动，因为＿＿＿＿＿＿＿。

（4）加少量NaCl(s)溶解平衡＿＿＿＿＿移动，因为＿＿＿＿＿＿＿。

（5）加少量AgNO$_3$(s)，溶解平衡＿＿＿＿＿移动，因为＿＿＿＿＿＿＿。

（6）加少量NaNO$_3$(s)，溶解平衡＿＿＿＿＿移动，因为＿＿＿＿＿＿＿。

知识应用

1.怎样用溶解平衡解释溶洞的形成过程？

2.锅炉用水中含有 Ca^{2+} 、 Mg^{2+} 、 SO_4^{2-} 、 HCO_3^- ，锅炉长期使用后形成的水垢存在锅炉爆炸隐患。请大家讲一讲水垢的主要成分，并写出沉淀溶解平衡方程式。

作业：试用难溶电解质的溶解平衡移动原理解释下列事实。

1.FeS不溶于水，但却能溶于稀盐酸中。

2.$CaCO_3$难溶于稀硫酸，但却溶于醋酸中。

【我的收获】（略）

氢氧燃料电池

——以人教版普通高中课程标准实验教科书化学选修4为例

（甘肃省礼县第一中学，赵为民）

一、教学分析

（一）教材分析

在人教版普通高中课程标准实验教科书化学必修2中，介绍了原电池的定义、构成、本质及常见化学电源，人教版普通高中课程标准实验教科书选修4《化学反应原理》第四章第一节"电化学基础"对原电池的种类和工作原理做了进一步的介绍，是对必修2"化学电源"的拓展和延伸。第二节"化学电源"对一次电池、二次电池及燃料电池做了简单介绍，可分为两课时完成。本节课是第二课时的学习内容。

（二）学情分析

学生在必修2中通过锌铜原电池的探究，对原电池的本质、形成条件及工作原理有了初步的认识。但对书写电极反应还存在一定的困难，主要原因是对反应本质缺乏深度理解，尤其是燃料电池，学生缺乏直观的感受，导致学生书写电极反应式时对反应物和产物的判断缺乏思路。因此，学生期待着对燃料电池的深度学习。

（三）教学设计思路

利用电解水装置产生的氢气和氧气，探究氢氧燃料电池的工作原理，让学生亲身感受化学能转化为电能的现象。在此基础上引导学生思考氢氧燃料电池的本质、反应特点、反应结果、电极反应的表示及配平方法，提升学生的逻辑思维能力。以"问题驱动"为手段，让学生主动参与课堂教学，教师成为学生学习的组织者、引导者和合作者。

二、教学设计

（一）教学目标

1.通过燃料电池汽车视频创设情境，知道燃料电池的意义，激发学生的学习兴趣。

2.在老师的引导下，通过实验探究，知道燃料电池发生反应的本质是氧化还原反应，其特点是氧化反应和还原反应在两个电极发生，且总反应自发；能根据反应条件写出相应燃料电池的电极反应式。

3.在实验探究的过程中，体验获得成功的愉悦，增进对科学探究的情感。

（二）教学重点和难点

重点：简易氢氧燃料电池反应条件及其本质的理解；电极反应式书写。

难点：电极反应式书写。

（三）教学方法：启发引导、实验探究法、归纳总结。

（四）教学用品

实验器材：氢氧燃料电池实验装置、学生电源、导线、电流表、石英钟、烧杯、玻璃棒、橡皮筋等。

实验药品：饱和硫酸钾溶液、石蕊试液。

（五）教学过程

【播放视频】燃料电池汽车的视频。

【引言】汽车制造的核心技术是动力问题，即发动机问题，就像人的心脏一样重要。传统的汽车发动机是利用汽油为燃料，在气缸中燃烧而产生动力，其缺点是排放污染物，且能量利用率不高（能量转化率仅30%多）。燃料电池是将燃料设计成电池，利用电池的工作原理输出动力，能量转化率超过80%。研究和利用燃料电池，对于提高能源利用率、降低污染物排放等具有广阔前景。现在，我们就以氢氧燃料电池为例，探究氢氧燃料电池的工作原理。

【幻灯片展示】实验装置图。

【实验探究】氢氧燃料电池（教师指导，学生分组实验）

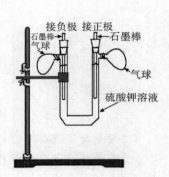

实验步骤：

1.往具支U型管加入10% H_2SO_4 溶液（液面距离支管口约1cm），塞好插有石墨棒的胶塞。

2.在32伏电压条件下电解10% H_2SO_4 溶液3分钟，将制备的 H_2 和 O_2 收集在两端的气球中。

3.断开外接电源，将石英钟的负极与气球中充入 H_2 的一端电极相连，正极与气球中充入 O_2 的一端电极相连，形成闭合回路，观察电子钟指针的变化。

【交流】请各组选派代表汇报观察到的实验现象。

【总结】

（1）两个电极接通外接电源通电后：①两个电极上均有气泡，且气球慢慢鼓起来；②连电源负极的一端，气球涨的稍大，连电源正极的一端，气球涨得稍小。

（2）收集到气体后将石英钟的两个电极相连形成闭合回路：①石英钟秒针走动；②具支U型管两端电极上附着的气泡逐渐消失。

【问题1】电解后两个电极分别生成什么产物？你是如何判断的？

【总结】电解硫酸钾溶液实质是电解水，且电解水产生的氢气和氧气的体积比为2：1，因此，气球鼓的一端产生氢气，气球瘪的一端产生氧气。

【问题2】两个电极相连后为什么石英钟秒针走动？

【总结】有电流产生。这种技术条件下原电池产生的电流很微弱，改进实验装置及控制条件，可以获得更大的电流。

【问题3】根据已学的氧化还原反应知识，回答： H_2 和 O_2 具有什么性质？

【总结】在一定条件下， H_2 易失电子，具有还原性， O_2 易得电子，具有氧化性。

【问题4】 H_2 失电子，产物是什么？ O_2 得电子，产物是什么？

$H_2 - 2e^- \rightarrow 2H^+$ $O_2 + 4e^- \rightarrow 2O^{2-}$

【问题5】 H^+、 O^{2-} 在什么环境下不能大量共存？

【总结】

（1） $H^+ + OH^- = H_2O$ ，即碱性环境下 H^+ 不能大量共存，酸性环境下 OH^- 不能大量共存。

（2） $O^{2-} + H^+ = OH^-$ 或 $O^{2-} + H_2O = 2OH^-$， $OH^- + H^+ = H_2O$ 。

即酸性环境或中性环境下， O^{2-} 与 H^+、 H_2O 不能大量共存， O^{2-} 不仅能结合酸电离出的 H^+，还能结合 H_2O 电离出的 H^+。

【问题6】根据以上分析，结合两个电极附近溶液的酸碱性，写出电极反应式。

学生书写，教师检查后总结。

【总结】

负极：$2H_2-4e^-=4H^+$（电极附近溶液呈酸性）

正极：$O_2+4H^++4e^-=2H_2O$（电极附近溶液呈酸性）

总反应：$2H_2+O_2=2H_2O$

【变式训练1】写出燃料电池："$H_2|Pt|NaOH(aq)|Pt|O_2$"的电极反应式）。

负极：$H_2-2e^-+2OH^-=2H_2O$（电极附近溶液呈碱性）

正极：$O_2+4H_2O+4e^-=4OH^-+2H_2O$（电极附近溶液呈碱性）

总反应：$2H_2+O_2=2H_2O$

【变式训练2】以金属铂为电极，KOH溶液（足量）做电解质，写出甲烷和氧气燃料电池的电极反应式。

【思路梳理】

CH_4（还原剂）：$CH_4 \xrightarrow{\text{完全氧化}} CO_2$　　　　$CO_2+2OH^-=CO_3^{2-}+H_2O$

O_2（氧化剂）：$O_2 \xrightarrow{+4e^-} O^{2-} \xrightarrow{+H^-(H_2O)} OH^-$

负极：$CH_4-8e^-+10OH^-=CO_3^{2-}+7H_2O$（电荷守恒配平）

正极：$O_2^++4e^-+2H_2O=4OH^-$

总反应：$CH_4+O_2+2OH^-=CO_3^{2-}+3H_2O$

【课堂小结】

1.氢氧燃料电池的本质是氧化还原反应，特点是氧化反应和还原反应分别在两个电极发生。

2.写电极反应要考虑溶液环境（酸性、碱性、中性），酸性环境下OH^-不能大量共存，碱性环境下H^+及CO_2等酸性氧化物不能大量共存。

3.配平电极反应式从"原子守恒、电荷守恒"切入；负极反应与正极反应还要考虑"得失电子守恒"。

【布置作业】把乙醇和氧气的反应设计成原电池，写出电极反应。

（六）板书设计

氢氧燃料电池（H_2SO_4溶液为电解质溶液）

负极：$2H_2-4e^-=4H^+$

正极：$O_2+4H^++4e^-=H_2O$

总反应：$2H_2+O_2=2H_2O$

乙炔、炔烃

——以人教版普通高中课程标准实验教科书化学选修5为例

（甘肃省兰州第一中学，魏淑娟）

一、教学背景

本节课是人教版课程标准实验教科书高中化学选修5《有机化学基础》第二章第一节"脂肪烃"第二课时的内容，是继烷烃、烯烃之后学习的另一类不饱和烃。乙炔是炔类物质的代表物，乙炔的性质代表着炔烃的共性，认识了乙炔就能类推出炔烃的性质。本节课的教学内容主要是：（1）乙炔的结构特点；（2）乙炔的主要化学性质；（3）乙炔的实验室制法；（4）炔烃的概念。

二、教学思路

教学设计按照"实验探究→推测结构→结构分析→归纳性质→巩固练习"教学环节展开。将乙烯的知识迁移至乙炔的学习,将乙炔的知识迁移到炔烃的认识,突出逻辑推理能力;通过乙炔性质的实验探究,体现宏观辨识的素养水平;通过乙炔分子结构的分析,突出结构决定性质的认识思路,体现微观探析和模型认知的水平;将乙炔制备的反应原理、药品的选用、装置特点、净化方法和收集方法串联成一条线,突出结构化认识水平;由于教学内容的容量较大,课后安排学案以巩固所学的知识和方法。

三、教学目标

1.通过观察乙炔的颜色、状态,闻乙炔的气味等,知道乙炔的物理性质。

2.通过实验探究,知道乙炔能使酸性高锰酸钾、溴的四氯化碳溶液褪色的原因,进一步明确物质结构与物质性质的关系,并能写出相应的化学方程式。通过板演,会写乙炔电子式、结构式、结构简式。通过乙炔分子结构分析,知道乙炔分子中碳原子的杂化方式及乙炔分子的空间结构,知道乙炔也能像乙烯那样发生聚合反应。

3.通过乙炔制备原理及反应物与产物的特点分析,会写制备乙炔的化学方程式,知道装置特点、气体的收集方法和净化办法。

4.通过对烯烃和乙炔知识的学习,归纳出炔烃的概念、通式及通性,感受知识迁移和从特殊到一般的认识方法。

5.通过乙炔用途的学习,体会化学知识在生产、生活中的应用。

四、教学器材

多媒体辅助设备,化学实验仪器和药品。

五、教学方法

实验探究、分析讨论、归纳总结。

六、教学过程

教学环节	教学内容及活动安排		设计意图
实验探究	乙炔的分子式为 C_2H_2,乙炔具有哪些性质?		导入主题,激发兴趣。
	实验	现象	
	将纯净的乙炔通入酸性高锰酸钾溶液中		
	将纯净的乙炔通入盛有溴的四氯化碳溶液中		
	提醒学生实验操作注意事项。		
乙炔结构分析	【讨论】产生现象的本质原因是什么? 推测气体分子的结构:含有不饱和键,并与乙烯的分子组成(C_2H_4)相比较。 【展示】乙炔的比例模型、球棍模型,写出乙炔电子式、结构式、结构简式。学生板演,教师纠错。 【讨论】乙炔分子的空间结构,键角及中心原子的杂化类型。		通过性质推结构。 通过模型和化学用语表征,理解乙炔的分子结构。 深化对乙炔分子空间结构的认识。

续表

教学环节	教学内容及活动安排	设计意图
乙炔化学性质	1.氧化反应 （1）可燃性 【实验】点燃验纯后的乙炔，观察现象。 书写反应方程式。 $2C_2H_2 + 5O_2 \xrightarrow{\text{点燃}^+} 4CO_2 + 2H_2O$ 阅读乙炔爆炸新闻。 对比甲烷、乙烯、乙炔燃烧现象，分析本质原因。 	甲烷	乙烯	乙炔
燃烧现象			
含碳量					形成乙炔燃烧的认识。 建立安全意识。 渗透"透过现象看本质"的思想。
乙炔化学性质	（2）使酸性$KMnO_4$酸性溶液褪色 解读：$C_2H_2 \xrightarrow{MO_4^-/H} CO_2$ 2.加成反应 【实验】写出乙炔与溴的四氯化碳溶液反应的化学方程式。 $HC{\equiv}CH+Br_2 \longrightarrow$ 略 $H-C{=}C-H+Br_2 \longrightarrow$ 略 【解读】π键的不稳定性。 【练习】乙炔与氢气、氯化氢的反应。 阅读小知识：乙炔的用途。 3.加聚反应 【解读】加聚反应的实质。导电塑料——聚乙炔的反应简介： $nCH{\equiv}CH \xrightarrow{\text{催化剂}} -CH{=}CH-CH{=}CH-\cdots\cdots$ $nCH{\equiv}CH \xrightarrow{\text{催化剂}} -[-CH{=}CH-]_n-$ 【阅读】白川英树、黑格和麦克迪尔米德三位科学家因为对导电聚合物的发现和发展而获2000年度诺贝尔化学奖。	建立乙炔发生氧化反应、加成反应的认识。 提高健康生活、环境保护的意识。 提高对乙炔发生加聚反应的认识水平。 了解化学发展的前沿，激发学习动力。

续表

教学环节	教学内容及活动安排	设计意图
乙炔的实验室制法	介绍实验室制乙炔的反应原理。 $CaC_2+2H_2O \longrightarrow Ca(OH)_2+C_2H_2\uparrow$（复分解反应） 写出碳化钙的电子式： $Ca^{2+}[:C:::C:]^{2-}$ 根据反应物状态、反应条件及产物特点选择实验装置、收集方法及净化装置。 【讨论】 1.为什么用饱和食盐水而不用纯水？ 2.制出的乙炔气体为什么先通入硫酸铜溶液？ 3.能否用启普发生器制备乙炔？ 参考答案： 1.用饱和食盐水可降低反应速率，因为水被消耗的同时，有 NaCl 晶体析出，附着在电石表面，阻碍着水与电石的接触，从而降低反应速率。 2.乙炔气体中混有 H_2S、PH_3 等，可以与 Cu^{2+} 产生沉淀而使乙炔气体得到净化。 3.不能用启普发生器制备乙炔，因为碳化钙与水反应放出大量的热，容易造成启普发生器炸裂。	应用所学知识和方法选择制备装置和制备气体。 解决制备乙炔与净化乙炔的问题。
乙炔物理性质	【讨论】通过实验观察，你知道乙炔有哪些物理性质？ 颜色、状态、气味、水溶性。	归纳出物质的物理性质。
炔烃	【回忆】乙烯和烯烃的知识。 【类推】根据乙炔的学习归纳出炔烃的概念、通式和物理、化学通性。	感受知识迁移的学习方法和从特殊到一般的认识方法。
课堂小结	乙炔的结构、性质和主要用途。 烷烃、烯烃、炔烃的组成、结构特点和性质比较（见学案）。 乙炔的实验室制备原理及装置选择。	促进知识的结构化。
布置作业	课后习题（课本36页4、5题） 完成学案。	通过练习巩固知识。

学案

	烷烃	烯烃	炔烃
代表物			
组成通式			
结构特点			
化学性质			

醇　酚（第二课时）

——以人教版普通高中课程标准实验教科书化学选修5为例

（兰州民族中学，刘嘉敏）

一、教材分析

教学内容选自人教版课程标准实验教科书高中化学选修5《有机化学基础》第三章"烃的含氧衍生物"第一节醇和酚，其中第一节课学习了醇和酚的结构特点、醇的分类，以及醇的官能团对其沸点的影响的相关知识，本节课将在高中化学必修2"生活中两种常见的有机物"（乙醇和乙酸）的基础上系统学习醇的化学性质。教学中注意把握认识方法：（1）结构决定性质，即理解化学性质与断键方式；（2）内因与外因的关系，即有机物自身的结构是决定物质性质的根本，外因对有机物的性质也有影响。通过醇的化学性质的认识方法，可以为后续学习烃的其他衍生物打下良好的基础。

二、教学目标

1.通过情境参与、实验探究、问题的交流讨论及教师点拨的过程，能说出醇的官能团（羟基）及结构特点，能说出乙醇的主要化学性质（与金属钠的置换反应、取代反应、氧化反应、消去反应），并能写出相应的化学方程式，学会从实验现象获得结论的演绎方法。

2.通过符号表征的过程，能判断乙醇发生化学变化的断键方式。

3.通过反应本质的分析，体会现象与本质、内因和外因、结构决定性质及性质决定用途的辩证思想。

三、教学重点和难点

重点：乙醇的化学性质（催化氧化、消去反应和取代反应）。

难点：乙醇的化学性质与断键方式。

四、教学方法

交流讨论、实验探究、归纳总结。

五、教学准备

多媒体辅助教具，实验仪器和药品。

六、教学思路

通过实验探究发展学生"宏观辨识与微观探析"的素养；通过表征手段及断键特征的提炼帮助学生深入理解醇的催化氧化反应、消去反应规律以及内因和外因的辩证关系；通过交流讨论和课堂练习，提高学生的问题意识和解决问题的能力。

七、教学过程

教学环节	教学内容及活动安排	教学手段
情境创设	【引入】与酒有关的诗词? 王维:劝君更尽一杯酒,西出阳关无故人。 王翰:葡萄美酒夜光杯,欲饮琵琶马上催。 李白:兰陵美酒郁金香,玉碗盛来琥珀光。 苏轼:明月几时有,把酒问青天。 ……	PPT展示, 学生回答。
知识回顾与应用	【提问】根据高中化学必修相关内容的学习,说明乙醇的结构和性质,写出化学方程式并指出反应类型,并根据化学性质判断断键方式。 知识应用:阅读课本49页的信息材料。 【思考与交流】如何除去反应釜内 $C_6H_5CH_3$(甲苯)中残余的金属钠? 三种方案:(1)打开反应釜,用工具取出金属钠;(2)向反应釜中加水"除钠";(3)向反应釜中加乙醇"除钠"。	提问、交流讨论、总结。
乙醇催化氧化	【交流与讨论】根据高中化学必修2中乙醇性质的学习,总结乙醇发生催化氧化的反应规律。 (1)乙醇催化氧化的反应机理 铜丝由红变黑: $2Cu+O_2 \xrightarrow{\triangle} 2CuO$ 铜丝又由黑变红: $CH_3CH_2OH+CuO \xrightarrow{\triangle} CH_3\overset{\displaystyle O}{C}H+Cu+H_2O$ 总反应: $2CH_3CH_2OH+O_2 \xrightarrow[\triangle]{Cu} 2CH_3\overset{\displaystyle O}{C}H+2H_2O$ (2)对比 CH_3CH_2OH 和 CH_3CHO 的结构,观察哪些部位发生了变化? 【总结】 (1)铜的作用:中间产物,催化剂。 (2)断键特征:羟基(—OH)脱氢,羟基相连的碳原子脱氢,结果形成碳氧双键(C=O)。 【讨论】 乙醇同类衍生物,能否都发生催化氧化反应? $\begin{array}{c} H \\ \mid \\ H-C-OH \\ \mid \\ H \end{array}$ $\qquad$ $\begin{array}{c} CH_3 \\ \mid \\ CH_3-CH-C-OH \\ \mid \quad\; \mid \\ CH_3 \;\, CH_3 \end{array}$ 【总结】醇类发生催化氧化反应的条件 内因:羟基相连的碳原子有氢原子; 外因:催化加热。	小组交流,表征分析。

续表

教学环节	教学内容及活动安排	教学手段
乙醇与重铬酸钾溶液的反应	【问题】乙醇能否被其他氧化剂氧化? 【实验探究】 实验:向2mL盛有$K_2Cr_2O_7(H^+)$溶液的试管中滴入几滴乙醇,观察现象。 现象:橙色变为绿色。 原理:$CH_3CH_2OH \longrightarrow CH_3CHO \longrightarrow CH_3COOH$ $Cr_2O_7^{2-}(H^+) \xrightarrow{CH_3CH_2OH} Cr^{3+}$ 　(橙色)　　　　　　(绿色) 应用:酒驾检测。	学生实验,教师总结。
乙醇的消去反应	【实验探究】 操作:在长颈圆底烧瓶中加入5mL 95%乙醇,然后滴加15mL浓硫酸,加入碎瓷片,加热混合液,迅速升温至170℃,导管依次插入酸性高锰酸钾溶液和溴的四氯化碳溶液中,观察现象。 现象:酸性高锰酸钾溶液和溴的四氯化碳溶液褪色;烧瓶中混合液逐渐变黑。 结论:生成不饱和气态烃。 反应原理 【讨论】 (1)对比CH_3CH_2OH和$H_2C{=}CH_2$的结构,哪些部位发生了变化? (2)乙醇同类衍生物,能否都发生消去反应? 【总结】 (1)断键特征:相邻的碳原子脱羟基(—OH)、脱氢(—H)结果生成碳碳双键($C{=}C$),同时生成水。 (2)消去反应条件 内因:相邻的碳原子连有羟基(—OH)和氢原子(—H)(一般情况)。 外因:浓硫酸催化加热。	播放实验视频,师生讨论,归纳总结。
乙醇与卤化氢的取代反应	【讨论与交流】 类比卤代烃的化学性质与结构的关系,判断乙醇能否与卤化氢反应。 反应原理:$C_2H_5OH + HBr \xrightarrow{\triangle} C_2H_5Br + H_2O$。	提问、讨论总结。
总结提升	乙醇的化学性质(置换、氧化、消去、取代)。 化学性质与断键方式(现象与本质、内因和外因)。	提问、总结。

续表

教学环节	教学内容及活动安排	教学手段
课堂练习	根据下列两种有机物A和B的结构回答(填序号): (1)能发生催化氧化反应的是＿＿＿＿＿＿; (2)能发生消去反应的是＿＿＿＿＿＿。 A B	PPT展示,学生交流回答。
布置作业	(略)	

乙醇 (第一课时)

——以人教版普通高中课程标准实验教科书化学选修5为例

(甘肃省兰州第二中学,张锐华)

一、教材分析

醇是重要的烃的衍生物,在有机合成中占有重要地位。人教版课程标准实验教科书高中化学选修5《有机化学基础》第三章"烃的含氧衍生物"第一节"醇　酚"是继必修2《生活中常见的两种有机物》乙醇、乙酸之后对乙醇知识的进一步拓展。本节教材安排了醇和酚两部分内容,其中,醇的教学内容分为醇的概念、醇的分类、醇的官能团对其沸点的影响、醇的化学性质(消去反应、取代反应、氧化反应),本节课(第一课时)的任务主要解决醇的化学性质以及醇的官能团对化学性质的影响。解决问题的思路为:以乙醇的性质为载体,初步建立结构决定性质,性质决定用途的观念,为后续学习其他烃的含氧衍生物的认识方法奠定基础,对于培养学生的学科核心素养具有重要的价值。

二、学情分析

在必修2"生活中两种常见的有机物"的学习中,学生对乙醇的结构式、官能团以及与金属钠的反应、氧化反应、酯化反应有简单的认知基础;但还未树立结构(官能团、碳原子的饱和程度)决定性质、性质(基团间的相互影响)决定用途的观念;大部分学生不理解有机反应的本质,即不会判断有机反应中化学键断裂的位置,也容易混淆有机反应类型。在教学中,既要通过主体参与系统地认识醇的化学性质,还要学会认识物质性质的思维方法。

三、教学目标

1.通过实验探究的过程,能说出乙醇的主要性质。

2.通过符号表征的过程,能判断乙醇发生氧化反应、消去反应时的断键位置,并能写出相应的化学方程式。

3.通过性质分析的过程,体会"结构决定性质,性质决定用途"以及"结构是变化的内因,条件是变化的外因"的辩证关系。

四、教学重点及难点

重点：乙醇的催化氧化和消去反应。

难点：乙醇发生相关反应时断裂化学键的位置。

五、教学内容及活动安排

（一）课的引入

【小魔术】"烧不坏的手帕"魔术揭秘，引出乙醇。

（二）新课学习

【寻乙醇】在日常生活中乙醇有哪些用途？

【投影】生活中的乙醇图片。

【忆乙醇】

1.写出乙醇的结构式、结构简式和分子式。

2.结合乙醇的结构，回忆乙醇的性质。

解决问题：阅读教材49—50页信息。除掉苯中少量的水分时误操作：甲苯当作苯投入反应釜，金属钠剩余5kg左右，讨论三种处理事故的建议并进行交流。

第一种方案：用工具取出反应釜中的金属钠，可行；

第二种方案：向反应釜中加水"除掉"金属钠，不可行。理由：（1）不能达到甲苯中除水的目的；（2）反应剧烈，有危险性；（3）金属钠浪费。

第三种方案：远程滴加乙醇除金属钠，不可行。理由：（1）甲苯中混入乙醇；（2）金属钠浪费。

【探乙醇】乙醇的氧化反应

探究活动一：乙醇的催化氧化

完成实验：下端弯成螺旋状的铜丝在酒精灯火焰上烧至红热，插入盛有3～5mL乙醇的试管中，观察现象，并小心闻试管中液体产生的气味。

1.根据现象分析原因。

铜丝由红变黑：

$$2Cu+O_2 \xmdash{\triangle} 2CuO$$

铜丝又由黑变红：

$$CH_3CH_2OH+CuO \xrightarrow{\triangle} CH_3\overset{\overset{\displaystyle O}{\|}}{C}H+Cu+H_2O$$

2.书写反应总方程式，判断铜的作用。

$$2CH_3CH_2OH+O_2 \xrightarrow[\triangle]{Cu} 2CH_3\overset{\overset{\displaystyle O}{\|}}{C}H+2H_2O$$

3.对比乙醇与乙醛的分子结构，说明乙醇分子的断键特点。

总结：羟基（—OH）脱氢，羟基相连的碳原子脱氢，氢与氧结合生成水。

探究活动二：乙醇与重铬酸钾溶液反应

完成实验：在试管中加入1～2mL重铬酸钾酸性溶液然后滴入几滴乙醇，充分振荡，观察现象。

现象：溶液由橙色变成绿色。

原因：铬元素化合价降低。

总结规律：乙醇被逐步氧化成乙酸。

$$\underset{\text{（橙色）}}{Cr_2O_7^{2-}(H^+)} \xrightarrow{CH_3CH_2OH} \underset{\text{（绿色）}}{Cr^{3+}}$$

可用于检验酒驾。

乙醇$\xrightarrow{\text{氧化}}$乙醛$\xrightarrow{\text{氧化}}$乙酸

探究活动三：乙醇的消去反应

【视频展示】实验装置如教材51页图3-1。

阅读教材50页乙醇的消去反应，思考下列问题：

1.为什么酸性高锰酸钾溶液和溴的四氯化碳溶液褪色？

2.根据反应产物的判断，写出化学方程式。

3.对比乙醇和乙烯的结构，说明乙醇分子断键特点。

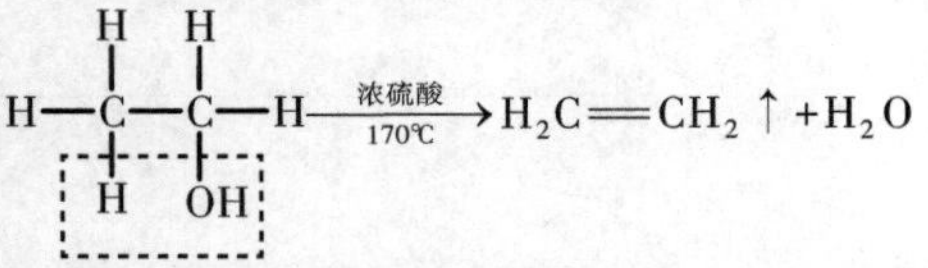

$$\begin{matrix} H & H \\ | & | \\ H-C-C-H \\ | & | \\ H & OH \end{matrix} \xrightarrow[170℃]{\text{浓硫酸}} H_2C{=}CH_2\uparrow + H_2O$$

总结规律：相邻的碳原子脱水（一个碳原子脱羟基，另一个碳原子脱氢）

【用乙醇】结合乙醇的性质，联系生活，说明乙醇的用途。

总结：勾兑白酒、配制饮料；做消毒剂〔医用酒精（75%）〕；做溶剂（医用碘酒、配制酚酞试液）；做燃料（乙醇汽油）；做化工原料（有机合成）。

（三）课堂小结

1.乙醇的结构决定性质，性质决定用途；

2.乙醇的性质与条件有关，内因是物质变化的根本，外因是变化的条件。见下列图示。

3.有机反应中化学键断裂的判断：有机反应物与有机产物的分子结构进行比较（"不变"与"变"）。

六、板书

1.乙醇的结构与性质

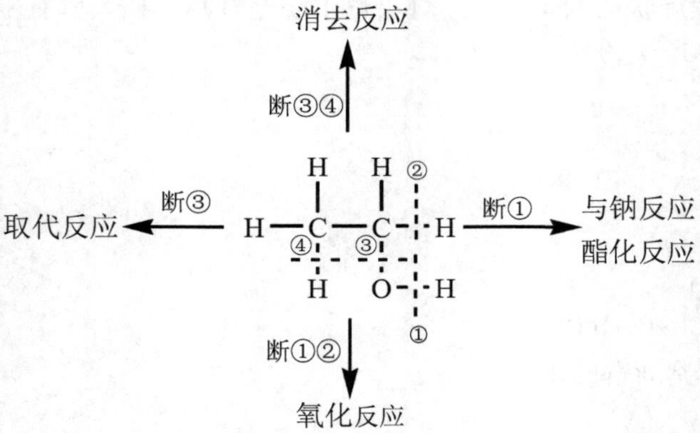

2.内因与外因

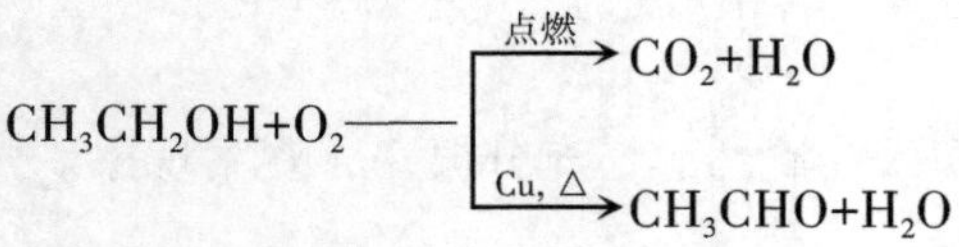

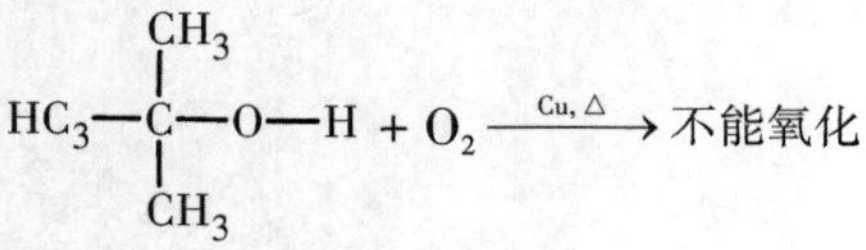

$$\underset{\underset{CH_3}{|}}{\overset{\overset{CH_3}{|}}{HC_3-C-CH_2-OH}} \xrightarrow{\text{浓}H_2SO_4,\triangle} \text{不能消去（一般情况）}$$

$$CH_3CH_2OH \xrightarrow{\text{浓}H_2SO_4,170℃} CH_2\!=\!\!CH_2 + H_2O$$

$$2CH_3CH_2OH \xrightarrow{\text{浓}H_2SO_4,140℃} CH_3CH_2OCH_2CH_3 + H_2O$$

七、课堂练习

1.下列关于乙醇消去反应实验的有关判断错误的是（　　　　）

A.乙醇和浓硫酸混合液加热前，应向烧瓶中放入几片碎瓷片，以防加热时发生爆沸

B.配制乙醇和浓硫酸的混合液时，应将乙醇慢慢加入浓硫酸中

C.加热混合液时，应迅速升温至170℃，以削弱副反应发生

D.浓硫酸在乙醇的消去反应中既做催化剂，又做脱水剂

2.下列关于催化剂的有关判断，正确的是（　　　　）

A.催化剂一定能改变化学反应的速度，但一定不参加化学反应

B.催化剂在化学反应前后的质量和化学性质不变

C.催化剂在化学反应前后的质量和性质不变

D.催化剂可能呈固态，也可能呈液态

3.下列有机物不能发生消去反应的是（　　　　）

A.$CH_3CH_2CH_2OH$　　　　　　　　　B.$CH_3CHOHCH_3$

C.$CH_3CH_2CH(CH_3)OH$　　　　　　　D.$CH_3C(CH_3)_2CH_2OH$

4.下列有机物不能发生催化氧化反应的是（　　　　）

A.$CH_3CH_2CH_2OH$　　　　　　　　　B.$CH_3CHOHCH_3$

C.$CH_3CH_2C(CH_3)_2OH$　　　　　　　D.$CH_3C(CH_3)_2CH_2OH$

蛋白质和核酸（第二课时）

——以人教版普通高中课程标准实验教科书化学选修5为例

（甘肃省皋兰县第一中学，蔡环贞）

一、教材分析

本节是人教版课程标准实验教科书选修5《有机化学基础》第四章"生命中的基础有机化学物质"第三个主题的教学内容。作为有机高分子化合物的典型代表，对蛋白质结构与性质的认识为学生进一步学习高分子化合物做了铺垫。本节课需要解决以下两个问题：（1）组成蛋白质的基本结构——氨基酸的结构与性质；（2）蛋白质的结构特征与性质。

二、学情分析

在化学必修2第三章"基本营养物质"中已介绍了蛋白质的存在、性质、应用，在必修2"生活中两种常见的有机物"中介绍了乙醇和乙酸，知道了羟基（—OH）和羧基（—COOH）的有关性质，在必修1第四章非金属及其化合物第四个主题中介绍了无机物NH_3的性质，可以类比推测出氨基酸中—NH_2和—COOH的性质，本节第一课时已学习了氨基酸的组成、结构与性质。在日常生活中，已经积累许多与

蛋白质、氨基酸有关的生活常识，比如热水浸泡纯毛毛衣有臭味，丝质衣服不可暴晒，也不可用刺激性清洁剂洗涤，食物中毒时喝豆浆或者鸡蛋清解毒，等等。以上都为深化蛋白质的学习打下了良好的基础。但学生对蛋白质的结构和性质还缺乏系统的认识。

三、教学思路

以氨基酸的多官能团性质为基础，引出多肽——蛋白质的一级结构。在研究多肽链的氢键作用的基础上，演绎出多肽二级结构（螺旋结构）、三级结构（蛋白质亚基）及蛋白质最终形成的四级结构。通过实验探究，认识蛋白质的各种性质，帮助学生理解蛋白质结构的多重性、官能团的多样性对蛋白质性质的影响。通过联系生活、生产和社会，让学生了解蛋白质重要而广泛的用途及蛋白质与生命的关系，以体现化学教育的经济价值、社会价值和人文价值。

四、教学目标

1.在分析氨基酸成肽反应的基础上，能说出组成蛋白质的元素，知道蛋白质结构中的肽键，体会类比归纳的学习方法。通过蛋白质四级结构的分析，知道蛋白质结构的多重性、官能团的多样性。

2.通过蛋白质性质的实验探究，能说出蛋白质的性质（水解、盐析、变性、颜色反应、灼烧闻到羽毛味等），体会结构决定性质的思想。

3.通过蛋白质用途及生命科学发展成就的介绍，体会蛋白质与生命的关系，增进学生的民族自豪感。

五、教学过程

教学环节	教学内容及活动安排	设计意图
创设情境	课件展示图片：纺丝图片，结晶牛胰岛素图片	激发兴趣
温故知新	1.回顾氨基酸性质。 写出甘氨酸的成肽反应方程式。 2.解读：氨基酸通过肽键形成的高分子化合物即蛋白质。 3.提问：蛋白质的存在和组成是什么？ 阅读课本88页内容和资料卡片，并结合已有知识回答。	复习旧知，引出新知。
结构分析	思考与交流一 1.观察课本88页蛋白质的一级结构、二级结构、三级结构示意图，回答其结构特点。 一级结构：肽键或酰胺键"—CONH—"连接。 二级结构：卷曲盘旋（螺旋结构），螺旋结构的官能团之间存在氢键。 解读：氢键的形成。 氢键形式：—Y—H……Z—。 三级结构（亚基）：在二级结构的基础上盘曲折叠。 四级结构：亚基的立体排布与相互作用。 2.课件播放： 视频1：氨基酸经成肽反应逐步形成蛋白质的flash。 视频2：微观世界蛋白质在生物体内转化、合成的微电影。 课件播放：氨基酸在成肽反应中，按不同排列顺序的多肽键结合成千百万种不同理化性质和生理活性的多肽链。 3.总结蛋白质概念：相对分子质量在10000以上，并具有一定空间结构的多肽，称为蛋白质。	利用类比法推断蛋白质结构。 加深学生对蛋白质结构的理解。领会生命体内蛋白质转化的意义。 从组成和结构上形成蛋白质的概念

续表

教学环节	教学内容及活动安排	设计意图
实验探究	思考与交流二 1.问题讨论 (1)肽键和酯基的相似点。 由酯类的水解反应推测肽键性质。 (2)蛋白质有什么性质？如何用实验手段验证蛋白质的性质？ 2.分组实验:蛋白质的灼烧、盐析、变性、颜色反应等性质。 课本89—90页【实验4-2】、【实验4-3】、【实验4-4】、灼烧毛线实验。 3.总结 (1)蛋白质的化学性质:水解、盐析、变性、颜色反应、灼烧羽毛气味。 (2)盐析与变性的区别:盐析可逆,变性不可逆。 (3)促变性与防变性。 促变性:消毒——使细菌、病毒变性。 防变性:鸡蛋清、豆浆等物质解毒。	对比法的应用。 实验验证预设。 归纳概括蛋白质的性质。
知识应用	思考与交流三 1.为什么医院里用高温蒸煮、紫外线照射、喷洒苯酚溶液、在伤口处涂抹75%酒精溶液等方法来消毒杀菌？ 2.为什么生物实验室用甲醛溶液(福尔马林)保存动物标本？ 3.为什么在农业上用波尔多液(由硫酸铜、生石灰和水制成)来消灭病虫害？	领会性质决定用途。
蛋白质用途	思考与交流四 阅读课本88、89页"资料卡片"及90页"科学视野",结合必修2所学蛋白质的有关知识,总结蛋白质的用途。 (1)构成生命体的物质,生命体必需的营养物质; (2)动物的毛和皮、蚕丝可以制作服装; (3)动物胶可制作照相用的片基; (4)驴皮制的阿胶可入药; (5)牛奶中提取的酪素可制食品和塑料; (6)人工合成的结晶牛胰岛素调节体内糖类代谢。	
课堂小结	通过本节课的学习,你有哪些收获？	知识系统化。

六、板书设计

蛋白质的结构与性质

1.概念：蛋白质是由多种氨基酸通过肽键结合而成的含氮生物高分子化合物。

2.组成：由C、H、O、N、S等元素组成。

3.结构：一级结构（多肽链）、二级结构（螺旋结构）、三级结构（亚基）、四级结构（空间立体结构）。

4.蛋白质的性质：两性、水解、灼烧、盐析、变性、颜色反应。

5.蛋白质的用途

蛋白质和核酸（第二课时）

——以人教版普通高中课程标准实验教科书化学选修5为例

（甘肃省兰州第一中学，李晶）

一、教材分析

教学内容选自人教版课程标准教科书高中化学选修5《有机化学基础》第四章"生命中的基础有机化学物质"第二节"蛋白质和核酸"。本节教材安排有四个方面的内容：（1）氨基酸的结构与性质；（2）蛋白质的结构与性质；（3）酶；（4）核酸。本节课的任务是认识蛋白质的性质及其应用，核心是通过"三重表征"（宏观、微观、符号）方法，提升学生基于化学基本观念（变化观、微粒观、探究观、价值观）的核心素养。

二、学情分析

在必修2教材"基本营养物质"简单介绍了蛋白质的性质，知道蛋白质是人体必需的营养物质，蛋白质在人体胃蛋白酶和胰蛋白酶的作用下可水解，最终生成氨基酸，氨基酸被人体吸收后重新结合成人体所需要的各种蛋白质，包括上百种激素和酶，蛋白质在工业上有很多应用。在生物课中已学习酶和核酸的知识，知道酶是一种特殊的蛋白质，是人体内重要的催化剂；核酸包括脱氧核糖核酸（DNA）和核糖核酸（RNA），在生物体的生长、繁殖、遗传、变异等生命现象中起着决定性的作用。在本节教材第一课时已认识了氨基酸的结构与性质，知道氨基酸分子按不同的排列顺序以肽键相互结合可以形成蛋白质。本节课是蛋白质学习的进一步深化，需要解决四个问题：（1）蛋白质的组成；（2）蛋白质的四级结构（重点是三级结构）；（3）蛋白质的性质；（4）蛋白质知识的应用。

三、课标要求

1.查阅资料了解氨基酸、蛋白质与人体健康的关系。

2.了解蛋白质的组成、结构和性质，认识人工合成多肽、蛋白质、核酸等的意义，体会化学科学在生命科学发展中所起的作用。了解蛋白质的性质及其应用。

四、教学目标

1.通过观看膳食图片，体会蛋白质对生命的意义。

2.通过蛋白质结构图片解读，能说出蛋白质的三级结构。

3.通过实验探究与问题讨论，能说出蛋白质的性质（水解、盐析、变性、灼烧实验、颜色反应等），说出蛋白质盐析和变性的区别，学会蛋白质的简单检验方法，体验科学探究的快乐。

4.通过问题讨论，知道蛋白质知识在生活及指导健康中的应用，能解释或解决生活中的常见问题。

五、教学用品

多媒体辅助设备，化学实验仪器和药品。

六、教学思路

通过问题驱动，引导学生积极思考；通过蛋白质分子结构的解读和实验探究，认识蛋白质的性质；通过问题讨论，巩固所学知识；通过课堂小结，促进知识的结构化。

七、教学重点和难点

重点：蛋白质的性质。

难点：蛋白质盐析和变性的区别、蛋白质的三级结构。

八、教学过程

教学环节	教学内容与活动安排	教学手段
创设情境	一、蛋白质概述 观察膳食图片 总结：(1)蛋白质对于人体健康的意义：人体健康的营养物质。 (2)绝大部分蛋白质来源于生物组织，少量的由人工合成，其中，中国人首次合成人工牛胰岛素。	展示图片。
组成与结构	二、蛋白质的组成与结构 1.蛋白质的组成：C、H、O、N、S等元素，有些含P，少量的含微量元素。 2.蛋白质的一级、二级、三级结构及其特点(参看课本88页图4-10蛋白质结构示意图)： 一级结构：肽键(或酰胺键)相连； 二级结构：多肽链卷曲盘旋； 三级结构：在二级结构基础上进一步盘曲折叠——亚基。	学生阅读，教师解读。
实验探究	三、蛋白质的性质 问题一：从蛋白质的一级结构分析，蛋白质可能具有哪些化学性质？ 1.两性：多肽链的两端存在氨基和羧基。 $$H_2N{-}CHC{-}NHCHC{-}NHCH{-}COOH$$ $$R_1 \quad R_2 \quad R_3$$ 2.水解反应： $$H_2NCHC{-}NHCHC{-}NHCH{\ldots}{-}COOH \xrightarrow{H_2O}$$ $$R_1 \quad R_2 \quad R_3$$ $H_2NCHR_1COOH + H_2NCHR_2COOH + H_2NCHR_3COOH + \cdots\cdots$ 问题二：不同的盐及乙醇与蛋白质的作用 实验探究1：几种盐溶液及乙醇与蛋白质的反应	教师提问，学生思考，教师解读。 实验探究，填写学案。讨论总结。

序号	实验操作	实验现象
（1）	在2mL鸡蛋清溶液中滴加饱和$(NH_4)_2SO_4$溶液，再加入水，振荡	出现混浊，加水振荡，溶液变澄清
（2）	在3mL鸡蛋清溶液中加2滴质量分数为1%$(CH_3COO)_2Pb$溶液，再加入水，振荡	出现混浊，加水振荡，溶液仍然混浊
（3）	3mL鸡蛋清溶液中滴加1mL乙醇，再加入水，振荡	出现混浊，加水振荡，溶液仍然混浊

3.盐析：蛋白质溶液中加入盐溶液达到一定浓度时蛋白质析出的变化。

特点：析出的蛋白质加水后能溶解。

$$蛋白质溶液 \underset{水}{\overset{盐溶液}{\rightleftarrows}} 蛋白质析出$$

续表

教学环节	教学内容与活动安排	教学手段
实验探究	4.变性:在物理因素和化学因素的影响下,蛋白质的理化性质和生理功能发生改变。 特点:变性后的蛋白质加水后不能溶解。 解读:蛋白质变性并非所有的理化性质和生理功能都发生改变。 问题三:比较盐析和变性的区别 盐析可逆,变性不可逆。 问题四:煮鸡蛋的过程中发生了什么变化,如何证明? 问题五:如何检验蛋白质? 实验探究2:蛋白质的颜色反应及灼烧实验 | 序号	实验操作	实验现象 | |---|---|---| | (1) | 在2mL鸡蛋清溶液中滴加数滴浓硝酸,微热 | 出现凝聚物,加热后变黄 | | (2) | 棉线和毛线分别灼烧 | 有烧焦羽毛的气味 | 总结: 1.颜色反应:蛋白质与浓硝酸反应除了发生变性之外,还有颜色变化——变黄色。 2.灼烧实验:蛋白质灼烧具有烧焦羽毛的气味。	
知识应用	1.在临床上解救 Cu^{2+}、Pb^{2+}、Hg^{2+} 等重金属盐中毒的病人时,要求病人服用大量含蛋白质丰富的生鸡蛋、牛奶或豆浆等,为什么? 2.医院中一般使用酒精、蒸煮、紫外线等方法进行消毒杀菌,应用的是什么原理? 3.松花蛋的腌制原理是什么? 4.夏天打太阳伞和戴墨镜,只是为了耍酷吗? 5.摄入大量食盐水能有效预防病毒感染,是真的吗? 6.为什么常用福尔马林浸泡植物标本? 总结:(1)蛋白质变性,不是所有性质发生改变; (2)"利弊共存":促变性与防变性。	PPT展示问题,学生回答。
课堂小结	蛋白质的思维导图(见图1)	教师引导,学生回答。
布置作业	课后实践: 1.在豆腐、面筋上滴加浓硝酸,观察实验现象。 2.将豆浆加工成豆腐脑。	提出作业要求。

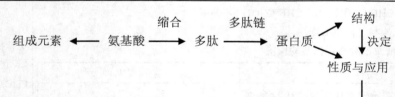

1. 两性——测"等电点"(等电点时溶解度最小);
2. 水解反应——元素分析,蛋白质在体内转化;
3. 颜色反应、灼烧气味——检验蛋白质;
4. 盐析——分离提纯蛋白质;
5. 变性——"利弊共存":促变性——食物中的蛋白质变性利于人体吸收,杀菌消毒;防变性——保持蛋白质原有的性质。

图1 蛋白质的思维导图

合成有机高分子化合物的基本方法（第一课时）

——以人教版普通高中课程标准实验教科书化学选修5为例

（甘肃省兰州第一中学，金东升）

一、教材分析

本节教材内容是人教版普通高中课程标准实验教科书化学选修5《有机化学基础》第五章"进入合成有机高分子化合物的时代"第一节的内容，共有2个二级主题，即加成聚合反应和缩合聚合反应，是继人教版义务教育课程标准实验教科书九年级化学第十二单元"化学与生活——有机合成材料"、人教版普通高中课程标准实验教科书高中化学必修2第四章"化学与自然资源的开发利用——煤、石油和天然气的综合利用"之后对有机化合物知识的进一步拓展，主要介绍合成高分子化合物的基本方法，为有志于向有机化学方向发展的学生打好学习基础。本节教材内容的特点：（1）理论性强，涉及聚合反应的类型，聚合方式、本质、表征等；（2）渗透思维方法，主要有逻辑推理和模型认知。本节课是第一节第一课时的内容，主要学习加成聚合反应。

二、教学思路

1.以知识为载体，以训练为手段，以逻辑推理与模型认知为主线，紧紧抓住加聚反应的前提、断键与成键方式、加聚反应的类型与特点组织教学内容。反应的前提——含碳碳不饱和键的有机化合物；断键与成键方式——不饱和键断裂，不饱和的碳原子彼此相连；加聚反应类型与特点——分乙烯类单体聚合、二烯烃类单体聚合以及炔烃类单体聚合。

2.通过导学案渗透学法指导，突出"导"与"学"的过程，既有"导"的方法，又有"学"的方法。

三、教学方法

主体参与、交流点拨、练习巩固。

四、辅助工具

导学案、希沃软件（实现手机和电脑同屏传送）。

五、教学过程

教学环节	学习任务	学习策略
展示学习目标	1.通过复习能说出高聚物对应的单体、链节与聚合度等概念。 2.通过加聚反应的思考与交流，在老师的点拨下，能说出加聚反应的本质（不饱和键断开，不饱和的碳原子彼此相连）、类型、规律，体会演绎推理的方法和由个别到一般的哲学思想。 3.在理解的基础上，能正确书写加聚反应的化学方程式，能根据加聚反应的规律，判断高聚物对应的单体，体会模型认知的思维方法。 4.通过练习巩固和学习交流，分享并体会收获的喜悦。	目标展示，明确要求。
基础知识复习	1.写出乙烯发生聚合反应的化学方程式。 2.以聚乙烯为例，指出高聚物、单体、链节、聚合度等。	回答问题，温故知新。

续表

教学环节	学习任务	学习策略
思考与交流1	1.写出丙烯、氯乙烯(CH_2=CHCl)、丙烯酸(CH_2=CHCOOH)分别发生聚合反应的化学方程式。 2.我的疑问是什么?	尝试书写,合作交流,提出问题。
思维点拨与总结1	【听老师解读】 乙烯聚合:nCH_2=CH_2→·CH_2—CH_2·+·CH_2—CH_2·+ … → —CH_2=CH_2— + —CH_2=CH_2— + … → —[CH_2—CH_2]$_n$— 丙烯聚合:nCH_2=$CHCH_3$→·CH_2—$CH(CH_3)$·+·CH_2—$CH(CH_3)$·+ … → —CH_2=$CH(CH_3)$— + —CH_2=$CH(CH_3)$— + … → —[CH_2—$CH(CH_3)$]$_n$— 【思考】丙烯分子中哪些碳原子不饱和?反应过程中断裂了哪些化学键?哪些碳原子相互连接?高聚物的碳原子骨架有什么特点? 变式训练1:写出乙酸乙烯酯(CH_2=CHOOCCH$_3$)发生聚合反应的化学方程式。 变式训练2:写出CH_2=CH_2与CH_2=$CHCH_3$混聚的化学方程式。 【总结规律】乙烯类单体聚合,不饱和键断开(双键变单键),不饱和的碳原子彼此相连(单电子配对);主碳链全部是单键,形成两个碳原子为重复结构单元的链节骨架。	演绎推理,变式训练,模型建构。
思考与交流2	写出1,3—丁二烯(CH_2=CH—CH=CH_2)、乙炔(CH≡CH)分别发生聚合反应的化学方程式。	尝试书写,合作交流,提出问题。
思维点拨与总结2	【听老师解读】 丁二烯聚合:nCH_2=CHCH=CH_2→n·CH_2—·CH—·CH—·CH_2 →n—CH_2—CH=CH—CH_2— → —[CH_2—CH=CH—CH_2]$_n$— 乙炔聚合 nCH≡CH→·CH=CH·+·CH=CH· … → —CH=CH—CH=CH—CH=CH— → —[CH=CH]—(导电聚合物材料) 白川英树、黑格和麦克迪尔米德三位科学家因为对导电聚合物的发现和发展而获2000年度诺贝尔化学奖。 【思考】反应过程中断裂了哪些化学键?哪些碳原子相互连接?高聚物的碳原子骨架有什么特点? 变式训练:写出异戊二烯[CH_2=$C(CH_3)$CH=CH_2]发生反应的化学方程式。 【总结规律】 (1)二烯烃类单体聚合,两个双键变成一个双键(两边移中间),两端的不饱和碳原子彼此相连;主碳链中双键与单键交替,形成四个碳原子为重复结构单元的链节骨架。 (2)乙炔类单体聚合,一个不饱和键断开,不饱和的碳原子彼此相连,主碳链中双键与单键交替,形成两个碳原子为重复结构单元的链节骨架。	演绎推理,变式训练,模型建构。

续表

教学环节	学习任务	学习策略
巩固提升	1.写出下列单体聚合的化学方程式: 丙烯腈(CH_2=CHCN),苯乙烯(CH_2=CHC$_6$H$_5$),丙烯酸甲酯(CH_2=CHCOOCH$_3$), CH_2=CCH$_3$CH=CHC$_6$H$_5$。 2.写出CH_2=CHCH$_3$与CH_2=CHCN混聚的化学方程式。 3.根据下列高聚物的碳链结构找出对应的单体: (1)—CH$_2$—CHCN—CH$_2$—CH$_2$—CH$_2$—CHC$_6$H$_5$— … (2)—CH$_2$—CH=CCH$_3$—CH$_2$—CH$_2$—CH=CCH$_3$—CH$_2$— … (3)—CH$_2$—CH=CCH$_3$—CH$_2$—CH$_2$—CH$_2$— … 总结:主碳链中全部是单键,对应单体为乙烯类单体(二碳骨架);主碳链中有双键,对应单体为二烯烃类单体(四碳骨架)。	方法应用,交流展示,总结规律。
课堂小结	(1)加聚反应本质——加成反应; (2)反应类型及规律——乙烯类单体聚合(纯聚与混聚)、二烯烃类单体聚合、炔烃类单体聚合; (3)根据高聚物结构判断单体的方法。	共同总结。
作业	(略)	练习巩固。

价层电子对互斥理论

——以人教版普通高中课程标准实验教科书化学选修3为例

(甘肃省金塔县中学,赵霞)

一、教学分析

(一)课标要求

内容标准要求认识共价分子结构的多样性和复杂性,能根据有关理论判断简单分子或离子的立体构型。

(二)教材分析

价层电子对互斥理论是人教版课程标准实验教科书高中化学选修3《物质结构与性质》第二章"分子结构与性质"第二节的内容,是高中化学课程标准教材中新增的内容,它是在共价键的分类、键参数、电子式的书写等基础上,通过预测ABn型共价分子的立体构型的方法,使学生对已有认知中"CO$_2$分子为直线型、H$_2$O分子为V型、CH$_4$分子为正四面体型"等知识深度学习。第一节"共价键"的学习为其做了铺垫,而后面的杂化轨道理论又可以与之相辅共同解决分子立体构型的问题。

(三)学情分析

认知基础:对共价键分类、键参数、电子式的书写等基础知识有一定的认识,对不同分子具有不同立体结构有疑问,并且成为进一步探究的内动力。

认知方式:学生在"逻辑推理和模型认知"等思维能力上还有待进一步提升,对类似"孤对电子数的计算"理解不透,不少学生还停留在死记硬背的层次。

二、学习目标

1.通过复习回顾常见分子的空间构型，知道分子空间构型不同的客观事实。

2.通过探究 ABn 型（中心原子只有一个）的分子或离子的价层电子，知道价层电子互斥是分子或离子空间构型不同的原因，并依据斥力最小化原理，知道价层电子互斥的结果——价层电子对数与空间结构的关系（VSEPR模型）。

3.通过价层电子对数的预测模型介绍和练习，能够判断 ABn 型分子或离子的空间结构，锻炼逻辑推理能力。

4.通过分子或离子空间结构学习的意义介绍，知道学习的价值，提高学习兴趣。

三、教学重点和难点

重点：利用价层电子对互斥模型预测简单分子或离子的立体结构。

难点：价层电子对互斥理论模型；价层电子对数的计算。

四、教学方法

探究、讨论、讲授、练习。

五、教学过程

（一）认识多原子分子的空间构型

【复习提问】（1）你知道 CO_2、H_2O、CH_4、NH_3、CH_2O 分子的空间结构吗？

【展示】常见分子空间构型图。

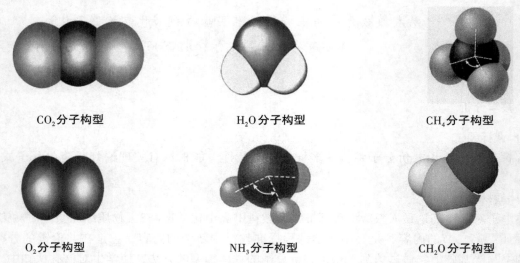

CO_2分子构型　　　　　　　　H_2O分子构型　　　　　　　　CH_4分子构型

O_2分子构型　　　　　　　　NH_3分子构型　　　　　　　　CH_2O分子构型

（2）同为三原子分子的 H_2O 和 CO_2、四原子分子的 CH_2O 和 NH_3，为什么空间结构不同呢？

（二）追寻多原子分子空间构型不同的原因

【学生探究1】

H_2O 为什么不是直线型？NH_3 为什么不是正三角形？

$$H_2O \qquad H : \overset{\cdot\cdot}{\underset{\cdot\cdot}{O}} : H \qquad NH_3 \qquad H \overset{\overset{\displaystyle H}{\times}}{\underset{\cdot\cdot}{\times}} N \underset{\times}{\overset{\times}{:}} H$$

【结论】成键电子和孤对电子之间存在相互排斥。

【学生探究2】中心原子价层电子对数与分子的空间结构

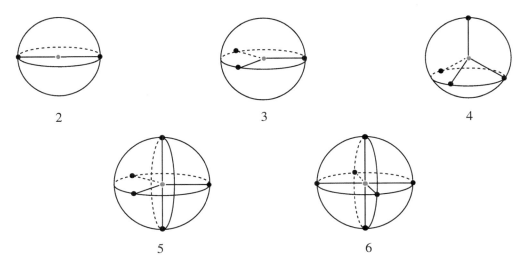

2　　　　　　　　3　　　　　　　　4

5　　　　　　　　6

电子对数目与立体结构

【小结】PPT展示

1.价层电子互斥理论（VSEPR模型）：对ABn型（中心原子只有一个）的分子或离子，中心原子A的价层电子对之间由于存在排斥力，分子的几何构型总是采取电子对相互排斥最小的那种构型，以使彼此之间斥力最小，分子体系能量最低，最稳定。

2.价层电子对互斥理论模型（VSEPR模型）

价层电子对数	2	3	4	5	6
VSEPR模型	直线型	平面正三角形	正四面体	三角双锥	正八面体
键角	180°	120°	109°28′	120°、90°	90°

（三）预测ABn型共价分子空间构型的方法

1.ABn型分子的价层电子对的确定

【讲述】

价层电子对　＝　成键电子对　＋　孤电子对

（σ键）　　　　　[中心原子的孤对电子数 $= 1/2(a-xb)$]

（1）成键电子对（σ键）数即与中心原子相连的原子的个数，可由分子式或者结构式确定。

例如，H_2O 的结构式为：H—O—H，成键电子对数为2；

例如，CO_2 的结构式为：O＝C＝O，所以成键电子对数为2（双键或者三键中只有一个键是σ键）。

（2）中心原子的孤对电子数=1/2 $(a-xb)$

a 为中心原子的价电子数；x 为与中心原子结合的原子数；b 为与中心原子结合的原子最多能接受的电子数（氢为1，其他原子等于"8-该原子的价电子数"）。

H_2O 的价层电子对数=2+1/2×(6-2×1)=4，

BF_3 的价层电子对数=3+1/2×(3-3×1)=3，

CH_4 的价层电子对数=4+1/2×(4-4×1)=4，

CO_2 的价层电子对数=2+1/2×(4-2×2)=2。

【课堂分组练习】

计算下列物质的价层电子对数并确定VSEPR模型：

分组	第一组	第二组	第三组	第四组
分子	$BeCl_2$ 　 CS_2	SO_2 　 SO_3	H_2S 　 CCl_4	PCl_5 　 　 SF_6
VSEPR模型	直线型	平面三角形	四面体	三角双锥 　 正八面体

【分组汇报】交流结果

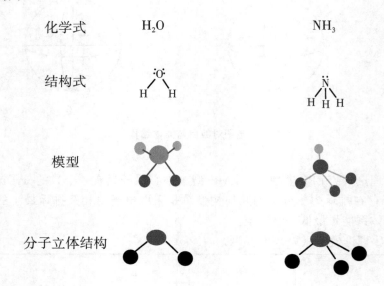

化学式	H_2O	NH_3
结构式		
模型		
分子立体结构		

2. 离子价层电子对数的确定

阳离子：孤电子对数=1/2（a-电荷数-xb）；阴离子：孤电子对数=1/2（a+电荷数-xb）。

判断下列分子的空间构型：NH_4^+、SO_4^{2-}、CO_3^{2-}。

3. AB_nC_m 性化合物（包括含氧酸分子）价层电子对数的确定

（1）与中心原子相连的B、C原子所需的电子分别计算然后相加，其中，每个"—OH"最多需要1个电子。

注意：含氧酸分子中的"H"原子通常不是直接连在中心原子上，而是形成"—OH"，通过氧原子连在中心原子上，所需电子由"—OH"决定，其他同。

（2）将含氧酸分子转化为ABn型含氧酸根离子，其他同3。

判断下列分子的空间构型：HNO_3、H_2SO_4、H_2CO_3、H_3PO_4。

（四）研究分子空间构型的意义

分子构型是分子结构的一部分，直接影响分子的排列及分子间的相互作用，进而影响物质的性质，如物质的熔点、沸点、密度等。

【课堂小结】

1. 知识结构

分子构型差异→价层电子互斥→互斥模型（VSEPR模型）→构型预测方法→构型预测的意义

　客观事实　　　　原因　　　　　　　　　模型建构与逻辑推理　　　　应用价值

2. 确定价层电子对数的要点

（1）价层电子对数=中心原子σ键电子对数+中心原子孤电子对数。

（2）中心原子孤电子对数=中心原子价电子数（最高化合价）-相连原子所需电子总数。

（3）略去中心原子上的孤对电子即得到分子或离子的空间构型（原有构型不变，空间构型按原子排列勾勒形状，孤对电子只占空间位置）。

【作业】

利用VSEPR模型判断下列分子或离子的空间构型：

NH_3、H_3O^+、NH_2^-、SiF_4、PCl_3、$HClO$、HCN、CH_2O、H_2SO_3、HNO_2、$HClO_4$。

【教学反思】

1.通过分子空间构型与电子式的关系探究，让学生先感知价层电子对互斥，再结合数学知识探究其模型，最后介绍分子空间构型的预测方法，让学生在练习、讨论、交流中学会简单分子构型的判断，并在学到知识的同时，学会思维方法，而不是简单的灌输、记忆、机械计算。这不仅提高了学生参与学习的积极性，对于培养学生"模型建构与逻辑推理"的学科核心素养也是很重要的。

2.价层电子对数的确定和分子立体构型的确定是本节课的重难点，笔者设计问题的梯度，先从ABn型的分子或离子价层电子对数计算入手进行判断，再扩展到AB_nC_m性化合物价层电子对数计算，循序渐进，由浅入深，化解了难点。

3.概念的形成和发展是在原有学习基础和已有认知的前提下层层推进，体现认知学习策略。

第三章　高三复习专题

控制变量法在解题中的应用

——以化学反应速率影响因素为例

（甘肃省兰州第一中学，储欣）

一、教学背景分析

控制变量法作为科学探究的一种重要方法，得到新课程高考命题的关注。这类题目以实验探究为素材，对实验探究过程的各个环节展开设问，全方位考查学生的信息加工能力，其中，控制变量思想渗透在命题意图之中。由于高三复习课中学生对实验探究题的控制变量思想还不够明确，思维加工的策略相对较为薄弱，为此，设计了高三专题复习课"控制变量法在解题中的应用——以化学反应速率影响因素为例"。

二、教学目标

1.通过师生讨论，知道自变量、因变量、控制变量的相关概念。

2.通过习题中实验数据的分析，会运用控制变量思想分析解决问题，锻炼学生的思维加工能力，使学生体验理性思辨的快乐。

三、考纲要求

1.从提供的新信息中，准确地提取实质性内容，并与已有知识整合，重组为新知识块。

2.能正确地将分析解决问题的过程及成果运用化学术语及文字、图表、模型、图示进行表达，并做出合理的解释。

四、教学重点和难点

重点：会运用控制变量思想解答实验探究题的相关问题。

难点：信息的获取与思维加工。

五、教学方法

多媒体辅助下的问题教学法。

教学思路：以问题为导向，应用变量控制思想分析解决实验探究题的相关问题；讲练结合，由易到难，提高学生的解题能力。

六、教学过程

教学环节一：变量控制概念引入

什么是控制变量？（师生讨论理解变量控制的概念）

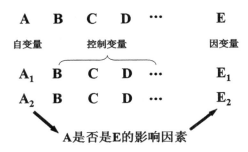

教学环节二：控制变量思想的应用（获取信息，解决问题）

例1（2008·广东卷20题节选）

某探究小组用HNO_3与大理石反应过程中质量减小的方法，研究影响反应速率的因素。

请完成以下实验设计表，并在实验目的一栏中填写相应内容：

实验编号	T/K	大理石规格	HNO_3浓度/mol·L^{-1}	实验目的
①	298	粗颗粒	2.00	（Ⅰ）实验①和②探究_____对该反应速率的影响；
②	308	粗颗粒	2.00	（Ⅱ）实验①和_____探究HNO_3浓度对该反应速率的影响；
③			1.00	（Ⅲ）实验①和④探究大理石规格（粗、细颗粒）对该反应速率的
④				影响；

例2（2010·全国课标卷Ⅱ·27题节选）

为了进一步研究硫酸铜的量对锌粒与稀硫酸反应生成氢气的速率的影响，该同学将表中所给的混合溶液分别加入6个盛有过量锌粒的反应瓶中，记录获得相同体积气体所需的时间。

混合溶液 \ 实验	A	B	C	D	E	F
4 mol·L^{-1} H_2SO_4/mL	30	V_1	V_2	V_3	V_4	V_5
饱和$CuSO_4$溶液/mL	0	0.5	2.5	5	V_6	20
H_2O/mL	V_7	V_8	V_9	V_{10}	10	0

（1）请完成此实验设计（填写$V_1 \sim V_{10}$的数据）。

（2）反应一段时间后，实验A中金属呈_____色，实验E中金属呈_____色；

（3）该同学最后得出结论：加入少量$CuSO_4$溶液时，氢气生成速率会大大提高。但当加入的$CuSO_4$溶液超过一定量时，氢气生成速率反而会下降。请分析氢气生成速率下降的主要原因？

教学环节三：课堂练习（学生练习教师讲解）

练习1（2009·北京卷27题节选）

某学习小组探究浓、稀硝酸氧化性的相对强弱，实验结束后，发现铜和浓硝酸反应后的溶液呈绿色，而不显蓝色。甲同学认为是该溶液中硝酸铜的质量分数较高所致，而乙同学认为是该溶液中溶解了生成的气体。同学们分别设计了以下4个实验，观察颜色变化来判断两种看法是否正确。这些方案中可行的是（选填序号字母）＿＿＿＿＿＿

A.加热该绿色溶液　　　　　　B.加水稀释该绿色溶液

C.向绿色溶液中通入 N_2　　　　D.向饱和硝酸铜溶液中通入 NO_2

练习2（2007·海南卷21题节选）

实验序号	金属质量/g	金属状态	$c(H_2SO_4)$/ mol·L^{-1}	$V(H_2SO_4)$/ mL	溶液温度/℃		金属消失的时间/s
					反应前	反应后	
1	0.10	丝	0.5	50	20	34	500
2	0.10	粉末	0.5	50	20	35	50
3	0.10	丝	0.7	50	20	46	250
4	0.10	丝	0.8	50	20	35	200
5	0.10	粉末	0.8	50	20	36	25
6	0.10	丝	1.0	50	20	35	125
7	0.10	丝	1.0	50	35	50	50
8	0.10	丝	1.1	50	20	34	100
9	0.10	丝	1.1	50	35	51	40

分析表中数据，回答下列问题：

表中有一个数据明显有错误，该数据是＿＿＿＿＿＿＿＿＿＿＿＿＿＿＿＿＿。

（1）实验1和2表明，＿＿＿＿＿＿＿＿＿对反应速率有影响，＿＿＿＿＿＿＿反应速率越快，能表明同一规律的实验还有＿＿＿＿＿＿＿（填实验序号）；

（2）仅表明反应物浓度对反应速率产生影响的实验有＿＿＿＿＿＿＿（填实验序号）；

（3）本实验中影响反应速率的其他因素还有＿＿＿＿＿＿＿＿＿，其实验序号是＿＿＿＿＿＿＿；

（4）实验中的所有反应，反应前后溶液的温度变化值（约15℃）相近，推测其原因：＿＿＿＿＿＿＿＿＿。

教学环节四：课堂小结（学生自主总结解题方法）

1.多个自变量对因变量产生影响时，必须控制一个自变量，已获得这个自变量对因变量的影响。

2.图表或图示获取信息要找"变"与"不变"。

作业：完成下列各题。

1.（2014·安徽卷2题）

某研究小组为探究弱酸性条件下铁发生电化学腐蚀类型的影响因素，将混合均匀的新制铁粉和碳粉置于锥形瓶底部，塞上瓶塞（如图1）。从胶头滴管中滴入几滴醋酸溶液，同时测量容器中的压强变化。

（1）请完成以下实验设计表（表中不要留空格）：

测量压强仪器
醋酸
图1

编号	实验目的	碳粉 / g	铁粉 / g	醋酸 / %
①	为以下实验作参照	0.5	2.0	90.0
②	醋酸浓度的影响	0.5		36.0
③		0.2	2.0	90.0

（2）编号①实验测得容器中压强随时间变化如图2。t_2时，容器中压强明显小于起始压强，其原因是铁发生了_____腐蚀，请在图3中用箭头标出发生该腐蚀时电子流动方向；此时，碳粉表面发生了_____（填"氧化"或"还原"）反应，其电极反应式是_____。

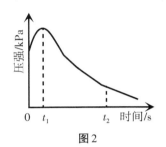

图2

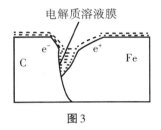

图3

（3）该小组对图2中0~t_1时压强变大的原因提出了如下假设，请你完成假设二：

假设一：发生析氢腐蚀产生了气体；

假设二：_____。

（4）为验证假设一，某同学设计了检验收集的气体中是否含有H_2的方案。请你再设计一个实验方案验证假设一，写出实验步骤和结论。

实验步骤和结论(不要求写具体操作过程)：

2.（2014·广东卷33题）

NH_3及其盐都是重要的化工原料。设计实验，探究某一种因素对溶液中NH_4Cl水解程度的影响。

限制试剂与仪器：固体NH_4Cl、蒸馏水、100mL容量瓶、烧杯、胶头滴管、玻璃棒、药匙、天平、pH计、温度计、恒温水浴槽（可控制温度）。

①实验目的：探究_____对溶液中NH_4Cl水解程度的影响。

②设计实验方案，拟订实验表格，完整体现实验方案［列出能直接读取数据的相关物理量及需拟订的数据，数据用字母表示；表中V（溶液）表示所配制溶液的体积］。

物理量 / 实验序号	V(溶液)/mL			……
1	100			……
2	100			……

③按实验序号1所拟数据进行实验，若读取的待测物理量的数值为Y，则NH_4Cl水解反应的平衡转化率为_____（只列出算式，忽略水自身电离的影响）。

3.（2015·福建卷25题）

某化学兴趣小组制取氯酸钾和氯水并进行有关探究实验。

实验二　氯酸钾与碘化钾反应的研究

在不同条件下$KClO_3$可将KI氧化为I_2或KIO_3。该小组设计了系列实验研究反应条件对反应产物的影响，其中系列a实验的记录表如下（实验在室温下进行）：

试管编号	1	2	3	4
$0.2mol \cdot L^{-1}$ KI/mL	1.0	1.0	1.0	1.0
$KClO_3(s)$/g	0.10	0.10	0.10	0.10
$6.0mol \cdot L^{-1}$ H_2SO_4/mL	0	3.0	6.0	9.0
蒸馏水/mL	9.0	6.0	3.0	0
实验现象				

①系列a实验的实验目的是_____。

②设计1号试管实验的作用是_____。

③若2号试管实验现象为"黄色溶液"，取少量该溶液加入淀粉溶液显蓝色；假设氧化产物唯一，还原产物为KCl，则此反应的离子方程式为_____。

解决化学平衡问题常用的思维方法

（甘肃省兰州第一中学，刘跟信）

一、教学分析

化学平衡是中学化学最重要的理论知识之一，也是最能体现理科思维的重要载体。从多年的高考试题来看，涉及化学平衡基础知识与思维方法的试题素材重现率几乎是100%。由于化学平衡问题所给信息往往比较抽象和隐蔽，因而解答这方面的问题要求学生具备较强的逻辑思维能力。在有关化学平衡移动的判断与计算教学中，由于老师缺乏学习策略的引导，学生对问题解决过程的听讲似懂非懂，做相关题目困难很大。又由于高中学习的阶段性，不可能在基础学习阶段介绍很多的化学平衡思维方法，学生的思维结构不完善，解决问题的办法有待提高。基于此，在高三复习教学中，帮助学生应用化学常用思维方法解决化学平衡的有关问题，不仅能巩固基础知识，而且能提高学生的思维质量，培养学生运用理论知识分析问题、解决问题的能力。

二、设计思想

对涉及化学平衡解题中应用频率比较高的思维方法进行梳理，提炼出解题思路，通过符号表征的手段，发展学生的思维能力，提高解题效率。常用到的思维方法有："三行式"法、等效法、极限法和虚拟状态分析法等。本专题复习安排2课时（连堂大课）。

三、教学目标

1.通过示例解析、归纳总结、练习的学习过程，初步学会应用"三行式"法、极限法、等效法和虚拟体积模型法等思维方法解决化学平衡问题一般程序和思路，锻炼思维的质量，提高解题能力，体会逻辑推理与模型认知的意义。

2.通过积极参与课堂活动，养成认真审题的习惯，体验成功的快乐，提升学习的兴趣和信心。

四、教学重点和难点

重点：用"三行式"法、极限法、虚拟法和等效法解决化学平衡问题的一般思路。

难点：用虚拟"状态"法判断化学平衡的移动。

五、教学过程

【引言】前面的复习中我们对化学平衡知识进行了总结，但有关化学平衡移动的判断与计算由于比较抽象，思维质量要求高，因此，许多同学在涉及化学平衡有关问题的解题中，仍有许多的困惑。这节课我们将通过几道典型习题的分析，探讨化学平衡的一些思维方法和解题思路，希望对你们的学习能有所帮助。

思想一：列"三行式"（过程分析）思想

"三行式"思想也称为"过程分析"思想，即分析平衡体系各组分的起始量、转化量和平衡量，根据"可逆反应中转化的量（物质的量或物质的量浓度）之比等于化学计量数之比"的规律，列式进行计算。

例1：一定温度下反应$2SO_2(g)+O_2(g)\rightleftharpoons2SO_3(g)$达平衡时，$n(SO_2):n(O_2):n(SO_3)=2:3:4$，缩小容器的体积，反应再次达到平衡时，$n(O_2)=0.8mol$，$n(SO_3)=1.4mol$，则$n(SO_2)$为（　　）

A.0.4mol　　　B.0.6mol　　　C.0.8mol　　　D.1.2mol

解析：不妨设第一次达平衡时各物质的量分别为$n(SO_2)=2x$，$n(O_2)=3x$，$n(SO_3)=4x$。缩小容器体积，平衡右移，设O_2的转化量为y，则有：

$$2SO_2(g)\quad+\quad O_2(g)\quad\rightleftharpoons\quad 2SO_3(g)$$

	$2SO_2(g)$	$O_2(g)$	$2SO_3(g)$
$n_{始}(mol)$	$2x$	$3x$	$4x$
$\Delta n(mol)$	$2y$	y	$2y$
$n_{平}(mol)$	$2x-2y$	$3x-y$	$4x+2y$

$\therefore\begin{cases}3x-y=0.8\\4x+2y=1.4\end{cases}$　解之：$x=0.3$，$y=0.1$，即$n(SO_2)=2x-2y=0.4mol$。

答案：A

【启示】在化学平衡计算中，常常用"三行式"列出"起始""变化""平衡"时各物质的物质的量（或浓度），容易建立已知条件与未知条件之间的关系，思路更加清晰，一目了然，往往可以起到化抽象为直观的效果。

变式训练1：某温度下，等物质的量的碘与环戊烯发生反应：

$\bigtriangleup(g)+I_2(g)\rightleftharpoons\bigtriangleup(g)+2HI(g)$

起始总压为10^5Pa，平衡时总压增加了20%，环戊烯的转化率为_____，该反应的平衡常数$Kp=$_____Pa。

解析：起始时总压为$p=10^5Pa$，由于碘和环戊烯的物质的量相等，则各自分压为$0.5p$。

$$\square(g) + I_2(g) \rightleftharpoons \square(g) + 2HI(g) \qquad \Delta p$$

完全转化：	p	p	p	$2p$	p
起始	$0.5p$	$0.5p$	0	0	0
转化	$0.2p$	$0.2p$	$0.2p$	$0.4p$	$p\times20\%=0.2p$
平衡	$0.3p$	$0.3p$	$0.2p$	$0.4p$	

转化率：（$0.2p/0.5p$）$\times100\%=40\%$

$K_p=0.2p\times(0.4p)^2/(0.3p\times0.3p)=3.56\times10^4Pa$

答案：40%　3.56×10^4

思想二：极限思想

可逆反应达到平衡状态后，其各组分的量（物质的量或浓度）均"不为0"，若将化学平衡状态看成是一种处于完全反应和完全不反应的中间状态时，体系中各组分的量就介于0～100%的量之间。在解决一些化学平衡有关取值范围问题时，我们可以借助这一"极限思想"，找出可逆反应达到某一平衡状态时各组分的取值范围。

例2：在密闭容器中发生反应：$X_2(g)+3Y_2(g)\rightleftharpoons2Z(g)$，其中 X_2、Y_2、Z 的起始浓度依次为 $0.3mol\cdot L^{-1}$、$0.3mol\cdot L^{-1}$、$0.2mol\cdot L^{-1}$，当反应达到平衡时，各物质的浓度有可能的是（　　　）

A.$c(X_2)=0.1mol\cdot L^{-1}$　　　　　　B.$c(Y_2)=0.3mol\cdot L^{-1}$

C.$c(X_2)=0.2mol\cdot L^{-1}$　　　　　　D.$c(Z)=0.3mol\cdot L^{-1}$

解析：可分别假设反应向正方向进行完全和反应向逆方向进行完全，分析各物质浓度的取值范围，分析如下：

	$X_2(g)$	$+\ 3Y_2(g)$	$\rightleftharpoons\ 2Z(g)$
$c_{始}$ (mol·L⁻¹)	0.3	0.3	0.2
c (mol·L⁻¹) 正向进行完全	0.2	0	0.4
c (mol·L⁻¹) 逆向进行完全	0.4	0.6	0

各物质浓度的取值范围

（1）平衡向正反应方向进行，$0.2<n(X_2)<0.3$，$0<n(Y_2)<0.3$，$0.2<n(Z)<0.4$；

（2）平衡向正反应方向进行，$0.3<n(X_2)<0.4$，$0.3<n(Y_2)<0.6$，$0<n(Z)<0.2$。

答案：D

【启示】在确定可逆反应中某一组分的物质的量（或浓度）的取值范围时，采取极限思想，往往可以使复杂的问题变得简单化。

变式训练2：在体积固定的密闭容器中通入 CO_2、H_2O、CH_4 各1 mol和 x mol H_2 发生反应：

$$CO_2(g)+4H_2(g)\rightleftharpoons2H_2O(g)+CH_4(g)$$

当 x 在一定范围内变化时，均可通过调节反应器的温度使反应达平衡时保持容器中气体总物质的量为5mol，若使起始反应向正方向进行，则 x 的取值范围为_____。

解析：正反应是气体物质的量减小的反应。

极限①：假设平衡不移动，则当气体总物质的量为5mol时，H_2 应为2mol，显然要使平衡正向移动，则 H_2 的物质的量应大于2 mol；

极限②：假设平衡向右移动，且反应进行得很完全，CO_2 的量完全转化（极限），转化后气体总物质的量为5mol，则：

$$CO_2(g) + 4H_2(g) \rightleftharpoons 2H_2O(g) + CH_4(g)$$

$n_{始}(mol)$	1	x	1	1
$\Delta n(mol)_{max}$	1	4	2	1
$n_{平}(mol)$	0	$x-4$	3	2

即 $x-4+3+2=5$，所以 x 的最大值为4。

答案：$2<x<4$

思想三：等效思想

"等效平衡"即不同条件下，建立的平衡状态是相同的。常见的等效平衡的条件如下：

①恒温、恒容条件下的等效平衡 $\begin{cases} \Delta n(g) \neq 0：体系中各组分对应的"量"相同； \\ \Delta n(g) = 0：体系中各组分的"比例"相同。 \end{cases}$

②恒温、恒压条件下的等效平衡：无论 $\Delta n(g) \neq 0$，还是 $\Delta n(g)=0$：体系中各组分的"比例"相同。

根据等效平衡思想，可以判断哪些条件下建立的平衡是等效的，借以判断平衡组分的含量；还可以等效平衡条件为参照，借以判断条件改变时平衡移动的方向。

例3：在一定的温度下，向一个容积固定的密闭容器中充入2mol SO_2 和1mol O_2，发生的反应为 $2SO_2 + O_2 \rightleftharpoons 2SO_3$，建立平衡后 SO_3 的含量为91%（体积分数），若保持温度不变，向该容器中充入 SO_2、O_2、SO_3 的物质的量分别为 a mol、b mol和 c mol，建立平衡后 SO_3 的含量仍为91%，则 a、b、c 之间应满足什么关系？

解析：等温等容，两组组分的物质建立平衡时 SO_3 的含量均为91%，建立的平衡是相同的（等效）。可利用极限思想实现组分物质的转换，找出守恒关系，包括对应组分物质守恒和对应原子守恒。

$$2SO_2 + O_2 \rightleftharpoons 2SO_3$$

（1）始　　2mol　　1mol　　　0

（2）始　　a　　　b　　　　c

方法一：原子守恒法

平衡体系中3种物质（SO_2、O_2、SO_3）共包含2种原子，即S原子和O原子。依据S原子守恒有：$a+c=2$；依据O原子守恒有：$2a+2b+3c=6$。

以上两式消去 a 项可得：$2b+c=2$，消去 c 项可得：$a=2b$。

方法二：极限法

两组物质建立的平衡相同，若都从正反应开始，对应物质的物质的量相同。

$$2SO_2 + O_2 \rightleftharpoons 2SO_3$$

（1）始　　2mol　　1mol　　　0

（2）始　　a　　　b　　　　c

（3）始　　$a+c$　　$b+c/2$　　0

则有：$a+c=2$；$b+c/2=1$。

【启示】若可逆反应为：$2A + B \rightleftharpoons 2C$，A、B、C等3种物质中原子种类不明确，这种类型的可逆反应只能用极限法解决问题。

变式训练3：在一定温度下，容积可变的密闭容器中加入X、Y、Z发生反应：$2X(g)+Y(g)\rightleftharpoons 2Z(g)$，达平衡时X、Y、Z的物质的量分别为4mol、2mol、4mol，若保持温度和压强不变，对平衡混合物调整如下，可使平衡右移的是（　　　）

A.均减半　　　　B.均加倍　　　　C.均增加1mol　　　D.均减少1mol

解析：根据恒温、恒压条件下的等效平衡原理，先等效为反应中各物质相同倍数的物质的量，这个量对平衡没有影响，再看哪种物质有剩余，转化这种剩余物质的"量"对平衡的影响。

$$2X(g) + Y(g) \rightleftharpoons 2Z(g)$$

原平衡：	4	2	4	
A项：	2	1	2	→ 等效，平衡不移动
B项：	8	4	8	→ 等效，平衡不移动
C项：	5	2.5 + 0.5	5	→ 相当于等效后，再加入 0.5mol Y，平衡右移
D项：	3	1.5−0.5	3	→ 相当于等效后，再减少 0.5mol Y，平衡左移

答案：C

【启示】判断平衡状态是否等效，核心就是判断形成等效平衡的条件，以等效平衡的条件为基础，其他条件的改变与等效平衡条件做比较，就能判断平衡移动的方向。

思想四：虚拟状态模型思想

对于化学平衡体系中反应物或生成物的某些量同时增大或减小，但增大或减小的程度不一样，通常难以简单地判断平衡移动的方向，特别是等压或等容条件下，平衡体系中各组分的浓度同时发生变化时，对如何判断平衡移动方向及建立平衡后组分的浓度或反应物的转化率等带来困难。如果虚拟出一种中间状态的另一个平衡做比较，可将抽象问题变直观，有利于问题的判断。

对恒压条件下的化学平衡，可先拆分成与原平衡体系各组分物质的量之比一致的中间虚拟状态，再将虚拟状态的条件与附加条件变化做比较，即可判断平衡移动的方向；对恒容条件下的化学平衡，可先构建一个恒压下的等效中间虚拟状态体积模型，然后通过改变压强达到恒容，然后与中间虚拟状态体积模型做比较，就可判断平衡移动方向、平衡组分的含量及反应物转化率的变化等。

例4：一定温度下，将 a mol PCl_5 通入一个容积不变的密闭容器中，发生如下反应：

$$PCl_5(g) \rightleftharpoons PCl_3(g) + Cl_2(g)$$

反应达到平衡时，测得混合气体的压强为 p_1，PCl_5 的物质的量为 n_1。此时若再通入 a mol PCl_5，相同温度下再达到平衡时，测得混合气体的压强为 p_2，PCl_5 的物质的量为 n_2。则下列判断正确的是（　　）

A.$2n_1 < n_2$　　　　B.PCl_5 的转化率增大　　　　C.$2p_1 < p_2$　　　　D.Cl_2 的体积分数增大

解析：若将第二种情况的体积假设为原来的两倍，充入 $2a$ mol 的 PCl_5，建立的平衡与第一种情况等效，此时压强相等，PCl_5 的转化率相等，Cl_2 的体积分数也相等。由于是恒容条件，可将容器体积压缩至第一种情况的体积，若平衡不移动，压强应为原来的两倍，PCl_5 的转化率仍然保持不变，其物质的量应为原来的2倍，Cl_2 的体积分数也不变。实际上由于压强增大，平衡左移，PCl_5 的物质的量比原来 n_1 的 2 倍还大，PCl_5 的转化率减小，气体的总物质的量减少，使压强为原来的 $\frac{1}{2}$，Cl_2 的体积分数也减小。该变化过程可用下列示意图表示：

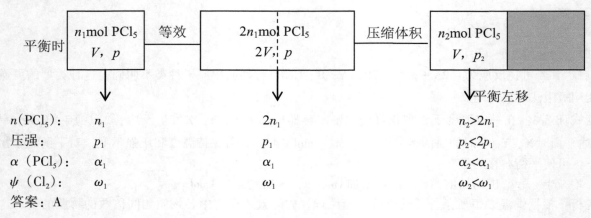

答案：A

【启示】恰当使用虚拟状态模型，就建立了一个已知与未知之间的桥梁，往往可以收到意想不到的效果。在这个虚拟中间状态模型中，关键是要分清外界条件是恒温恒压（体积可变）还是恒温恒容（体积不变）。

变式训练4：体积相同的甲、乙两个容器中，分别都充有等物质的量的 SO_2 和 O_2，在相同温度下发生反应：$2SO_2(g)+O_2(g)\rightleftharpoons 2SO_3(g)$，并达到平衡。在反应过程中，甲容器保持体积不变，乙容器保持压强不变，若甲容器中 SO_2 的转化率为 $a\%$，则乙容器中 SO_2 的转化率（　　　）

A.等于 $a\%$　　　　B.大于 $a\%$　　　　C.小于 $a\%$　　　　D.无法判断

解析：运用等温等容体积模型示意如下：

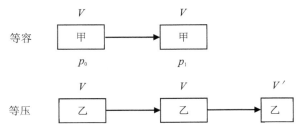

等容时，甲、乙的状态是一样的，由于反应是分子数减少的反应，因此体系内压强减少。等压时，体系内压强从 p_1 恢复到 p_0，相当于增压，平衡向正向移动，则乙容器中 SO_2 的转化率增大，即乙容器中 SO_2 的转化率大于 $a\%$。

答案：B

思想五：多重思维思想应用——一题多解

例5：某温度下，$C(s)$ 和 $H_2O(g)$ 在密闭容器中发生反应：

$C(s)+H_2O(g)\rightleftharpoons CO(g)+H_2(g)$　　　　$CO(g)+H_2O(g)\rightleftharpoons CO_2(g)+H_2(g)$

反应达平衡时，测得 H_2 和 CO 的浓度分别为 $1.9\,mol\cdot L^{-1}$ 和 $0.1\,mol\cdot L^{-1}$，则 CO_2 的浓度为（　　　）

A.$0.1\,mol\cdot L^{-1}$　　　　B.$0.9\,mol\cdot L^{-1}$　　　　C.$1.8\,mol\cdot L^{-1}$　　　　D.$1\,mol\cdot L^{-1}$

解析：（1）"三行式"法：由于该密闭容器中发生的反应为连锁反应，通常可以把第一个反应的平衡量，看成第二个反应的起始量，然后列多个"三行式"解题。

设第一个反应中 $H_2O(g)$ 的起始浓度为 $a\,mol\cdot L^{-1}$，转化浓度为 $x\,mol\cdot L^{-1}$；第一个反应达平衡时，$H_2O(g)$、H_2 和 CO 的平衡浓度为第二个反应中对应的起始浓度，且设第二个反应中 CO 的转化浓度为 $y\,mol\cdot L^{-1}$，则：

	$C(s)+H_2O(g)\rightleftharpoons CO(g)+H_2(g)$			$CO(g)+H_2O(g)\rightleftharpoons CO_2(g)+H_2(g)$			
$c_{始}(mol\cdot L^{-1})$	a	0	0	x	$a-x$	0	x
$\Delta c(mol\cdot L^{-1})$	x	x	x	y	y	y	y
$c_{平}(mol\cdot L^{-1})$	$a-x$	x	x	$x-y$	$a-x-y$	y	$x+y$

$\therefore \begin{cases} x-y=0.1 \\ x+y=1.9 \end{cases}$　　　　解之：$x=1$，$y=0.9$。

（2）守恒法。两个可逆反应共涉及4种气体物质，即 H_2O、CO、H_2、CO_2，其中，"O""H"原子全部来自 H_2O。

根据"O"守恒，则：$n(CO)_{衡}+2n(CO_2)_{衡}+n(H_2O)_{衡}=n(H_2O)_{始}$，

即 $0.1+2n(CO_2)_{衡}+n(H_2O)_{衡}=n(H_2O)_{始}$，

根据"H"守恒，则：$2n(H_2)_{衡}+2n(H_2O)_{衡}=n(H_2O)_{始}$，

即 $2\times1.9+2n(H_2O)_{衡}=2n(H_2O)_{始}$。

解得：$n(CO_2)_{衡}=0.9$。

（3）整体观察法。H_2O 中的 "O" 转化生成了 CO 和 CO_2，H_2O 中的 "H" 转化生成了 H_2，再根据转化的 H_2O 的组成，有：$n(H)/n(O)/=2/1$，即 $[2n(H_2)]/[n(CO)+2n(CO_2)]=2/1$。

$1.9×2/[0.1+2n(CO_2)]=2/1$。

得：$n(CO_2)=0.9$。

答案：B

变式训练5：在容积为6L的密闭容器中，加入3L X(g)和2L Y(g)，一定条件下发生反应：$4X(g)+3Y(g)\rightleftharpoons 2Q(g)+nR(g)$，达到平衡后，容器内温度不变，混合气体的压强比原来增加5%，X的浓度减少1/3，则该反应方程式中的 n 值为（　　）

A.3　　　　　　B.4　　　　　　C.5　　　　　　D.6

解析：

方法1（过程分析法）：由于平衡后气体X的浓度减小1/3，容器是定容的，可判断出容器内X的物质的量也比平衡前减少1/3，即容器内发生反应消耗的气体X的体积为1L。平衡时容器内X、Y、Q、R的体积分别为2L、1.25L、0.5L和n/4 L。根据题意，平衡时的容器内压强应为原来压强的1.05倍，则：

$2+1.25+0.5+0.25n=(3+2)×1.05$，所以：$n=6$。

方法2（巧解法）：据题意，反应是在一个恒温定容的密闭容器内进行的，但平衡时混合气体的压强却比平衡前增大，这表明混合气体的物质的量较反应前增加了，所以生成物的化学计量数之和大于反应物的化学计量数之和，即：$4+3<2+n$，$n>5$，只有选项D满足。

答案：D

【结语】"三行式"法、等效法、极限法和虚拟体积模型法是解决化学平衡问题的最常用的几种思维方法，它们彼此渗透，互为依托。其中，等效法、极限法以"三行式"法为分析基础，等效法以极限分析思想为基础，以守恒思想为依托。这些解题思想，是我们分析问题和解决问题的有力武器，请同学们主动实践，仔细品味，提高思维质量。

【练习题】

1.在 $t℃$ 时的密闭容器中，对于反应：$N_2+3H_2\rightleftharpoons 2NH_3$，在起始时 N_2 和 H_2 分别为10mol和30mol，达到平衡时，N_2 的转化率为30%。若以 NH_3 为起始反应物，反应条件与上述反应相同，欲使其达到平衡时，各成分的百分含量与前者相同，则 NH_3 的起始物质的量和它的转化率正确的一组是（　　）

A.40mol，35%　　　B.20mol，30%　　　C.20mol，70%　　　D.10mol，50%

提示：密闭容器未指明容器体积是否可变，因此，分等压和等容两种情况。

答案：B 或 C

2.在 $t℃$，体积固定的容器中分别投入4mol A 和2mol B，反应 $2A(g)+B(g)\rightleftharpoons xC(g)$ 达平衡后，C的体积分数为 $W\%$。现在该容器中，维持温度不变，按1.2mol A、0.6mol B 和2.8mol C 为起始物质，达平衡后，C的体积分数仍为 $W\%$，则 x 的值为＿＿＿＿＿＿。

解析：等温等容时，两组条件下达到平衡后C的体积分数均为 $W\%$，因此，两组条件下建立的平衡属于等效平衡。用极限法将各组分全部转化为反应物的物质的量，或全部转化为生成物的物质的量，两组条件下各组分的物质的量对应相等。则：

	2A(g)	+ B(g)	$\rightleftharpoons$	xC(g)
起始1：	4mol	2mol		0mol
起始2：	1.2mol	0.6mol		2.8mol
极限转化：	5.6/xmol	2.8/xmol		2.8mol
起始3：	1.2+5.6/x	0.6+2.8/x		0

$1.2+5.6/x=4$，$0.6+2.8/x=2$，所以：$x=2$

答案：x 的值为2。

3.向体积固定的密闭容器中充入2mol A和1mol B，发生如下反应：

$$2A(g)+B(g)\rightleftharpoons 3C(g)+D(s)$$

达到平衡时C的浓度为1.2mol·L^{-1}。若向容器中加入3mol C和0.8mol D，达到平衡时C的浓度仍为1.2mol·L^{-1}，则容器体积的取值范围为_____。

解析：由于该反应的特征为气体的物质的量不变的反应（D为固体），设容器的体积为V，达到平衡时C的物质的量为1.2mol·L^{-1} V，由此可知：

	2A(g)	+ B(g)	$\rightleftharpoons$	3C(g)	+	D(s)

始量1： 2mol 1mol 0 0

始量2： 0 0 3mol 0.8mol

逆向极限量：1.6mol 0.8mol 0.6mol 0

C的浓度：1.2mol·L^{-1} V，有：0.6<1.2mol·L^{-1} V<3，

则：0.5<1 V<2.5。

答案：0.5L<V<2.5L。

【布置作业】（略）

有机物同分异构体的书写与判断

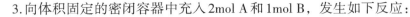

（甘肃省兰州第一中学，金东升）

一、教学分析

有机物种类繁多，其原因之一是有机物存在众多同分异构体。认识有机物的同分异构体，是全面认识有机物性质的基础。学生在判断有机物同分异构体数目时遇到的困难主要有两个方面：（1）容易判断重复（多于真实数目）；（2）容易判断遗漏（少于真实数目）。主要原因是没有总结出判断方法。本节课主要针对以上问题总结解题思路，发展学生的逻辑思维能力。

二、教学目标

1.通过师生共同总结，知道有机物产生同分异构的原因。

2.通过习题分析与归纳总结，学会按产生异构的原因分层次书写同分异构体结构简式，根据有机物分子的对称性找出等位碳原子判断同分异构体数目，发展学生的逻辑思维与模型认知能力。

三、教学重点和难点

重点：同分异构体数目的判断。

难点：怎样防止漏判同分异构体数目，怎样防止重复判断同分异构体数目。

四、教学内容

（一）同分异构体产生的原因

【讨论】同分异构体产生的原因

【总结】

1.碳链异构、官能团位置异构、官能团异构。

2.官能团异构（碳原子数相同）：烯烃和环烷烃、炔烃和二烯烃、醇和醚、酚类和芳香醇类、醛、酮和烯醇、羧酸、酯和羟基醛、葡萄糖和果糖、氨基酸和硝基化合物。

（二）同分异构体的书写与判断

【讨论分析】

例1：写出 C_5H_{10} 的各种同分异构体的结构简式。

【点拨】（1）分子组成满足环烷烃和单烯烃，按照产生"同分异构"的原因逐类判断；（2）在确定碳链结构的基础上，再结合对称思想，变换官能团或原子团的位置进行判断。结果有：单烯烃的碳链结构有3种，单烯烃共5种，环状结构烷烃共有4种（五元环1种，四元环1种，三元环2种）。

如，单烯烃的碳链结构：

$$C-C-C-C-C \qquad C-\overset{\displaystyle C}{\underset{\displaystyle }{C}}-C-C \qquad C-\overset{\displaystyle C}{\underset{\displaystyle C}{C}}-C$$

碳碳双键位置示意如下：

$$\overset{②}{C}-\overset{①}{\underset{②}{C}}-\overset{}{C}-\overset{①}{C}-C \qquad \overset{①}{C}-\overset{C}{\underset{①}{C}}-\overset{②}{\underset{}{C}}-\overset{③}{C}-C \qquad C-\overset{C}{\underset{C}{C}}-C \quad (不能形成 C{=}C 双键)$$

例2：写出 C_4H_7Cl 的各种同分异构体的结构简式。

【点拨】（1）从分子组成看，有两种情况：①分子不饱和，含 C=C 双键，属于双官能团化合物；②含碳环，属于卤代环烷烃。针对第一种情况，将其中一个官能团依次定位，然后将另一个官能团在碳链骨架上变换不同的位置进行判断，结果有8种。针对第二种情况，四个碳原子可以形成四碳环，也可以形成三碳环，其中，四碳环有1种，三碳环有3种，环状氯代物共4种。两种情况共计12种。

如，将 Cl 原子依次定位，将 C=C 双键变换位置示意如下：

$$Cl-\overset{}{\underset{①}{C}}-\overset{}{\underset{②}{C}}-\overset{}{\underset{③}{C}}-C \qquad \overset{Cl}{\underset{①}{C}}-\overset{}{\underset{②}{C}}-\overset{}{\underset{③}{C}}-C \qquad \overset{Cl}{\underset{C}{\underset{①}{C}}}-\overset{}{\underset{}{C}}-\overset{②}{C} \qquad \overset{Cl}{\underset{C}{C}}-C-C \quad (不能形成 C{=}C 双键)$$

【提示】答题时，要仔细审题，明确要求，如，写出 C_4H_7Cl 的各种链状结构的同分异构体的结构简式，其同分异构体只能是8种。

例3：写出蒽 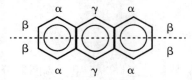 的二氯代物的异构体数目_____。

【点拨】从该分子的对称性考虑，位置相同的碳原子（"等位碳"）共有3种，示意如下：

将1个 Cl 原子分别定于 α、β、γ 位置上，将另一个 Cl 原子变换不同的位置，结果有15种。其示意图如下：

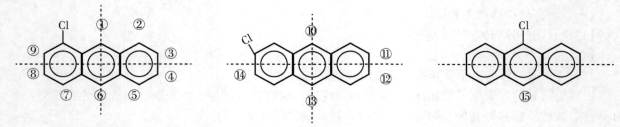

例4：醛A的异构体甚多，其结构简式为 CH₃O—⟨苯环⟩—C(=O)—H，醛A的属于酯，且含苯环结构的各种同分异构体有_____种，写出其中任意两种的结构简式为_____、_____。

【点拨】限定条件：分子中含 ⟨苯基⟩、 —C(=O)—O—（酯基），即1个C原子、1个苯环、1个氢原子在酯基上的排列，结果如下所示：

⟨苯环⟩—COOCH₃ 、 ⟨苯环⟩—O—C(=O)CH₃ 、 HCOO—⟨苯环⟩—CH₃

HCOO—⟨苯环（邻CH₃）⟩ 、 HCOO—⟨苯环（邻CH₃）⟩ 、 HCOO—CH₂—⟨苯环⟩

例5：2000年，国家药监管理局发布通告暂停使用和销售含苯丙醇的药品制剂。苯丙醇胺（英文缩写PPA）结构简式如下：（Φ代表苯基）

$$\Phi-\underset{\underset{OH}{|}}{CH}-\underset{\underset{NH_2}{|}}{CH}-CH_3$$

（1）PPA的分子式是_____。

（2）将 Φ—、H₂N—、HO—在碳链的位置上做变换，可以写出多种同分异构体（共9种），它们是_____。（H₂N—、HO—不能连在同一碳原子上）

【点拨】3个碳原子的取代基共有2种，即—CH₃CH₂CH₃、CH₃CHCH₃（带支链），因此，基本的结构骨架为：

Φ—C—C—C 和 $\underset{\underset{C}{|}}{\overset{\overset{\Phi-C-C}{|}}{}}$ ，将—NH₂和—OH变换位置，可得到9种结构。

（1）第一种骨架固定羟基（—OH），移动氨基（—NH₂）示意如下：

$$\Phi-\underset{\underset{OH}{|}}{C}\overset{\textcircled{1}\ \textcircled{2}}{-}C-C \qquad \Phi-C\overset{\textcircled{3}\ \textcircled{4}}{-}\underset{\underset{OH}{|}}{C}-C \qquad \Phi-C-C\overset{\textcircled{5}\ \textcircled{6}}{-}\underset{\underset{OH}{|}}{C}$$

（2）第二种骨架固定羟基（—OH），移动氨基（—NH₂），示意如下：

$$\Phi-\overset{\textcircled{8}}{C}-C-OH \qquad \Phi-\overset{\overset{C}{|}}{\underset{\underset{OH}{|}}{C}}-C\ \textcircled{9}$$
$$\ \ \underset{\underset{C\ \textcircled{7}}{|}}{}$$

例6：金刚烷的二氯代物的同分异构体数目有几种？

【点拨】金刚烷的分子结构特点：（1）3个6元环通过公共边套在一起，且高度对称；（2）分子中有4个"CH"基，有6个"CH₂"基，即4个"CH"基碳原子等位，6个"CH₂"基碳原子等位。

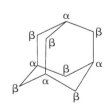

【思路】将1个Cl原子连在α位碳原子上，将另一个Cl原子变换不同的位置，可得3种结构（都是相同的六元环变化）；将1个Cl原子连在β位碳原子上，将另一个Cl原子变换不同的位置，同一个共用的六元环有1种结构，不同的六元环有1种结构，同一个β位碳原子上连2个Cl原子的有1种，共3种，合计6种结构。

总结：

1.怎样防止漏判？

按产生异构的原因分层次书写。

2.怎样防止写重？

（1）要根据对称性找出等位碳原子。

（2）将一个官能团定位，将另一个官能团变换不同的位置。

（3）有三个官能团时，将两个官能团捆绑定位，将另一个官能团变换不同的位置。

练习题

1.下列烷烃在光照下与氯气反应，只生成一种一氯代烃的是（　　　　）

A.$CH_3CH_2CH_2CH_3$

B.$CH_3CH(CH_3)_2$

C.$CH_3C(CH_3)_3$

D.$(CH_3)_2CHCH_2CH_3$

2.下列芳烃的一氯代物的同分异构体数目最多的是（　　　　）

A.连二苯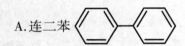

B.菲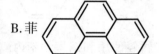

C.蒽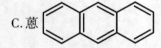

D.连三苯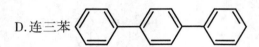

3.下列有关同分异构体数目的叙述，不正确的是（　　　　）

A.甲基苯环上的一个氢原子被含3个碳原子的烷基取代，所得产物有6种

B.与 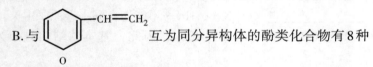 互为同分异构体的酚类化合物有8种

C.含有5个碳原子的饱和链烃，其一氯代物有8种

D.菲的结构简式为 ，它与硝酸反应，可生成5种一硝基取代物

4.已知萘分子有两种不同位置的氢原子，回答：（1）萘的一氯代物有_____种，二氯代物可能有_____种；（2）若萘分子中两个H原子分别被—X、—Y基取代，其产物可能有_____种。

5.苯的二氯代物有_____种，三氯代有_____，四氯代物有_____种。

6.甲苯的苯环上的一氯代物有_____种，二氯代物有_____种，三氯代物有_____，四氯代物有_____种。

7.某有机物的结构简式如右图所示。该有机物分子苯环上的一氯代物有_____种，二氯代物有_____种，四氯代物有_____种。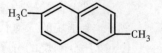

8.乙炔是一种重要的有机化工原料，以乙炔为原料在不同的反应条件下可以转化成以下化合物。

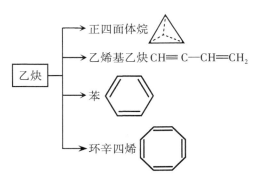

完成下列各题：

（1）正四面体烷的分子式为_____，其二氯取代产物有_____种。

（2）写出与环辛四烯互为同分异构体且属于芳香烃的分子的结构简式：_____。

（3）写出与苯互为同系物且一氯代物只有两种的物质的结构简式（举两例）：_____、_____。

晶胞结构的分析与计算

（甘肃兰州第二十七中学，周小龙）

一、教材分析

晶体结构与性质是人教版课程标准实验教科书普通高中化学选修3《物质的结构与性质》第三章的教学内容，其中，如何确定晶胞中粒子（原子、离子）的个数及配位数、晶胞参数与原子半径或离子间距的关系及晶体密度，既涉及化学概念，更涉及数学中立体几何的计算方法，是教学的难点。在高三总复习备考阶段，通过晶胞的结构分析与相关计算，对提高学生的微观辨析、模型建构及逻辑推理能力具有重要的现实意义。

二、教学目标

1.通过晶胞模型的分析，知道晶胞的结构特征。

2.通过晶胞参数和原子半径关系的讨论，能计算晶胞中粒子的空间占有率和晶胞的密度。

3.通过晶胞模型构造展示，感受物质构成的微观之美，体验模型认知的学习方法。

三、教学重点和难点

重点：晶体密度计算。

难点：金刚石等复杂晶胞体内原子的空间位置分析。

四、教学用具

多媒体投影，晶胞模型等。

五、教学方法

问题讨论、分析总结、练习巩固。

六、教学过程

【创设情境】视频展示形形色色的晶体。

【引入】晶体很美丽，其内部粒子的有序排列表现出了外在的美丽，这节课的教学任务是通过晶胞结构的探析解决有关晶胞参数和晶体密度的计算问题。

【展示】常见的几种晶胞结构：

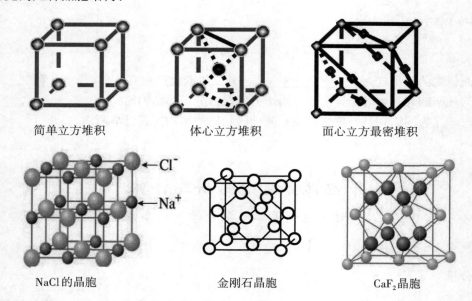

| 简单立方堆积 | 体心立方堆积 | 面心立方最密堆积 |

| NaCl的晶胞 | 金刚石晶胞 | CaF$_2$晶胞 |

【小结】

（1）晶胞定义：晶体中最简单的重复结构单元。

（2）晶胞的特征：①晶胞中点、线、面由晶胞共用（无隙）；②平移后完全等同（并置）。

【问题讨论】

（1）如何确定晶胞中的粒子个数？

（2）常见立方晶胞中晶胞参数与原子半径的关系是什么？

（3）如何计算晶胞中粒子的空间利用率？

【问题分析】通过PPT解读"硬球接触模型"晶胞参数与原子半径的关系。

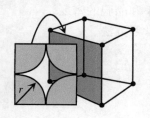
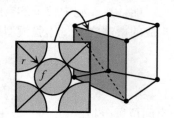
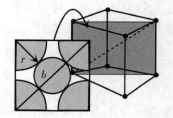

| 简单立方堆积 | 面心立方密堆积 | 体心立方堆积 |

【小结】

（1）利用均摊法可确定晶胞中原子个数（N）；

（2）根据粒子的体积和晶胞的体积可计算晶胞中粒子的空间利用率。

利用晶胞参数可计算晶胞的体积：$V=(a)^3$（a为晶胞的边长）。

利用粒子（原子）半径可计算粒子的体积：$V'=(4\pi r^3/3)N$。

（3）金属密度$=(N \times M/N_A) \div V$（N为晶胞中的粒子个数）。

（4）原子半径与晶胞参数（边长）的关系：

	简单立方堆积	面心立方密堆积	体心立方堆积
边长（a）与原子半径（r）的关系	$a=2r$	$2a^2=(4r)^2$ $a=2\sqrt{2}\cdot r$	$a^2+(\sqrt{2a})^2=(4r)^2$ $a=4\sqrt{3}r/3$

（5）长度单位的换算

$1pm=10^{-12}m=10^{-10}cm$

$1nm=10^{-9}m=10^{-7}cm$

$1pm=10^3nm$

【例题分析】

例1：已知铜晶胞是面心立方晶胞，该晶胞的边长为$3.62\times10^{-10}m$，铜的相对原子质量为63.54，试回答下列问题：

（1）一个晶胞中"实际"拥有的铜原子数是多少？

（2）该晶胞的体积是多少？

（3）利用以上结果计算金属铜的密度。（kg/m^3）

解答：

（1）N=面心个数+顶角个数=6个/2+8个/8=4个。

（2）V（晶胞）=$(3.62\times10^{-10}m)^3$。

（3）$\rho=(4\times63.54/N_A)\times10^{-3}kg/(3.62\times10^{-10}m)^3$。

例2：（2014·海南卷，节选）

碳元素的单质有多种形式，金刚石的结构如下图所示：

 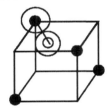

金刚石晶胞

回答下列问题：

金刚石晶胞含有_____个碳原子。若碳原子半径为r，金刚石晶胞的边长为a，根据硬球接触模型，则$r=$_____a，列式表示碳原子在晶胞中的空间占有率为_____（不要求计算结果）。

解答：N=顶点个数+面心个数+晶胞内个数=8个/8+6个/2+4个=8个。

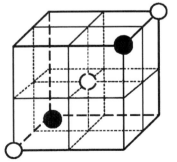

发现体对角线五球相切！
（其中两个假想球）

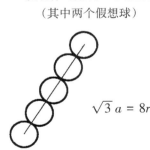

$\sqrt{3}a=8r$

碳原子在晶胞中的空间占有率=$8\times(4/3\pi r^3)/a^3\times100\%=34\%$。

【练习巩固】

1.某离子晶体的晶胞结构如右图所示：

●表示X离子，位于立方体的顶点；○表示Y离子，位于立方体的中心。试分析：

（1）晶体的化学式为_____。

（2）晶体中距离最近的2个X与一个Y形成的夹角为_____。

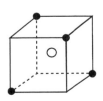

分析:

(1) X离子数:4个/8=1/2个;Y粒子数为1个。晶体的化学式为XY$_2$

(2) 体心立方结构的Y离子与顶点的四个X离子构成正四面体,因此,X—Y—X形成的夹角为109°28′。

2.某晶体的部分结构为正三棱柱(如右图所示)。这种晶体中A、B、C三种微粒数目之比为(   )

A.3:9:4

B.1:4:2

C.2:9:4

D.3:8:4

分析:A原子被共用的情况如下图所示。

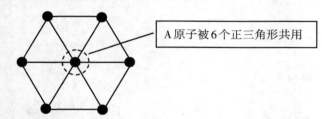

A原子被6个正三角形共用

每个顶点被12个正三棱柱共用,每个三角形的边被4个正三棱柱共用,每个棱边被6个正三棱柱共用。A原子数=6个/12=1/2个,B原子数=6个/4+3个/6=2个,C原子数=1个(三棱柱体心)。A、B、C三种微粒数目之比:1/2:2:1=1:4:2。

3.(2014·全国理综I卷,节选)

(1) 氧化亚铜为半导体材料,在其立方晶胞内部有四个氧原子,其余氧原子位于面心和顶点,则该晶胞中有_____个铜原子。

(2) Al单质为面心立方晶体,其晶胞参数 $a=0.405$nm,晶胞中铝原子的配位数为_____。列式表示Al单质的密度_____g·cm^{-3}。

分析:

(1) N(O)=N(顶点)+N(面心)+N(内部)=8个/8+6个/2+4个=8个。

根据化学式Cu$_2$O可知,N(Cu):N(O)=2:1,所以N(Cu)=16个。

(2) 如右图所示:每个顶点被相互垂直的三个面共用,每个面上与其距离最近的氧原子有4个(方格内),即配位数为4,3个面合计配位数为12。

N(Al)=N(顶点)+N(面心)=8个/8+6个/2=4个。

$\rho=4\times27/[6.02\times10^{23}\times(0.405\times10^{-7})]^3$。

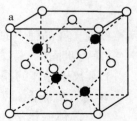

4.[2012·全国理综I卷,节选]

(1) ZnS在荧光体、光导体材料、涂料、颜料等行业中应用广泛。

立方ZnS晶体结构如右图所示,其晶胞边长为540.0pm,密度为_____g·cm^{-3}(列式并计算),a位置S^{2-}离子与b位置Zn^{2+}离子之间的距离为_____pm(列式表示)。

解析:

$$\frac{\dfrac{4\times(65+32)\text{g}\cdot\text{mol}^{-1}}{6.02\times10^{23}\text{mol}^{-1}}}{(540\times10^{-10}\text{cm})^3}=4.1。$$

$$\frac{270}{\sqrt{1-\cos109°28′}}\text{ 或 }\frac{135\sqrt{2}}{\sin\dfrac{109°28′}{2}}\text{ 或 }135\sqrt{3}。$$

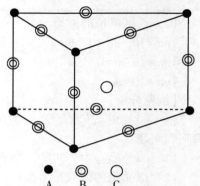

【课堂小结】通过本节课的学习，你学会了什么？

【布置作业】

1.晶胞有两个基本要素：

（1）原子坐标参数，表示晶胞内部各原子的相对位置，下图为Ge单晶的晶胞，其中原子坐标参数

A为（0，0，0），B为（$\frac{1}{2}$，0，$\frac{1}{2}$），C为（$\frac{1}{2}$，$\frac{1}{2}$，0）。

则D原子的坐标参数为_____。

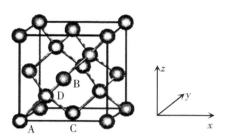

（2）晶胞参数，描述晶胞的大小和形状，已知Ge单晶的晶胞参数a=565.76pm，其密度为_____g·cm⁻³（列出计算式即可）。

2.M与Y形成的一种化合物的立方晶胞如下图所示。

该化合物的化学式为_____，已知晶胞参数a=0.542 nm，此晶体的密度为_____g·cm⁻³。（写出计算式，不要求计算结果。阿伏伽德罗常数为N_A）

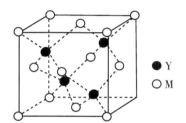